国家级优质高等职业院校项目建设成果
高职高专电子信息类系列教材

单片机原理及应用

屈芳升　主编
孙雷明　季小榜　张　琦　副主编

科学出版社
北　京

内 容 简 介

本书以项目为载体，以任务实施驱动教学，包括任务目标、任务描述、相关知识、任务分析、任务准备、任务实施和结论。本书包含5个项目（共计15个任务），全面介绍了单片机应用系统开发技术的基本知识和技能，主要内容为单片机应用系统的硬件基础、单片机设计软件环境、单片机的中断和定时/计数器、单片机串行通信的应用、单片机系统扩展与接口技术的应用及单片机项目开发的芯片选型等实用知识。本书深入浅出，通俗易懂，注重理论联系实际，并侧重实际应用。

本书可作为高等职业院校电子类、自动化类、通信类、计算机类等专业的教材，也可作为相关职业技术培训及从事电子产品设计开发的工程技术人员的参考用书。

图书在版编目(CIP)数据

单片机原理及应用/屈芳升主编. —北京：科学出版社，2018.10
（国家级优质高等职业院校项目建设成果·高职高专电子信息类系列教材）
ISBN 978-7-03-058597-4

Ⅰ. ①单… Ⅱ. ①屈… Ⅲ. ①单片微型计算机-高等职业教育-教材
Ⅳ. ①TP368.1

中国版本图书馆CIP数据核字（2018）第195673号

责任编辑：任锋娟 吴超莉/ 责任校对：马英菊
责任印制：吕春珉 / 封面设计：艺和天下

科学出版社 出版
北京东黄城根北街16号
邮政编码：100717
http://www.sciencep.com
北京虎彩文化传播有限公司 印刷
科学出版社发行 各地新华书店经销
*
2018年10月第 一 版 开本：787×1092 1/16
2021年 7 月第二次印刷 印张：15 3/4
字数：368 000

定价：47.00元
（如有印装质量问题，我社负责调换〈虎彩〉）
销售部电话 010-62136230 编辑部电话 010-62135397-2047

国家级优质高等职业院校项目建设成果
系列教材编委会

序

经过两年多的努力，我院工学结合的立体化系列教材即将付梓了。这是我院国家级优质高等职业院校建设的成果之一，也是我院专业建设和课程建设的重要组成部分。我院入选国家级优质高等职业院校立项建设单位以来，坚持“质量立校、全面提升、追求卓越、跨越发展”的总体工作思路，以内涵建设为中心，强化专业建设和产教融合，深入推进“教育教学质量提升工程、学生人文素养培育工程和创新创业教育引领工程”三项工程，全面提升人才培养质量。在专业建设和课程改革的基础上，与行业企业、校内外专家共同组建专业团队，编著了涵盖我院智能制造、电子信息工程技术、汽车制造与服务、食品加工技术、计算机网络技术、音乐表演和物流管理等特色专业群的 25 门专业课程的立体化系列教材。

本批立体化系列教材适应我国高等职业技术教育教学的需要，立足了区域经济社会的发展，突出了高职教育实践技能训练和动手操作能力培养的特色，反映了课程建设与相关专业发展的最新成果。该系列教材以专业知识为基础，配套案例分析、习题库、教案、课件、教学软件等多层次、立体化教学形式，内容紧密结合生产实际，突出信息化教学手段，注重科学性、适用性、先进性和技能性，能够为教师提供教学参考，为学生提供学习指导。

本批立体化系列教材编写者大部分为多年从事职业教育的专业教师和生产管理一线的技术骨干，具有丰富的教学和实践经验。其中既有享受国务院政府特殊津贴的专家、国家级教学名师、河南省教学名师、河南省学术技术带头人、河南省骨干教师、河南省教育厅学术技术带头人，又有行业企业专家及国家技能大赛的优胜者等。这些教师在理论方面有深厚的功底，熟悉教学方法和手段，能够把握教材的广度和深度，从而使教材能够更好地适应高等职业院校教学的需要。相信这批教材的出版，将为高职院校课程体系与教学内容的改革、教育教学质量的提升，以及推动我国优质高等职业院校的建设做出贡献。

李桂贞

河南职业技术学院院长

2018 年 5 月

前　言

单片机是采用超大规模集成电路技术把计算机的基本部件集成在一片芯片上的微型计算机系统。随着集成电路技术的发展，各种新颖的单片机层出不穷。单片机具有体积小、质量轻、应用灵活且价格低廉等特点，被广泛应用于人们生产、生活的各个领域。人们迫切希望学习单片机技术，以满足开发应用的需求。高等职业教育倡导“以就业为导向，以能力为本位”，注重学生技能的培养。因此，许多高等职业院校的相关专业开设了单片机技术课程。基于此，编者编写了本书。在编写本书的过程中，编者精心安排单片机技术的知识点、技能点，注重对学生实际操作能力和解决问题能力的培养。

单片机系统的开发融合了硬件和软件的相关技术。要完成单片机系统的开发，用户不仅需要掌握编程技术，还需要针对实际应用选择合理的单片机芯片和外设，并以此为基础设计硬件电路。通过具体的设计任务来学习单片机系统开发是一条科学而且高效的途径。因此，本书设计的任务案例均来自实际工程，具有代表性、技术领先性及应用的广泛性。本书从任务案例出发，细致地介绍单片机设计的需求、设计原理、相关知识、单片机选型、电路设计、具体模块设计和编码实现方法，以使学生对单片机项目开发有系统的认识。另外，在编写本书的过程中，编者注重将多年的开发经验和技巧融入具体任务案例的讲解中，为学生提供必要的知识积累，使他们能够解决实际工程中的问题。在程序开发语言方面，本书尽量用简洁的语言来清晰地阐述，以易于学生理解相关概念和思路。同时，本书中的程序有详细的中文注释并附带程序流程图，有利于学生举一反三。另外，本书中用 Proteus 软件绘制的电路图中的元器件均符合国际标准，线路图中的元器件均符合国家标准，略有差异，特此说明。

本书配有微课资源，读者可扫码进行学习。

本书由屈芳升担任主编，孙雷明、季小榜、张琦担任副主编。其中，项目 1 及附录由屈芳升编写，项目 2 由张琦编写，项目 3、项目 4 由孙雷明编写，项目 5 由季小榜编写。

由于时间仓促及编者水平有限，书中难免存在不足之处，恳请广大读者批评指正。

编　者

2018 年 5 月

目　　录

项目 1　单片机的初步认识

学习目标

1．了解单片机的发展概况和发展趋势，常用单片机的种类，单片机的数制、码制，单片机应用系统的特点及半导体存储器。

2．了解微型计算机及单片机应用系统的组成，掌握 AT89C51 单片机的内部结构、存储器配置及 MCS-51 系列单片机的引脚。

3．了解单片机的复位方式、程序执行方式、省电方式、EPROM 编程和校验方式及单片机的时钟振荡电路。

4．认识单片机仿真软件 Proteus Professional ISIS 工作界面内各部分的功能、绘制电路原理图的操作过程、Keil C 与 Proteus 联调的操作步骤。

任务 1.1　认识单片机

任务目标

通过本任务的实施，了解常用单片机的种类，熟练掌握单片机的数制、码制及编码，了解单片机应用系统的特点及半导体存储器的分类、特点；培养学生自主学习的能力和爱岗敬业、吃苦耐劳、团队协作的精神。

任务描述

1）根据单片机实物（图 1.1），区分单片机的种类、特点及性能。

2）根据简单的单片机应用系统电路实物（图 1.2），了解常用单片机外围元器件的种类，掌握其性能及主要参数。

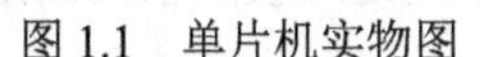

图 1.1　单片机实物图

图 1.2　单片机开发板

相关知识

1. 单片机的发展和应用

单片计算机（single-chip computer）是微型计算机（microcomputer，简称微机）的一个重要分支，也是一种非常活跃和颇具生命力的机种。单片计算机简称单片机，特别适用于工业控制领域，因此又称为微控制器（microcontroller）。

通常，单片机由单块集成电路芯片构成，内部包含计算机的 4 个基本功能部件：控制器、运算器、存储器和 I/O 接口电路。因此，单片机只需要和适当的软件及外部设备（以下简称外设）相结合，即可构成一个单片机控制系统。

（1）单片机的发展概况

1971 年，微处理器研制成功不久，就出现了单片机，但最早的单片机是 1 位的，处理能力有限。单片机的发展可分为以下 4 个阶段。

第一阶段（1974～1976 年）：单片机初级阶段。因为受工艺限制，单片机采用双片的形式且功能比较简单。例如，美国仙童公司生产的 F8 单片机只包括了 8 位 CPU（central processing unit，中央处理器）、64B 的 RAM（random access memory，随机存取存储器）和 2 个并行口。

第二阶段（1977～1978 年）：低性能单片机阶段。以 Intel 公司制造的 MCS-48 系列单片机为代表，该系列单片机片内集成有 8 位 CPU、8 位定时/计数器、并行 I/O 口、RAM 和 ROM（read only memory，只读存储器）等，其缺点是无串行口，中断处理比较简单，而且其片内 RAM 和 ROM 容量较小，寻址范围不大于 4KB。

第三阶段（1979～1982 年）：高性能单片机阶段。这个阶段推出的单片机普遍带有串行口、多级中断系统、16 位定时/计数器，片内 ROM 和 RAM 容量加大，寻址范围可达 64KB，有的片内还带有 A/D 转换器。这类单片机的典型代表是 Intel 公司的 MCS-51 系列的 8031、Motorola 公司的 6801 和 Zilog 公司的 Z8 等。这类单片机的性能价格比高，是目前应用数量较多的单片机。

第四阶段（1983 年至今）：8 位单片机巩固发展及 16 位单片机、32 位单片机推出阶段。此阶段的主要特征是一方面发展 16 位单片机、32 位单片机及专用型单片机；另一方面不断完善高档 8 位单片机，改善其结构，增加片内器件，以满足不同的用户需要。16 位单片机的典型产品，如 Intel 公司早期生产的 MCS-96 系列单片机，片内带有多通道 10 位逐次逼近型 A/D 转换器（analog-to-digital converter，模/数转换器）和高速输入/输出（high speed input/high speed output，HSI/HSO）部件，实时处理能力很强；再如 TI 公司推出的 MSP430 系列微功耗的 16 位单片机，可采用 1.8～3.6V 电压供电，降低了功耗，并集成了更丰富的片内资源。而 32 位单片机除了具有更高的集成度外，其晶体振荡器（简称晶振）频率已达 20MHz，因此，32 位单片机的数据处理速度比 16 位单片机快很多，且性能比 8 位单片机和 16 位单片机更加优越，也能处理较复杂的图形和声音数据。

（2）单片机的发展趋势

8051 处理器内核从诞生（20 世纪 70 年代末到 80 年代）开始其性能基本没有改善

和提升，而软件及外围电路的设计却并非如此，系统设计者不断对基于 8051 的应用进行改进和升级。这种“性能爬升”将现有 8051 的性能推向了极限。但对于 8051 内核的改进却一直没有同步发展，因此，系统的设计者不得不转向其他处理器，并花费昂贵的代价去重新设计和更新它们的系统。性能的瓶颈在于过时的内核设计，尽管外部晶振频率最高可以达到 40MHz，传统的 8051 仍然需要 12 个时钟周期才能运行一个机器周期。每条指令需要 1～4 个机器周期，即执行一条指令需要 12～48 个时钟周期。这样，即便是运行单周期指令，吞吐率也仅有 3MIPS（million instructions per second，百万条指令每秒）。

从 20 世纪 90 年代初开始，购买了 Intel 公司 8051 内核的各个大厂商都开始积极地分析 8051 设计上的缺陷，并重新进行设计，而且设计的原则是：指令集必须保持和 8051 指令集操作码的兼容性。20 世纪 90 年代末，各个大公司相继推出了一系列完全符合 8051 指令集的高性能 8 位单片机。其中，部分单片机只需要 4 个时钟周期就能运行一个机器周期，这样在晶振不变的情况下，吞吐率为原来的 3 倍。而且大多数新型号芯片内部集成了大量的功能器件，极大地提升了 8051 内核单片机的应用范围，并减少了老产品改进的成本。

为满足不同的用户要求，各公司竞相推出能满足不同需要的产品。下面从不同角度介绍单片机的发展趋势。

1）CPU 的改进主要是提高 CPU 的处理字长或提高时钟频率。采用双 CPU 结构，可以提高处理能力，还有一些厂商改进了系统的设计，提升了系统速度。高性能单片机增加了数据总线宽度，内部采用 16 位或 32 位数据总线，其数据处理能力明显优于一般 8 位单片机。16 位单片机和 32 位单片机大多采用流水线结构，指令以队列形式出现在 CPU 中，且具有很快的运算速度，尤其适用于数字信号处理。大多数单片机的总线接口采用串行总线结构，如 I^2C 总线（也称为 I2C 总线）。该总线采用 3 条数据线代替现行的 8 位数据总线，从而大大减少了单片机引线，降低了单片机的成本。目前，许多公司都在积极地开发此类产品。

2）存储器的发展主要是存储容量的扩展。目前，半导体技术的更新速度越来越快，早期使用的 E^2PROM（electrically erasable programmable read only memory，电可擦除编程只读存储器）都已被 Flash 型存储器所替代，这样不仅大大提高了程序固化的速度，而且程序的擦写次数也高达 10 万次。8051 内核单片机片内程序存储器容量的范围为 1～64KB，甚至部分单片机片内程序存储器的容量超过 128KB，这也简化了外围电路的设计。对于 16 位单片机和 32 位单片机来说，只要制造条件允许，它们可以集成更多的程序存储器。

3）片内 I/O 接口的改进。一般单片机有较多的并行口，以满足外设、芯片扩展的需要，并配有串行口，以满足多机通信功能的要求。

① 增加并行口的驱动能力，这样可减少外部驱动。例如，部分单片机可以直接输出大电流和高电压，以便能直接驱动 LED（light-emitting diode，发光二极管）和 LCD（liquid crystal display，液晶显示器）。

② 增加 I/O 接口的逻辑控制功能。大部分单片机的 I/O 接口可以进行逻辑操作，中、高档单片机的位处理系统可以对 I/O 接口进行位寻址及位操作，大大加强了 I/O 接口控

制的灵活性。

③ 部分单片机设置了一些特殊的串行口功能，为构成网络化系统提供了便利。

4）外围电路内装化。随着集成度的不断提高，有可能将众多的外围功能器件集成在片内，这也是单片机发展的重要趋势。除了一般必须具有的ROM、RAM、定时/计数器、中断系统外，随着单片机档次的提高，为适应检测、控制功能更高的要求，片内集成的部件还有A/D转换器、D/A转换器（digital-to-analog converter，数/模转换器）、DMA（direct memory access，直接存储器存取）控制器、中断控制器、锁相环、频率合成器、字符发生器、声音发生器、CRT（cathode ray tube，阴极射线管）控制器、译码驱动器等。

随着集成电路技术及工艺的不断发展，已能实现将所需的大规模外围电路全部装入单片机内，即系统的单片化是目前单片机发展的趋势之一。

5）低功耗化。MCS-51系列的8031推出时功耗达630mW，而现在的单片机的功耗普遍为100mW左右。为了降低单片机功耗，现在的各个单片机制造商基本采用CMOS（complementary metal oxide semiconductor，互补金属氧化物半导体）工艺。例如，80C51采用HMOS（high performance metal oxide semiconductor，高密度金属氧化物半导体）工艺和CHMOS（complementary high performance metal oxide semiconductor，互补高密度金属氧化物半导体）工艺。CMOS工艺虽然功耗较低，但其物理特征决定其工作速度不够高，而CHMOS工艺则具备了高速和低功耗的特点，更适合于要求低功耗（如电池供电）的应用场合。所以，这种工艺将是今后一段时期单片机发展的主要途径。

目前，8位单片机中有一半产品已CHMOS化，这类单片机普遍配有wait（延时）和stop（休眠）两种工作方式。例如，采用CHMOS工艺的MCS-51系列单片机80C31/80C51/87C5l在正常运行（5V、12MHz）时，工作电流为16mA；同样条件下采用wait方式工作时，工作电流则为3.7mA；而采用stop方式工作（2V）时，工作电流仅为50nA。

纵观单片机几十年的发展历程，单片机将向高性能、高速度、片内存储器容量增加、Flash存储器化、多功能、外围电路内装化、低功耗、低价格、低电压方向发展。但其位数不一定会继续增加，尽管现在已经有32位单片机，但使用并不多。可以预言，今后单片机的功能更强、集成度和可靠性更高而功耗更低，使用更方便。

此外，专用化也是单片机的一个发展方向，针对单一用途的专用单片机将会越来越多。

2. 单片机的特点及应用

（1）单片机的特点

1）小巧灵活、成本低、易于产品化。它能方便地组装成各种智能测控设备及各种智能仪器仪表，并且易于进行产品的升级。

2）可靠性好，适应温度范围宽。单片机芯片本身是按工业测控环境要求设计的，因此能适应各种恶劣的环境。MCS-51系列单片机的温度使用范围也比微处理器芯片宽，其中，民用级温度范围为0～70℃，工业级温度范围为-40～85℃，军用级温度范围为-65～125℃。

3）内部集成度高、外围电路易扩展，很容易构成各种规模的应用系统。单片机的逻辑控制功能很强。指令系统有各种控制功能的指令。

4）可以很方便地实现多机和分布式控制系统。

（2）单片机的应用

单片机的应用范围很广，其在以下各个领域中得到了广泛的应用。

1）工业自动化。在自动化技术中，无论是过程控制技术、数据采集技术还是测控技术，都离不开单片机。在工业自动化领域中，机电一体化技术将发挥越来越重要的作用，在这种集机械、微电子和计算机技术为一体的综合技术（如机器人技术、数控技术）中，单片机将发挥非常重要的作用。随着计算机技术的发展，工业自动化也发展到了一个新的高度，出现了无人工厂、机器人作业、网络化工厂等，不仅将人从繁重、重复和危险的工业现场解放出来，还大大提高了生产效率，降低了生产成本。

2）智能仪器仪表。目前，对仪器仪表的自动化和智能化要求越来越高。在自动化测量仪器仪表中，单片机应用十分普及。单片机的使用有助于提高仪器仪表的精度和准确度，并简化结构、减小体积，以便于携带和使用，加速仪器仪表向数字化、智能化、多功能化方向发展。

3）消费类电子产品。单片机在消费类电子产品中的应用主要反映在家电领域。目前，家电产品的一个重要发展趋势是不断提高其智能化程度。例如，电子游戏机、数码照相机、洗衣机、电冰箱、空调、电视机、微波炉、手机、IC卡、汽车电子设备等设备中使用了单片机后，其功能和性能得到了大大提高，并实现了智能化、最优化控制。

4）通信方面。较高档的单片机都具有通信接口，为单片机在通信设备中的应用创造了很好的条件。例如，在微波通信、短波通信、载波通信、光纤通信、程控交换等通信设备和仪器中都能找到单片机。例如，程控交换机是计算机技术和通信技术相结合的产物，不仅成为现代化通信的重要手段，且其本身也表明了近代通信与计算机技术密不可分的关系。

5）武器装备。在现代化的武器装备中，如飞机、军舰、坦克、导弹、鱼雷制导、智能武器装备、航天飞机导航系统，都应用了单片机。

6）终端及外设控制。计算机网络终端设备如银行终端及计算机外设（打印机、硬盘驱动器、绘图机、传真机、复印机等）中都使用了单片机。

3. 典型单片机简介

单片机的制造厂商有很多，如荷兰的PHILIPS、中国台湾的Winbond、美国的Freescale Semiconductor、Microchip、TI、Zilog、Analog Devices、Atmel、Fairchild Semiconductor、National Semiconductor等。很多厂商不仅有自己的专利产品，也常常购买其他公司设计的单片机内核，生产兼容型的其他内核的单片机，这也使单片机的类型获得了极大的丰富，即使是同一内核的产品可供挑选的数量也十分庞大。

在此主要介绍PHILIPS公司、Atmel公司和Winbond公司生产的部分8051内核的单片机的性能。表1.1～表1.3列出了这些公司部分型号产品的芯片特性，更详细的内容可以参阅各个公司的芯片资料。

表 1.1 PHILIPS 公司部分 51 内核单片机

型号	存储器容量			ISP/IAP	定时/计数器				I/O接口数	串行口	中断（外部）	A/D转换	最大频率/MHz
	OTP	Flash	RAM		#	PWM	PCA	WDT					
P87C5xX2	4～32KB	—	128～256B	—	3	—	—	—	32	UART	6(2)	—	33
P89C5xX2	—	4～32 KB	128～256B	—	3	—	—	—	32	UART	6(2)	—	33
P89V51RD2	—	64KB	512B～1KB	—	3	√	√	√	32	UART、SPI	7(2)	—	40
P89C66x	—	16～64KB	1～8KB	Y/Y	4	√	√	√	32	UART、I^2C	8(2)	—	33
P8xC591	16KB	—	512B	—	3	√	—	√	32	UART、I^2C、CAN	15(2)	6CH-10bit	16
P89C51Rx+	—	32～64KB	512B～1KB	—	4	√	√	√	32	UART	7(2)	—	33

注：OTP（one time programmable，一次性可编程）、PCA（programmable counter array，可编程计数器阵列）、ISP（in-system programming，在系统编程）、IAP（in-application programming，在应用编程）。#表示此种单片机拥有的定时/计数器个数。6CH-10bit 表示 6 通道、10 位。

表 1.2 Atmel 公司部分 51 内核单片机

型号	存储器			ISP/IAP	定时/计数器				I/O 接口数	串行口	中断（外部）	最大频率/MHz
	OTP	Flash	RAM		#	PWM	PCA	WDT				
AT89S52	—	8KB	256B	Y/Y	3	—	—	√	32	UART	6(2)	33
AT89C51RD2	—	64KB	2KB	Y/Y	3	—	√	√	48/32	UART	9(2)	60
AT89LS52	—	8KB	256B	Y/Y	3	—	—	√	32	UART	8(2)	16
AT89S2051	—	2KB	256B	Y/Y	2	√	—	—	15	UART	6(2)	24

表 1.3 Winbond 公司部分 51 内核单片机

型号	存储器			ISP/IAP	定时/计数器				I/O 接口数	串行口	中断（外部）	最大频率/MHz
	OTP	Flash	RAM		#	PWM	PCA	WDT				
W78IRD2	—	64KB	1KB+256B	Y/Y	3	√	√	√	32/36	UART	9(4)	25
W78E58	—	32KB	256B	—	3	—	—	—	32	UART	8(4)	40
W79E532	—	128KB	1KB+256B	Y/Y	3	√	—	√	32/36	UART	7(2)	40
W78E516B	—	64KB	512B	Y/Y	3	—	—	—	32/36	UART	8(4)	24
W78E51B	—	4KB	128B	—	2	—	—	√	32/36	UART	5/7(2/4)	40

人们使用较多的有 Atmel 公司生产的 AT89S52。AT89S52 是一种低电压、高性能的 CMOS 8 位微处理器，它带有 8KB 在系统编程的 Flash 存储器。该器件采用了 Atmel 公司的高密度非易失性存储器技术，并且完全兼容工业标准的 80C51 指令集和引脚。芯片内的 Flash 存储器可以在线对程序内容重新编程，或者通过普通的非易失性存储器编程器重新编程。AT89S52 将此通用的 8 位 CPU 和可在线编程 Flash 存储器集成到一个芯片上，功能更加强大，可应用于很多高性能、低功耗的嵌入式控制产品。AT89S52 有如下特性：8KB Flash 片内存储器可以进行 1000 次擦/写循环并可以进行三级加密，工作电压范围为 4.0～5.5V，晶振频率最高可达 33MHz，包含 256B 片内 RAM、32 根可编程 I/O 接口线、1 个“看门狗”定时器、2 个数据指针、3 个 16 位定时/计数器、6 个带两级优先级的中断系统、1 个全双工串行口、片内振荡器和时钟电路。此外，AT89S52 在工作频率

降到零时能支持静态逻辑，并且支持两个软件可选择的节电模式，一个是空闲模式，另一个是掉电模式。空闲模式停止了 CPU 工作，但是允许 RAM、定时/计数器、串行口和中断系统继续工作。掉电模式保存了 RAM 中的内容，但冻结了晶振，禁用其他功能，直到有中断唤醒或硬件复位。此外，AT89S52 还拥有关电源标志。

存储器容量的大小特别是片内程序存储器的容量已不再是很重要的参数。这是因为 Flash 存储器技术的提高，片内存储器可以拥有 64KB 的容量，不过考虑很多时候程序并不是很大，各大公司在这方面的改进并没有改变产品的市场占有率。内部器件的增多对于 8 位单片机用户来说则是一件好事，不但节约了设计外围电路的成本，而且提高了系统的可靠性。

例如，PHILIPS 公司的 P89V51RD2 就是一款带有 64KB Flash 程序存储器和 1KB 片内数据存储器的 C51 内核的单片机。其中一个重要特性就是它的 X2 模式选项。设计者选择自己的应用程序在传统的 80C51 时钟频率下运行时，每个机器周期由 12 个时钟周期组成；而选择 X2 模式时，每个机器周期由 6 个时钟周期组成。因此，在相同的时钟频率下吞吐率可达到原来的两倍。此外，在 X2 模式下，在将时钟频率减到原来的一半后却保持了同样的性能，从而大大减少了电磁干扰。片内可编程 Flash 存储器支持并行编程和串行的在系统编程。并行编程模式可以高速成组编程，减少了编程花费的时间。在软件的控制下，在系统编程可以对最终产品设备进行再编程。这个能力既极大地提高了人们更新产品固件的能力，也扩大了产品应用的范围。P89V51RD2 也支持在应用编程，可以在系统运行时对 Flash 存储器中的程序重新配置。

虽然很多公司生产了不同型号的 51 内核的单片机，但是它们具有通用性，产品之间依然能够互换，所以在选择产品型号时可供人们选择的范围越来越大。

我国引进的单片机系列中，美国 Intel 公司的单片机产品占主导地位，其主要代表系列有 MCS-48、MCS-51 和 MCS-96 等。

1）MCS-48 系列单片机是 Intel 公司开发的第一代 8 位单片机系列产品。它拥有 96 条指令，其中 70%为单字节指令，其余为双字节指令。每个机器周期为 2.5μs，所有指令的执行时间为 1 或 2 个机器周期。MCS-48 系列单片机的主要特性如表 1.4 所示。

表 1.4　MCS-48 系列单片机的主要特性

型号	片外存储器		I/O 接口数	定时/计数器	片外寻址空间	
	程序存储器	数据存储器			程序存储器	数据存储器
8048	1KB ROM	64B RAM	27	1 个 8 位	4KB	256B
8748	1KB EPROM	64B RAM	27	1 个 8 位	4KB	256B
8035	无	64B RAM	27	1 个 8 位	4KB	256B
8049	2KB ROM	128B RAM	27	1 个 8 位	4KB	256B
8749	2KB EPROM	128B RAM	27	1 个 8 位	4KB	256B
8039	无	128B RAM	27	1 个 8 位	4KB	256B
8050	4KB ROM	256B RAM	27	1 个 8 位	4KB	256B
8750	4KB EPROM	256B RAM	27	1 个 8 位	4KB	256B
8040	无	256B RAM	27	1 个 8 位	4KB	256B

2）MCS-51 系列单片机属于 8 位高档单片机。它在 MCS-48 系列单片机的基础上扩大了片内存储器容量、片外寻址空间、并行 I/O 接口，增加了全双工串行 I/O 接口、中断源、中断优先级处理及寻址功能、乘/除法运算和位操作，特别是它的布尔处理器，对于处理逻辑控制具有突出的优点。

MCS-51 系列单片机一般采用 HMOS（8051）和 CHMOS（80C51）两种工艺制造，这两种工艺制造的单片机完全兼容。MCS-51 系列单片机的主要特性如表 1.5 所示。

表 1.5 MCS-51 系列单片机的主要特性

型号	片外存储器		I/O 接口数	定时/计数器	片外寻址空间		串行通信
	程序存储器	数据存储器			程序存储器	数据存储器	
8051	4KB ROM	128B RAM	32	2 个 16 位	64KB	64KB	UART
8751	4KB ROM	128B RAM	32	2 个 16 位	64KB	64KB	UART
8031	无	128B RAM	32	2 个 16 位	64KB	64KB	UART
80C51	4KB ROM	128B RAM	32	2 个 16 位	64KB	64KB	UART
80C31	无	128B RAM	32	2 个 16 位	64KB	64KB	UART
8052	8KB ROM	256B RAM	32	2 个 16 位	64KB	64KB	UART
8032	无	256B RAM	32	2 个 16 位	64KB	64KB	UART
8044	4KB ROM	192B RAM	32	2 个 16 位	64KB	64KB	SDLC
8744	4KB ROM	192B RAM	32	2 个 16 位	64KB	64KB	SDLC
8344	无	192B RAM	32	2 个 16 位	64KB	64KB	SDLC

注：UART（universal asynchronous receiver/transmitter，通用异步接收器/发送器）、SDLC（synchronous data link control，同步数据链控制）。

3）MCS-96 系列单片机是 Intel 公司推出的 16 位高性能单片机。它有两个显著的特点：①集成度高。它除了内部具有常规的 I/O 接口、定时/计数器、全双工串行口外，还具有高速 I/O 部件、多路 A/D 转换器、脉宽调制输出部件及监视定时器。②运算速度快。它具有丰富的指令系统、先进的寻址方式和带符号运算功能，不但可以对字或字节操作，还可以进行带符号或不带符号数的乘除运算。

MCS-96 系列单片机的主要特性如表 1.6 所示。

表 1.6 MCS-96 系列单片机的主要特性

型号	片外存储器		I/O 接口数	定时/计数器	片外寻址空间/KB	串行通信	A/D 转换
	程序存储器	数据存储器					
8094	无	232B RAM	32	2 个 16 位	64	UTAR	无
8795	无	232B RAM	32	2 个 16 位	64	UTAR	4 通道、10 位
8096	无	232B RAM	48	2 个 16 位	64	UTAR	无
8097	无	232B RAM	48	2 个 16 位	64	UTAR	4 通道、10 位
8394	8KB ROM	232B RAM	32	2 个 16 位	64	UTAR	无
8395	8KB ROM	232B RAM	32	2 个 16 位	64	UTAR	4 通道、10 位
8396	8KB ROM	232B RAM	48	2 个 16 位	64	UTAR	无
8397	8KB ROM	232B RAM	48	2 个 16 位	64	UTAR	8 通道、10 位

MCS-48 系列单片机在性能价格比上已没有明显的优势，正逐步被高档 8 位机

MCS-51 系列所取代。MCS-96 系列单片机由于价格偏高等原因，目前在国内市场还未广泛应用。本书仅以在国内获得广泛应用的 MCS-51 系列单片机为例进行介绍。

4. 单片机的数制、码制与编码

（1）进位计数制

进位计数制是计数方法的统称，是人们利用符号计数的一种科学方法。数制是人类在长期的实践中逐步形成的。数制有很多种，如日常生活中，月份采用十二进制计数，微型计算机中常用的数制有二进制、八进制、十进制和十六进制等，日常计算常用的是十进制计数制。

1）十进制（decimal）。十进制是大家最熟悉的进位计数制，它由 0、1、2、3、4、5、6、7、8 和 9 共 10 个数字符号组成。这 10 个数字符号又称为数码，每个数码在数中最多可有两个值的概念。例如，十进制数 34 中数码 3，其本身的值为 3，但它实际代表的值为 30。在数学上，数制中数码的个数定义为基数，故十进制的基数为 10。

十进制是一种科学的计数方法，它所能表示的数的范围可以从无限小到无限大，十进制数的主要特点如下。

① 它有 0～9 共 10 个不同的数码，这是构成所有十进制数的基本符号。

② 它是逢 10 进位的。十进制数在计数过程中，当它的某位计满 10 时就要向它邻近高位进一。

因此，任何一个十进制数不仅和构成它的每个数码本身的值有关，而且和这些数码在数中的位置有关，即任何一个十进制数都可以展开成幂级数形式。例如：

$$123.45 = 1\times10^2 + 2\times10^1 + 3\times10^0 + 4\times10^{-1} + 5\times10^{-2}$$

式中，10^2、10^1、10^0、10^{-1}、10^{-2} 在数学上称为权，10 为它的基数；整数部分中每位的幂是该位位数减 1；小数部分中每位的幂是该位小数的位数。

一般，十进制数 N 的通式为

$$N = \pm(a_{n-1}\times10^{n-1} + a_{n-2}\times10^{n-2} + \cdots + a_0\times10^0 + a_{-1}\times10^{-1} + a_{-2}\times10^{-2} + \cdots + a_{-m}\times10^{-m})$$
$$= \pm\sum_{i=-m}^{n-1} a_i\times10^i$$

式中，i 表示数中任一位，是一个变量；a_i 表示第 i 位的数码；n 为该整数部分的位数；m 为小数部分的位数。

2）二进制（binary）。二进制数是随着计算机的发展而发展起来的。二进制数的主要特点如下。

① 它共有 0 和 1 两个数码，任何二进制数都是由这两个数码组成的。

② 二进制数的基数为 2，它遵守逢二进一的进位计数原则。

因此，二进制数同样也可以展开成幂级数形式，不过内容有所不同。例如：

$$\begin{aligned}11010.11\text{B} &= 1\times2^4 + 1\times2^3 + 0\times2^2 + 1\times2^1 + 0\times2^0 + 1\times2^{-1} + 1\times2^{-2}\\ &= 1\times2^4 + 1\times2^3 + 1\times2^1 + 1\times2^{-1} + 1\times2^{-2}\\ &= 26.75\end{aligned}$$

式中，指数 2^4、2^3、2^2、2^1、2^0、2^{-1} 和 2^{-2} 为权，2 为基数，其余和十进制时相同。

因此，二进制数 N 的通式为

$$N=\pm(a_{n-1}\times 2^{n-1}+a_{n-2}\times 2^{n-2}+\cdots+a_0\times 2^0+a_{-1}\times 2^{-1}+a_{-2}\times 2^{-2}+\cdots+a_{-m}\times 2^{-m})$$
$$=\pm\sum_{i=-m}^{n-1}a_i\times 2^i$$

式中，a_i 为第 i 位数码，可取 0 或 1；n 为该二进制数整数部分的位数；m 为小数部分的位数。

3）十六进制（hexadecimal）。十六进制是人们学习和研究计算机中二进制数的一种工具，它随着计算机的发展而得到了广泛应用。十六进制数的主要特点如下。

① 它有 0、1、2、3、4、5、6、7、8、9、A、B、C、D、E、F 共 16 个数码，任何一个十六进制数都由其中的一些或全部数码构成。

② 十六进制数的基数为 16，进位计数原则为逢十六进一。

十六进制数也可展开成幂级数形式。例如：

$$51\mathrm{C.B1H}=5\times 16^2+1\times 16^1+\mathrm{C}\times 16^0+\mathrm{B}\times 16^{-1}+1\times 16^{-2}\approx 1308.6914$$

十六进制数 N 的通式为

$$N=\pm(a_{n-1}\times 16^{n-1}+a_{n-2}\times 16^{n-2}+\cdots+a_0\times 16^0+a_{-1}\times 16^{-1}+a_{-2}\times 16^{-2}+\cdots+a_{-m}\times 16^{-m})$$
$$=\pm\sum_{i=-m}^{n-1}a_i\times 16^i$$

式中，a_i 为第 i 位数码，取值为 0～F 中的一个；n 为该十六进制数整数部分的位数；m 为小数部分的位数。

4）八进制（octal）。八进制数的主要特点如下。

① 它有 0～7 共 8 个数码，任何一个八进制数都由其中的一些或全部数码构成。

② 八进制数的基数为 8，进位计数原则为逢八进一。

八进制数也可展开成幂级数形式。例如：

$$207.2\mathrm{O}=2\times 8^2+0\times 8^1+7\times 8^0+2\times 8^{-1}=135.25$$

八进制数 N 的通式为

$$N=\pm(a_{n-1}\times 8^{n-1}+a_{n-2}\times 8^{n-2}+\cdots+a_0\times 8^0+a_{-1}\times 8^{-1}+a_{-2}\times 8^{-2}+\cdots+a_{-m}\times 8^{-m})$$
$$=\pm\sum_{i=-m}^{n-1}a_i\times 8^i$$

式中，a_i 为第 i 位数码，取值为 0～7 中一个；n 为该八进制数整数部分的位数；m 为小数部分的位数。

部分十进制、二进制和十六进制数对照表如表 1.7 所示。

表 1.7　部分十进制、二进制和十六进制数对照表

整数			小数		
十进制	二进制	十六进制	十进制	二进制	十六进制
0	0	0	0	0	0
1	1	1	0.5	0.1	0.8
2	10	2	0.25	0.01	0.4
3	11	3	0.125	0.001	0.2

续表

整数			小数		
十进制	二进制	十六进制	十进制	二进制	十六进制
4	100	4	0.0625	0.0001	0.1
5	101	5	0.03125	0.00001	0.08
6	110	6	0.015625	0.000001	0.04
7	111	7	0.0078125	0.0000001	0.02
8	1000	8	0.00390625	0.00000001	0.01
9	1001	9	—	—	—
10	1010	A	—	—	—
11	1011	B	—	—	—
12	1100	C	—	—	—
13	1101	D	—	—	—
14	1110	E	—	—	—
15	1111	F	—	—	—
16	10000	10	—	—	—

在微型计算机内部，数的表示形式是二进制，因为二进制数只有0和1两个数码，人们采用晶体管的导通和截止、脉冲的高电平和低电平等可以很容易地将其表示出来。此外，二进制数运算简单，便于用电子线路实现。但是，二进制数书写时很麻烦，因此人们常采用十六进制形式表示二进制数，这样可以大大减轻阅读和书写二进制数时的负担。例如，11011011B=DBH，1001001111110010B=93F2H。

显然，采用十六进制数描述一个二进制数十分简洁，尤其在被描述的二进制数位数较长时。

在阅读和书写不同数制的数时，必须在每个数上外加一些辨认标记，否则就会相互混淆而无法分清。通常，标记方法有两种：一种是在书写数时加上括号，并在括号右下角标注数制代号，如$(101)_{16}$、$(101)_2$和$(101)_{10}$分别表示十六进制数、二进制数和十进制数；另一种是用英文字母标记，放在被标记数的后面，分别用B、O、D和H大写字母表示二进制、八进制、十进制和十六进制数，如56H为十六进制数、101B为二进制数等，其中，十进制数中的D标记可以省略。

（2）数制转换

人们习惯使用十进制数，但微型计算机采用二进制数操作，这就要求机器能自动对不同数制的数进行转换。

1）二进制数和十进制数间的转换。

① 二进制数转换为十进制数。二进制数转化成十进制数只需将要转换的数按权展开，再相加即可。例如：

$$10010.01B = 1\times 2^4 + 0\times 2^3 + 0\times 2^2 + 1\times 2^1 + 0\times 2^0 + 0\times 2^{-1} + 1\times 2^{-2} = 18.25$$

② 十进制数转换为二进制数。本转换过程是上述转换过程的逆过程，但十进制整数和小数转换成二进制的整数和小数的方法是不相同的，现分别进行介绍。

a．十进制整数转换为二进制整数。十进制整数转换为二进制整数的方法是“除 2 取余法”。“除 2 取余法”是用 2 连续去除要转换的十进制数，直到商小于 2 为止，然后将各次余数按最后得到的为最高位，最早得到的为最低位，依次排列起来，所得的数便是所求的二进制数。

【例 1.1】将十进制数 189 转换为二进制数。

解：将 189 连续除以 2，直到商数小于 2，相应竖式为

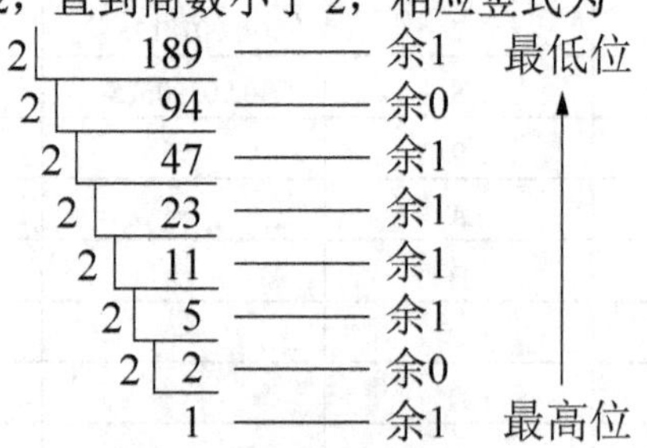

将所得余数按箭头方向从高到低排列起来可得

$$189 = 10111101\text{B}$$

b．十进制小数转换为二进制小数。十进制小数转换成二进制小数通常采用“乘 2 取整法”。“乘 2 取整法”是用 2 连续去乘要转换的十进制小数，直到所得积的小数部分为 0 或满足所需精度为止，然后将各次整数按最先得到的为最高位，最后得到的为最低位，依次排列起来，所得的数便是所求的二进制小数。

【例 1.2】将十进制小数 0.6879 转换为二进制小数。

解：将 0.6879 不断地乘 2，取每次所得到乘积的整数部分，直到乘积的小数部分满足所需精度，相应竖式为

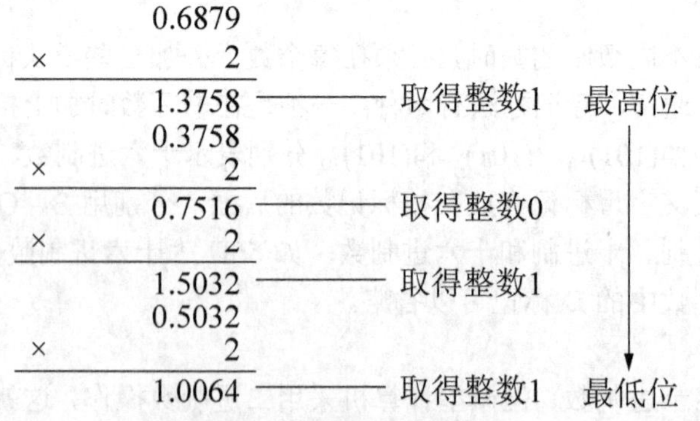

将所得整数按箭头方向从高位到低位排列后可得

$$0.6879 \approx 0.1011\text{B}$$

对于同时有整数和小数两部分的十进制数，可以将它的整数和小数部分分开转换后，再合并起来。例如，将例 1.1 和例 1.2 合并起来便可得

$$189.6879 \approx 10111101.1011\text{B}$$

应当指出，任何十进制整数都可以精确转换成一个二进制整数，但十进制小数不一定可以精确转换成一个二进制小数，如例 1.2 中的情况。

2）十六进制数和十进制数间的转换。

① 十六进制数转换为十进制数。十六进制数转换为十进制数的方法和二进制数转换为十进制数的方法类似，即将十六进制数按权展开后相加。例如：

$$58DC7H = 5\times16^4 + 8\times16^3 + 13\times16^2 + 12\times16^1 + 7\times16^0 = 363975$$

② 十进制数转换为十六进制数。十进制数转换为十六进制整数和小数的方法分别如下。

a. 十进制整数转换为十六进制整数。十进制整数转换成十六进制整数和十进制整数转换成二进制整数类似，十进制整数转换成十六进制整数可以采用“除 16 取余法”。“除 16 取余法”是用 16 连续去除要转换的十进制整数，直到商数小于 16 为止，然后将各次余数按逆序排列起来，所得的数即所求的十六进制数。

【例 1.3】将十进制数 4016 转换为十六进制数。

解：将 4016 连续除以 16，直到商数小于 16 为止，相应竖式为

```
16 | 4016  ————余0   写作0   最低位
16 | 251   ————余11  写作B     ↑
     15    ————余15  写作F   最高位
```

所以，4016=FB0H。

b. 十进制小数转换为十六进制小数。十进制小数转换为十六进制小数的方法类似于十进制小数转换成二进制小数，常采用“乘 16 取整数法”。“乘 16 取整数法”是将要转换的十进制小数连续乘以 16，直到所得乘积的小数部分为 0 或达到所需精度为止，然后将各次整数按顺序排列起来，所得的数即所求的十六进制小数。

【例 1.4】将十进制小数 0.76171875 转换为十六进制数。

解：将 0.76171875 连续乘以 16，直到所得乘积的小数部分为 0，相应竖式为

```
   0.76171875
×          16
 12.18750000 ———— 取整数12  写作C
   0.18750000
×          16
  3.00000000 ———— 取整数3   写作3
```

所以，0.7617875=0.C3H。

3）二进制数和十六进制数间的转换。二进制和十六进制数间的转换十分方便，因此多采用十六进制形式来对二进制数进行表示。

① 二进制数转换为十六进制数。二进制数转换成十六进制数可采用“四位合一位法”。“四位合一位法”是从二进制数的小数点开始，或左或右每 4 位一组，不足 4 位以 0 补足，然后分别将每组用十六进制数码表示，并按序相连。例如，若要将 1101111100011.10010100B 转换为十六进制数，则有

```
0001  1011  1110  0011 . 1001  0100
  1     B     E     3  .   9     4
```

所以，1101111100011.10010100B=1BE3.94H。

② 十六进制数转换为二进制数。这种转换方法是将十六进制数的每位分别用 4 位二进制数码表示，然后将它们连成一体。例如，若要将十六进制数 3AB.7A5H 转换为二进制数，则有

3　A　B　.　7　A　5

0011　1010　1011　0111　1010　0101

所以，3AB.7A5H=1110101011.011110100101B。

（3）码制转换

机器数是微型计算机中数的基本形式。为了运算方便起见，机器数通常有原码（true form）、反码（radix-minus-one complement）和补码（complement）3 种形式。目前，微型计算机系统中多采用补码形式，补码是在原码及反码的基础上演变而来的。机器数中带符号整数格式如表 1.8 所示。

表 1.8　机器数中带符号整数格式

十进制数	原码	反码	补码
128	无	无	无
127	01111111B	01111111B	01111111B
126	01111110B	01111110B	01111110B
125	01111101B	01111101B	01111101B
⋮	⋮	⋮	⋮
2	00000010B	00000010B	00000010B
1	00000001B	00000001B	00000001B
+0	00000000B	00000000B	00000000B
−0	10000000B	11111111B	无
−1	10000001B	11111110B	11111111B
−2	10000010B	11111101B	11111110B
⋮	⋮	⋮	⋮
−125	111111101B	10000010B	10000011B
−126	11111110B	10000001B	10000010B
−127	11111111B	10000000B	10000001B
−128	无	无	10000000B

1）机器数。数学中的正负用符号“+”和“−”表示，而计算机中如何表示数的正负呢？在计算机中数据存放在存储单元内，而每个存储单元由若干二进制位组成，其中每一位是 0 或 1。在计算机中规定最高位为符号位。“0”表示“+”，“1”表示“−”。因此，数的符号在计算机中被数码化了，即从表示形式上看符号位与数值毫无区别。

设有两个数：$N_1 = +1011011B$，$N_2 = -1011011B$。它们在计算机中分别表示为 $N_1 = 01011011B$，$N_2 = 11011011B$。

为了区分这两种形式的数，将机器中以编码形式表示的数称为机器数（如 $N_1 = 01011011B$ 及 $N_2 = 11011011B$），而将一般书写形式表示的数称为真值（如 $N_1 = +1011011B$ 及 $N_2 = -1011011B$）。

若一个数的所有数位均为数值位，则该数为无符号数；若一个数的最高位为符号位而其他数位为数值位，则该数为有符号数。由此可见，对于同一存储单元，它存放的无符号数和有符号数所能表示的数值范围是不同的。例如，一个存储单元为 8 位，当它存放无符号数时，因有效的数值位为 8 位，故该数的范围为 0～255；当它存放有符号数时，因有效的数值位为7位，故该数的范围为-127～127。

2）原码。计算机数的原码形式即机器数形式，两者完全相同。它们的最高位为符号位，其余为数值位，符号位为0表示该数是正数，符号位为1表示它是负数。在微型计算机中，表示一个数的原码可以先将该数用括号括起来，并在括号右下角加个“原”字来标记。

【例1.5】设X=+1010B，Y=-1010B，请分别写出它们在8位微型计算机中的原码形式。

解：因为

$$X=+1010B$$

所以

$$(X)_{原}=00001010B$$

因为

$$Y=-1010B$$

所以

$$(Y)_{原}=10001010B$$

在计算机中，0这个数非常特别。它有+0和-0之分，也有原码、反码和补码3种表示形式。例如，0在8位微型计算机中的原码形式包括如下两种。

$$(+0)_{原}=0000\ 0000B$$

$$(-0)_{原}=1000\ 0000B$$

3）反码。在计算机中，二进制数的反码求法很简单，有正数的反码和负数的反码之分。正数的反码和原码相同；负数的反码的符号位和负数原码的符号位相同，数值位是原码的数值位按位取反。反码的标记方法和原码类似，只要在该数括号的右下角添加一个“反”字即可。

【例1.6】设X=+1101101B，Y=-0110110B，请写出X和Y的原码和反码形式。

解：因为

$$X=+1101101B$$

所以

$$(X)_{原}=01101101B，(X)_{反}=01101101B$$

因为

$$Y=-0110110B$$

所以

$$(Y)_{原}=10110110B，(Y)_{反}=11001001B$$

4）补码。在日常生活中，经常会遇到补码的概念。例如，现在是北京时间下午3点，而手表还停在早上8点上，为了校准手表，可以顺拨7个小时，但也可倒拨5个小时，效果都是相同的。显然，顺拨时针是加法操作，倒拨时针是减法运算，据此便可得到如下两个数学表达式。

$$8+7=12(自动丢失)+3=3(顺拨时针)$$

$$8-5=3(倒拨时针)$$

顺拨时针时，人们通常在1点钟左右自动丢失了数12。但也有人把它提前到12点钟时丢失，这些人常常将12点称为0点。在数学上，这个自动丢失的数12称为模(mod)，这种带模的加法称为按模12的加法，通常写为

$$8+7=3(\text{mod } 12)$$

比较上述两个数学表达式，可以发现 8-5 的减法和 8+7 的按模加法等价。这里，+7 和-5 是互补的，+7 称为-5 的补码（mod 12）。它们在数学上的关系为

$$X+(-Y)_{补}=12=模$$

因此，8-5 的减法可以用$8+(-5)_{补}=8+7(\text{mod } 12)$的加法替代。但遗憾的是在求取$(-5)_{补}$时仍然要用减法实现，数学表达式为$(-5)_{补}=12-|-5|=+7$。如果在求取负数的补码时不需要用减法，则在既有加法又有减法的复合运算中遇到减法时就可采用补码加法实现。

在计算机中，加法器是采用二进制数法则进行的，加法器的最高位也会和钟表中的时针一样自动丢失模值。但加法器丢失的不是模 12，而是 2^n（n 是加法器的字长）。和以 12 为模的钟表校时运算一样，若微型计算机在求取负数补码时仍然要采用减法运算，则将 X-Y 的减法变成 $X+(-Y)_{补}$的加法来进行计算也是一句空话。根据上述补码定义，一个字长为 n 的二进制数-Y 的补码求取公式为

$$(-Y)_{补}=2^n-|Y|$$

这一公式可以解释为正数的补码和原码相同，负数的补码是反码加 1。

因此，计算机完成 X-Y 为 $X+(-Y)_{补}+1$ 运算只需先判断 Y 的符号位即可。若符号位为正，则完成 X+Y 操作；若符号位为负，则完成 $X+(-Y)_{补}+1$ 运算。如果将所有参加运算的带符号数都用它们的补码来表示，并规定正数的原码、反码和补码相同，负数的补码是反码加“1”，则可以用补码加法来替代加减运算（结果为补码形式）。在微处理器内部，加法器既能做加法又能变减法为加法。加法器还配有左移、右移和判断等电路，故它不仅可以进行逻辑操作，还能完成加、减、乘、除四则运算，这就是微型计算机的补码加法带来的巨大经济效益。

【例 1.7】已知 X=+1010B，Y=-01010B，分别写出它们在 8 位微型计算机中的原码、反码和补码形式。

解：因为

$$X=+1010B$$

所以

$$(X)_{原}=00001010B，(X)_{反}=00001010B，(X)_{补}=00001010B$$

因为

$$Y=-01010B$$

所以

$$(Y)_{原}=10001010B，(Y)_{反}=11110101B，(Y)_{补}=11110110B$$

0 在反码中的表示形式有如下两种：

$$(+0)_{反}=00000000B$$

$$(-0)_{反}=11111111B$$

因此 0 的补码形式为

$$(+0)_{补}=(+0)_{反}=(+0)_{原}=00000000B$$

$$(-0)_{补}=(-0)_{反}+1=11111111B+1=00000000B$$

由此可见，无论是+0 还是-0，0 在补码中只有唯一的一种表示形式。

5）补码的加减运算。在微型计算机中，原码表示的数易于被人们识别，但运算复杂，符号位往往需要单独处理。补码虽不易识别，但运算方便，特别在加减运算中。所有参加运算的带符号数都表示成补码后，微型计算机对它运算后得到的结果必然也是补码，符号位无须单独处理。

补码加法运算的通式为

$$(X+Y)_{补}=(X)_{补}+(Y)_{补}(\mathrm{mod}\ 2^n)$$

补码减法运算的通式为

$$(X-Y)_{补}=(X)_{补}+(-Y)_{补}(\mathrm{mod}\ 2^n)$$

即两数之和或两数之差的补码都等于两数补码之和，其中 n 为机器数字长。但X、Y、X+Y 和 X−Y 必须都在 -2^{n-1}～$+2^{n-1}$ 范围内，否则机器便会产生溢出错误。在运算过程中，符号位和数值位一起参加运算，符号位的进位忽略不计。

（4）二进制编码

在计算机中，机器只能识别二进制数，因此必须事先为键盘上所有的数字、字母和符号进行二进制编码，以便机器能对它们加以识别、存储、处理和传送。

微型计算机中常用的编码如下。

1）BCD。BCD（binary coded decimal，十进制数的二进制编码）是一种具有十进制权的二进制编码。BCD 码的种类较多，常用的有 8421 码、2421 码、余 3 码和格雷码等。现以 8421 码为例进行说明。

8421 码的定义：8421 码是 BCD 码中的一种，因组成它的 4 位二进制数码的权为 8、4、2、1 而得名。8421 码是一种采用 4 位二进制数来代表十进制数的代码系统。在这个代码系统中，10 组 4 位二进制数分别代表了 0～9 中的 10 个数字符号，如表 1.9 所示。

表 1.9 8421 BCD 编码表

十进制数	8421 码	十进制数	8421 码
0	0000B	8	1000B
1	0001B	9	1001B
2	0010B	10	00010000B
3	0011B	11	00010001B
4	0100B	12	00010010B
5	0101B	13	00010011B
6	0110B	14	00010100B
7	0111B	15	00010101B

众所周知，4 位二进制数字共有 16 种组合，其中，0000B～1001B 为 8421 的基本代码系统，1010B～1111B 未被使用，称为非法码或冗余码。10 以上的所有十进制数至少需要两位 8421 码字（即 8 位二进制数字）来表示，而且不应出现非法码，否则就不是真正的 BCD 数。因此，BCD 数由 BCD 码构成，是以二进制形式出现的，逢十进位，但它并不是一个真正的二进制数，因为二进制数是逢二进位的。例如，十进制数 45 的 BCD 形式为 01000101B（即 45H），而它的等值二进制数为 00101101B（即 2DH）。

2）ASCII 码。在微型计算机中普遍采用的是美国信息交换标准码（American

standard code for information interchange，ASCII）。ASCII 码采用 7 位二进制代码来对字符进行编码。它包括 32 个标点字符，10 个阿拉伯数字，52 个英文大、小写字母，34 个控制符号，共 128 个。例如，阿拉伯数字 0～9 的 ASCII 码分别为 30H～39H，英文大写字母 A～Z 的 ASCII 码从 41H 开始依次向下编码，英文小写字母 a～z 的 ASCII 码从 61H 开始依次向下编码。并非所有的 ASCII 码字符都是可打印的，有些 ASCII 码作为控制字符来完成一个规定的动作（如回车），参见附录 B。

5. 半导体存储器

（1）半导体存储器的分类

单片机中常用的是半导体存储器。半导体存储器种类很多，从存、取功能上可以分为 ROM 和 RAM 两大类。

1）ROM。ROM 中存储的内容是通过掩膜和编程技术写入的。掩膜是一种半导体生产工艺，需要时可由厂家代做。编程是通过专用的编程工具对 PROM（programmable read only memory，可编程只读存储器）、EPROM（erasable programmable read only memory，可擦除编程只读存储器）等器件进行写入操作。对于编程工具，用户只需会选择和使用即可，不必掌握其结构、原理。

ROM 在正常工作状态下只能从中读出数据，不能快速地随时修改或重新写入数据。它类似于书本，人们只能读其中的内容，而不可以随意更改书本上印刷的铅字内容。ROM 的优点是电路结构简单，而且在断电以后数据不会丢失。它的缺点是只适用于存储固定数据的场合。只读存储器又分为掩膜 ROM、PROM 和 EPROM 几种不同类型。掩膜 ROM 中的数据在制作时已经确定，无法更改。PROM 中的数据可以由用户根据自己的需要写入，但一经写入便不能再修改。EPROM 中的数据不但可以由用户根据自己的需要写入，而且能擦除重写，所以具有更大的使用灵活性。

Flash 存储器（Flash memory）也称快闪存储器或闪存，是近年来发展很快的新型半导体存储器。它的主要特点是在不加电的情况下能长期保持存储的信息。就其本质而言，Flash 存储器属于 E^2PROM 类型。它既有 ROM 的特点，又有很高的存取速度，而且易于擦除和重写，功耗很小。目前，其集成度已达数百兆字节，同时价格也有所下降。

与同容量的其他类型存储器相比，Flash 存储器具有以下优点。

① Flash 存储器内部有状态寄存器和命令寄存器，因此可以通过软件控制进入不同工作状态，如页面擦除、分页编程、整片擦除、整片编程、进入保护方式等。

② 编程速度较快，编程灵活。CPU 可以将一页数据按芯片存取速度写入缓存，再在内部逻辑的控制下，将整页数据写入相应页面，这样大大加快了编程速度。CPU 可以通过状态查询获知编程是否结束，从而提高 CPU 的效率。

③ Flash 存储器内部可以自行产生编程电压（VPP）。所以它只用 VCC 供电，具有在系统编程能力，擦除和写入都无须将芯片取下。

④ 具有软件和硬件保护能力，可以防止有用数据被破坏。

Flash 存储器所具有的优点，使它的应用越来越广泛，主要包括以下方面。

① 存储监控程序、引导程序等基本不变或不经常变的程序，或者存储在掉电时需要保持的系统配置等基本不常改变的数据。

② 固态硬盘的应用。Flash 存储器和普通硬盘的工作原理不同，它不需要机械运动即可进行数据的存取，可靠性高、存取速度快、体积小，且其不需要任何控制器，因此可以取代现在使用的磁介质存储器。目前，Flash 存储器可作为数码照相机、笔记本式计算机等产品的辅助存储部件，而且容量也早已突破了 GB 数量级。

2）RAM。RAM 与 ROM 的根本区别在于，RAM 在正常工作状态下即可随时向存储器写入数据或从中读出数据。根据所采用的存储单元工作原理的不同，可将 RAM 分为静态随机存储器（static random access memory，SRAM）和动态随机存储器（dynamic random access memory，DRAM）。因为 DRAM 存储单元的结构非常简单，所以它所能达到的集成度远高于 SRAM。但是，DRAM 的存取速度不如 SRAM 快。

（2）半导体存储器的容量与主要参数

存储器是具有记忆功能的设备，它使用具有两种稳定状态的物理器件来表示二进制数码“0”和“1”，这种器件称为记忆元件或记忆单元。记忆元件可以是磁芯、半导体触发器、金属氧化物半导体（metal oxide semiconductor，MOS）电路或电容器等。

1）存储单位。位（bit）是二进制数的最基本单位，也是存储器存储信息的最小单位，8 位二进制数称为 1 字节（Byte），可以由 1 字节或若干字节组成一个字（word）。在个人计算机（personal computer，PC）中一般认为 2 字节组成一个字。若干记忆单元组成一个存储单元，大量的存储单元的集合组成一个存储体（memory bank）。为了区分存储体内的存储单元，必须将它们逐一进行编号，称为地址。地址与存储单元之间一一对应，且是存储单元的唯一标志。应注意，存储单元的地址和存储单元中存放的内容完全是两个概念。

2）存储容量。存储器可以容纳的二进制信息量称为存储容量。一般主存储器（内存）容量在几十千字节（KB）到几十兆字节（MB）；辅助存储器（外存）容量在几百千字节到几千兆字节。在 MCS-51 系列单片机中，能扩展的并行存储器最大容量为 64KB；而扩展的串行存储器最大容量可达数兆字节，甚至上百兆字节。

3）存取周期。存储器的两个基本操作为读出与写入，是指将信息在存储单元与存储数据寄存器（memory data register，MDR）之间进行读写。存储器从接收读出命令到被读出信息稳定在 MDR 的输出端为止的时间间隔，称为存取时间；两次独立的存取操作之间所需的最短时间称为存储周期。半导体存储器的存取周期一般为 60～100ns。

4）存储器的可靠性。存储器的可靠性用平均故障间隔时间（mean time between failures，MTBF）来衡量。MTBF 可以理解为两次故障之间的平均时间间隔。MTBF 越长，表示存储器的可靠性越高，即保持正确工作的能力越强。

5）性能价格比。存储器的性能主要包括存储器容量、存储周期和可靠性 3 项内容。性能价格比是一个综合性指标，对于不同的存储器有不同的要求。对于外存储器，要求容量极大；而对于缓冲存储器，则要求速度非常快，容量不一定大。因此，性能价格比是评价整个存储器系统很重要的指标。

任务分析

本任务要求根据提供的单片机、外围元器件实物，了解单片机及其外围元器件的外形特点；根据提供的单片机及其外围元器件实物，区分出其类型；根据区分出的不同类型的单片机，认知其性能参数、结构及应用的差异。

任务准备

1）工具：放大镜、镊子、螺钉旋具等。
2）设备：万用表、计算机等。
3）材料：各种类型单片机若干、存储器板实物若干、常用单片机开发板实物一批。

任务实施

1. 查看外形

根据图 1.1 和图 1.2 所示的单片机及外围元器件照片，观察实物，了解单片机及其外围元器件的外形特点。

2. 区分类型

根据图 1.1 和图 1.2 所示的单片机及外围元器件照片，观察实物并将其分类。

3. 掌握单片机性能参数

根据区分出的不同类型的单片机，总结其性能参数、结构及应用的差异。

结论

通过本任务的实施，能够了解常用单片机的种类，了解单片机应用系统的特点及半导体存储器的分类和特点。

练　习　题

1. 简述微型计算机的基本组成。
2. 简述单片机的基本含义及应用领域。
3. 单片机的主要特点是什么？
4. 单片机的分类及主要指标是什么？
5. 半导体存储器的特点及分类是什么？
6. 将下列十进制数分别转换为二进制数、十六进制数。
（1）100.125　（2）5651.575　（3）13.45
7. 将下列十六进制数分别转换为二进制数、十进制数。
（1）FF.45　（2）3F.6A　（3）29.DB　（4）7E.56
8. 写出下列十进制数的原码、反码、补码。（用 8 位二进制数表示）
（1）24　（2）56　（3）−36　（4）−127
9. 下列二进制数若为无符号数，则它们的值是多少？若为带符号数，则它们的值是多少？（均用十进制表示）
（1）01101110B　（2）01011001B　（3）10001101B　（4）11111001B

10．分别将下列 8 位二进制数看作原码、反码和补码，请写出它们对应的十进制数。

（1）01101100B （2）00000000B （3）10000010B （4）11111111B

11．已知某数的原码如下，求该数的补码。

（1）00101111B （2）01111111B （3）11010101B （4）10101010B

12．将下列十进制数转换为 BCD 码。

（1）156.4 （2）56.7 （3）3457.43 （4）99.234

13．将下列十六进制数转换为 ASCII 码。

（1）F （2）A （3）0 （4）7

（5）8 （6）C （7）3 （8）6

14．将下列 BCD 码转换为十进制数。

（1）11001.0111B （2）1000111000.01B

（3）0.10001001B （4）1000011.10010001B

15．将下列 BCD 码转换为二进制数和十六进制数。

（1）1001111001B （2）1101010110B

（3）10000110.011B （4）1001100101.0110B

任务 1.2 设计发光二极管闪烁电路

任务目标

通过本任务的实施，能够掌握 AT89C51 单片机的内部结构、存储器配置，以及 MCS-51 系列单片机的引脚及其应用；了解单片机应用系统的基本组成及 LED 单灯闪烁电路的设计与制作；掌握基本的焊接技术。在工作过程中要严格遵守电工安全操作规程，时刻注意安全用电和节约原材料。培养学生的工程意识、自主学习能力和团队协作精神。

任务描述

利用 AT89C51 单片机及 LED 等元器件，设计制作 LED 单灯闪烁单片机应用系统电路。其电路如图 1.3 所示。

相关知识

1．单片机及单片机应用系统

（1）微型计算机及微型计算机系统

微型计算机是计算机的一个重要分类。人们通常按照计算机的体积、性能和应用范围等条件，将计算机分为巨型计算机、大型计算机、中型计算机、小型计算机和微型计算机等。微型计算机不但具有其他计算机快速、精确、程序控制等特点，而且具有体积小、重量轻、功耗低、价格低等优点。PC 是微型计算机中应用较广泛的一种，也是近年来计算机领域中发展最快的一个分支。PC 在性能和价格方面适合个人用户购买和使用，目前，它已经像普通家用电器一样深入家庭和社会生活的各个方面。

微型计算机系统由硬件系统和软件系统两大部分组成，如图 1.4 所示。硬件系统是指构成微机系统的实体和装置，通常由运算器、控制器、存储器、输入接口电路和输入设备、输出接口电路和输出设备等组成。其中，运算器和控制器一般做在一个集成芯片上，统称 CPU，是微型计算机的核心部件。CPU 配上存放程序和数据的存储器、I/O 接口电路及外设，即组成微型计算机的硬件系统。

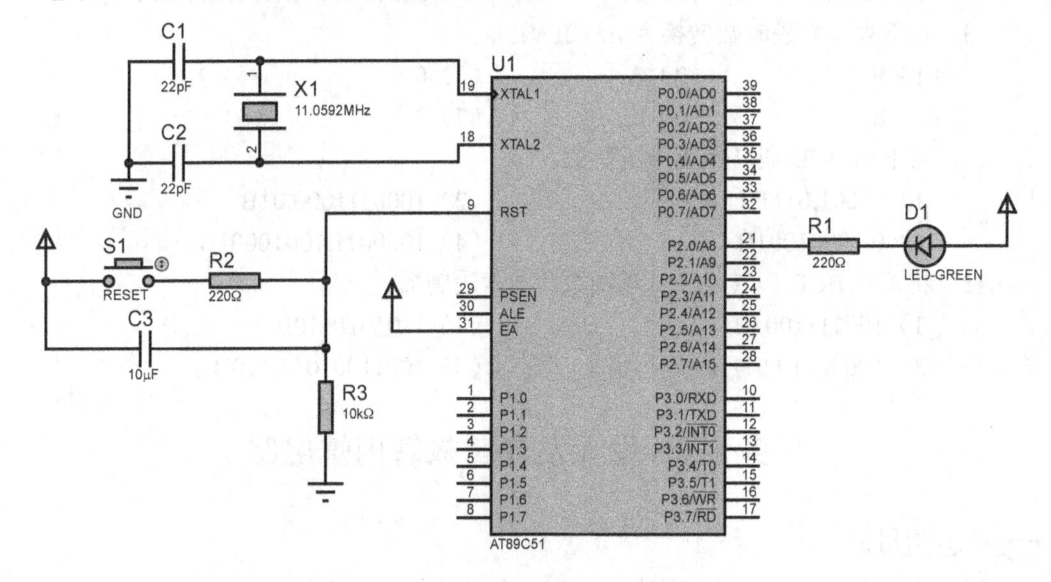

图 1.3 单片机控制 LED 单灯闪烁电路

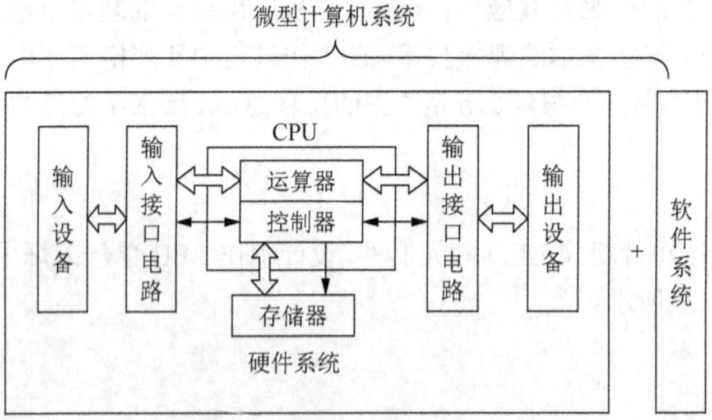

微型计算机系统
CPU
输入设备
输入接口电路
运算器
控制器
存储器
输出接口电路
输出设备
硬件系统
+
软件系统

图 1.4 微型计算机系统组成示意图

软件系统是微型计算机系统所使用的各种程序的总称。人们通过它对整机进行控制并与微型计算机系统进行信息交换，使微型计算机按照人的意图完成预定的任务。

软件系统与硬件系统共同构成完整的微型计算机系统，两者相辅相成，缺一不可。下面简单介绍组成计算机的 5 个基本部件。

1）运算器。运算器是计算机的运算部件，用于实现算术和逻辑运算。计算机的数据运算和处理都在运算器中进行。

2）控制器。控制器是计算机的指挥控制部件，它控制计算机各部分自动、协调地工作。

3）存储器。存储器是计算机的记忆部件，用于存放程序和数据。存储器又分为内存储器和外存储器。

4）输入设备。输入设备用于将程序和数据输入计算机中，如键盘等。

5）输出设备。输出设备用于将计算机数据计算或加工的结果，以用户需要的形式显示或打印出来，如显示器、打印机等。

通常将外存储器、输入设备和输出设备称为计算机的外设。

（2）单片机

单片机是指集成在一个芯片上的微型计算机，即将组成微型计算机的各种功能部件，包括 CPU、RAM、ROM、基本 I/O 接口电路、定时/计数器等制作在一块集成芯片上，构成一个完整的微型计算机，从而实现微型计算机的基本功能。单片机内部结构示意图如图 1.5 所示。

（3）单片机应用系统及组成

单片机实质上是一个芯片。在实际应用中，通常很难将单片机直接和被控对象进行电气连接，必须外加各种扩展接口电路、外设、被控对象等硬件和软件，才能构成一个单片机应用系统。

单片机应用系统是以单片机为核心，配以输入、输出、显示、控制等外围电路和软件，能实现一种或多种功能的实用系统。单片机应用系统由硬件和软件组成，硬件是应用系统的基础，软件则在硬件的基础上对其资源进行合理调配和使用，从而完成应用系统所要求的任务，二者相互依赖，缺一不可。单片机应用系统的组成如图 1.6 所示。

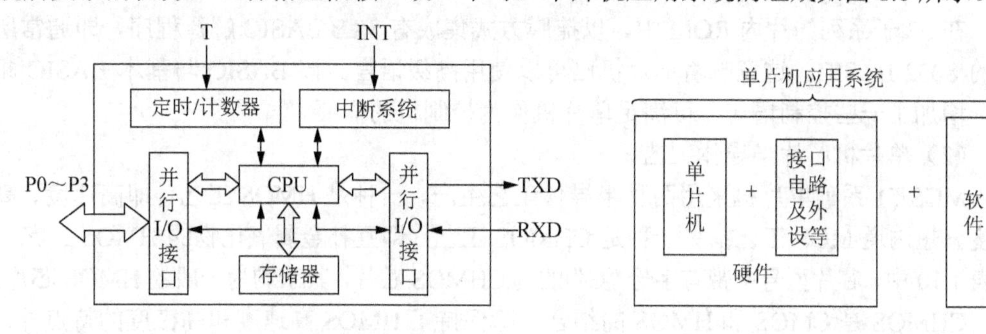

图 1.5 单片机内部结构示意图　　图 1.6 单片机应用系统的组成

由此可见，单片机应用系统的设计人员必须从硬件和软件两个角度来深入了解单片机，并能够将二者有机结合起来，这样才能形成具有特定功能的应用系统或整机产品。

从 1974 年美国 Fairchild 公司研制出第一台单片机 F8 后，单片机经历了由 4 位机到 8 位机再到 16 位机的发展过程。目前，单片机正朝着高性能、多品种方向发展。近年来，32 位单片机已进入了实用阶段，但是由于 8 位单片机在性能价格比上占有优势，且 8 位增强型单片机在速度和功能上可以满足人们的需求，因此在未来相当长的时期内，8 位单片机仍是单片机的主流机型。

2. MCS-51 系列单片机

尽管各类单片机很多，但使用广泛的是 MCS-51 系列单片机。基于这一事实，本书以应用广泛的 MCS-51 系列 8 位单片机（8031、8051、8751 等）为研究对象，介绍单片机的硬件结构、工作原理及应用系统的设计。

MCS-51 系列单片机共有十几种芯片，如表 1.10 所示。

表 1.10 MCS-51 系列单片机分类

子系列	片内 ROM 形式			片内 ROM 容量/KB	片内 RAM 容量/B	寻址范围 /KB	I/O 特性			中断源
	无	ROM	EPROM				计数器	并行口	串行口	
51 子系列	8031	8051	8751	4	128	2×64	2×16	4×8	1	5
	80C31	80C51	87C51	4	128	2×64	2×16	4×8	1	5
52 子系列	8032	8052	8752	8	256	2×64	3×16	4×8	1	6
	80C32	80C52	87C52	8	256	2×64	3×16	4×8	1	6

表 1.10 中列出了 MCS-51 系列单片机的芯片型号及它们的技术性能指标。下面在表 1.10 的基础上对 MCS-51 系列单片机做进一步说明。

（1）51 子系列和 52 子系列

MCS-51 系列又分为 51 和 52 两个子系列，并以芯片型号的最末位数字作为标志。其中，51 子系列是基本型，52 子系列是增强型。52 子系列功能增强的具体方面从表 1.10 所列内容中可以看出：片内 ROM 从 4KB 增加到 8KB，片内 RAM 从 128B 增加到 256B，定时/计数器从 2 个增加到 3 个，中断源从 5 个增加到 6 个。

在 52 子系列的片内 ROM 中，以掩膜方式集成有 8KB BASIC 解释程序，即通常所说的 8052-BASIC。这意味着单片机已可以使用高级语言。该 BASIC 与基本 BASIC 相比，增加了一些控制语句，可满足单片机作为控制机的需要。

（2）单片机芯片半导体工艺

MCS-51 系列单片机采用两种半导体工艺生产，一种是 HMOS 工艺，即高速度、高密度、短沟道 MOS 工艺；另一种是 CHMOS 工艺，即互补金属氧化物的 HMOS 工艺。在表 1.10 中，芯片型号中带有字母“C”的为 CHMOS 芯片，其余均为一般的 HMOS 芯片。

CHMOS 是 CMOS 和 HMOS 的结合，除保持了 HMOS 高速度和高密度的特点外，还具有 CMOS 低功耗的特点。例如，8051 的功耗为 630mW，而 80C51 的功耗只有 120mW。在便携式、手提式或野外作业仪器设备上，低功耗是非常有意义的，因此，在这些产品中必须使用 CHMOS 的单片机芯片。

（3）片内 ROM 存储器配置形式

MCS-51 系列单片机片内 ROM 有 3 种配置形式，即无 ROM、掩膜 ROM 和 EPROM。这 3 种配置形式对应 3 种不同的单片机芯片，它们各有特点，也各有其适用场合，在使用时应根据需要进行选择。一般情况下，片内带掩膜型 ROM 的单片机适用于定型大批量应用产品；片内带 EPROM 的单片机适合于研制产品样机；外接 EPROM 的单片机适用于研制新产品。Intel 公司推出片内带 E^2PROM 型的单片机，可以在线写入程序。

3. AT89C51单片机的结构

AT89 系列单片机在结构上基本相同，只是在个别模块和功能上有些区别。图 1.7 所示为 AT89C51 单片机的内部结构框图。它包含作为微型计算机所必需的基本功能部件，各功能部件通过片内单一总线连成一个整体，集成在一块芯片上。

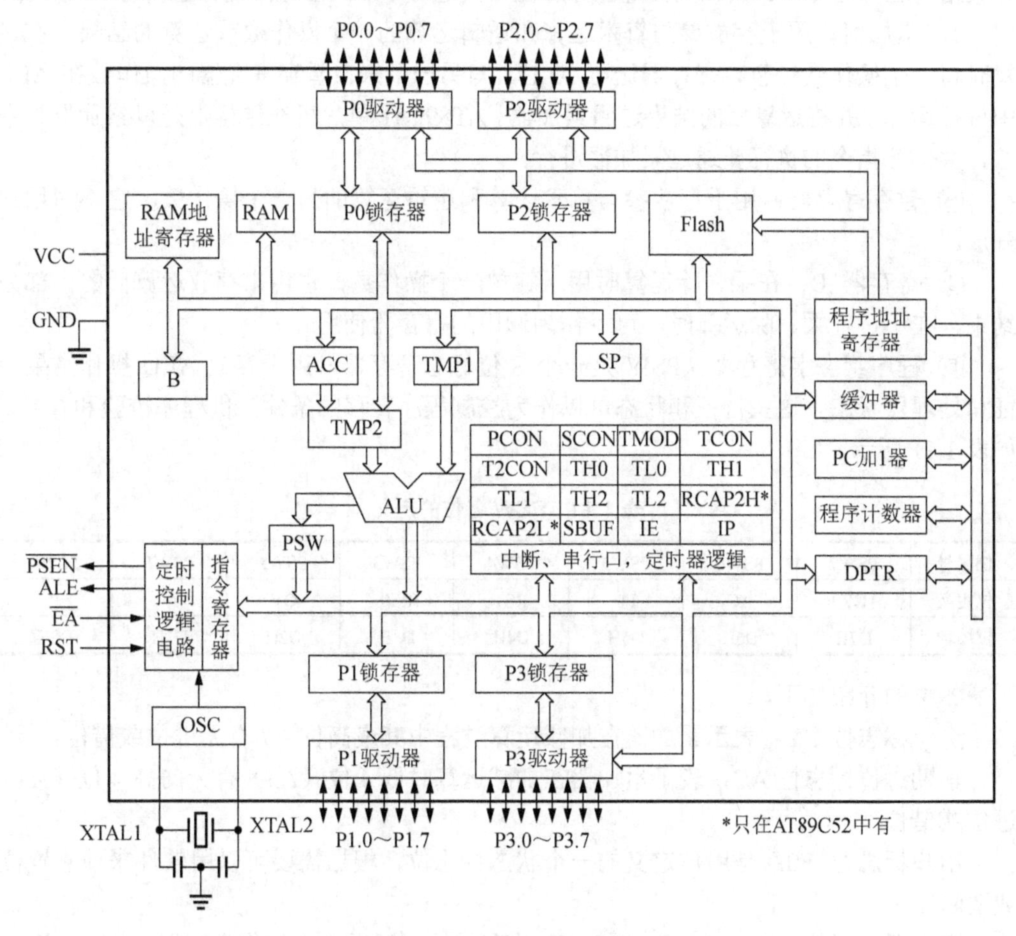

图 1.7 AT89C51 内部结构框图

MCS-51 系列单片机在一块芯片中集成了 1 个 8 位 CPU、1 个片内振荡器及时钟电路、256KB RAM、4KB ROM、两个 16 位定时/计数器、32 条可编程的 I/O 线和 1 个可编程的全双工串行口、5 个中断源、2 个中断优先级嵌套中断结构。

（1）CPU

CPU 是单片机内部的核心部件，是一个 8 位二进制数的中央处理单元，主要由运算器、控制器和寄存器阵列构成。

1）运算器。运算器用于完成算术运算、逻辑运算、位变量处理和数据传送等功能，它是 AT89C51 内部处理各种信息的主要部件。运算器主要由算术逻辑单元（arithmetic and logic unit，ALU）、累加器（accumulator，ACC）、暂存寄存器（TMP1、TMP2）、寄存器 B 和程序状态字寄存器（program status word，PSW）组成。

① 算术逻辑单元：AT89C51 中 ALU 由加法器和一个布尔处理器组成。它主要实现 8 位数据的加、减、乘、除算术运算和与、或、异或、循环、求补等逻辑运算；布尔处理器主要用于处理位操作。它是以进位标志位 CY 为累加器的，可执行置位、复位、取反、等于 1 转移、等于 0 转移、等于 1 转移且清 0 及进位标志位与其他位寻址的位之间进行数据传送等位操作。其也能使进位标志位与其他可寻址的位之间进行逻辑与、或操作。

② 累加器：用于存放参与算术运算和逻辑运算的一个操作数或运算的结果。在运算时将一个操作数经暂存寄存器送至 ALU，与另一个来自暂存寄存器的操作数在 ALU 中进行运算，并将运算后的结果送回累加器。AT89C51 单片机在结构上是以累加器为中心，大部分指令的执行要通过累加器进行。

③ 暂存寄存器：用于存放参与算术运算和逻辑运算的另一个操作数，它不对用户开放。

④ 寄存器 B：在乘、除运算时用于存放一个操作数，也用来存放运算后的一部分结果，在不进行乘、除运算时，可以作为通用的寄存器使用。

⑤ 程序状态字寄存器：PSW 是一个 8 位标志寄存器，用于存放 ALU 操作结果特征和处理器状态。这些特征和状态可以作为控制程序转移的条件，供程序校验和查寻，如表 1.11 所示。

表 1.11　PSW 各位的定义

位编号	PSW7	PSW6	PSW5	PSW4	PSW3	PSW2	PSW1	PSW0
位定义	CY	AC	F0	RS1	RS0	OV	—	P
位地址	D7H	D6H	D5H	D4H	D3H	D2H	D1H	D0H

各位的介绍如下。

进位标志位 CY：表示累加器在加减运算过程中其最高位 A7 有无进位或借位。

辅助进位标志位 AC：表示累加器在加减运算时低 4 位（A3）有无向高 4 位（A4）进位或借位。

用户标志位 F0：是用户定义的一个状态标志位，根据需要可以用软件来使它置位或清除。

寄存器选择位 RS1、RS0：AT89C51 共有 4 组，每组 8 个工作寄存器（R0～R7），编程时用于存放数据或地址。但每组工作寄存器在内部 RAM 中的物理地址不同。RS1 和 RS0 的 4 种状态组合用来确定 4 组工作寄存器的实际物理地址。RS1、RS0 状态与工作寄存器 R0～R7 的物理地址关系如表 1.12 所示。

表 1.12　工作寄存器组 R0～R7 的物理地址

RS1	RS0	工作寄存器组号	R0～R7 的物理地址
0	0	0	00H～07H
0	1	1	08H～0FH
1	0	2	16H～17H
1	1	3	18H～1FH

溢出标志位 OV：当执行算术指令时，由硬件自动置位或清零，表示累加器的溢出状态。它主要用来表示带符号数加、减运算溢出与否，可用双高位法进行溢出判别。当次高位 D6 向最高位 D7 有进位，而最高位 D7 无进位，或者当次高位 D6 向最高位 D7 无进位，而最高位 D7 有进位，则表示发生溢出，OV=1；否则清零。

乘法和除法也会影响 OV 标志。当乘法的积大于 255 时，OV=1，表示积超过 8 位，否则 OV=0。在除法运算中，OV=1 表示被除数为 0，除法不能进行；否则 OV=0，除法可以正常进行。

奇偶标志位 P：用于指示累加器中 1 的个数的奇偶性，若 1 的个数为奇数，则 P=1；若 1 的个数为偶数，则 P=0。此标志对串行通信的数据传输非常有用，通过奇偶校验可提高传输的可靠性。

2）控制器。控制器是单片机内部按一定时序协调工作的控制核心，是分析和执行指令的部件。控制器主要由程序计数器（program counter，PC）、指令寄存器（instruction register，IR）、指令译码器（instruction decoder，ID）、振荡器和定时控制逻辑电路等构成。

程序计数器是专门用于存放下一条将要执行指令的 16 位地址，该地址由 8 位计数器 PCH（高 8 位）和 PCL（低 8 位）组成。CPU 根据 PC 中的地址到 ROM 中去读取程序指令码和数据。

IR 用于存放 CPU 根据 PC 地址从 ROM 中读出的指令操作码，并送给 ID。

ID 是用于分析指令操作的部件，指令操作码经译码后送至定时控制电路，产生一定序列的脉冲信号，来执行指令规定的操作。

振荡器及定时控制逻辑电路，在它们外接石英晶振和微调电容（2～30pF）后，即可产生 1.2～12MHz 的脉冲信号，作为 MCS-51 系列单片机工作的基本节拍。

3）寄存器阵列。寄存器阵列是单片机内部的临时存储单元或固定用途单元，包括通用寄存器组和专用寄存器组。

通用寄存器组用于存放过渡性的数据和地址，提高 CPU 的运行速度。专用寄存器组主要用于指示当前要执行指令的内存地址，存放特定的操作数，指示指令运行的状态等。

（2）存储器

AT89C51 单片机片内有 256B 的 RAM 和 4KB 的 Flash 存储器，当容量不足时，可分别扩展为 64KB 片外 RAM 和 64KB 片外程序存储器。它们的逻辑空间是分开的，并有各自的寻址机构和寻址方式。这种结构的单片机称为哈佛结构单片机。

程序存储器是可读不可写的，用于存放编好的程序和表格常数。

数据存储器是既可读也可写的，用于存放运算的中间结果，进行数据暂存及数据缓冲等。

（3）I/O 接口

AT89C51 单片机对外部电路进行控制或交换信息都是通过 I/O 接口进行的。单片机的 I/O 接口分为并行 I/O 接口和串行 I/O 接口，它们的结构和作用并不相同。

1）并行 I/O 接口。AT89C51 有 4 个 8 位并行双向 I/O 接口（P0 口、P1 口、P2 口和 P3 口），每一条 I/O 线都能独立用于输入或输出。P0 口为三态双向口，能负载 8 个 LSTTL

电路。P1 口、P2 口和 P3 口为准双向口（当用作输入线时，口锁存器必须先写入“1”，故称为准双向口），能负载 4 个 LSTTL 电路。

2）串行 I/O 接口。AT89C51 有一个全双工的可编程串行 I/O 接口，实现单片机与其他数据设备之间的串行数据传递。该串行口的功能较强，既可作为全双工异步通信收发器使用，也可作为同步移位器使用。

（4）定时/计数器

AT89C51 内部有两个 16 位可编程定时/计数器，即定时/计数器 0（T0）和定时/计数器 1（T1）。T0 和 T1 分别由两个 8 位寄存器组成，其中，T0 由 TH0（高 8 位）和 TL0（低 8 位）组成，T1 由 TH1（高 8 位）和 TL1（低 8 位）构成。TH0、TL0、TH1、TL1 都是单片机中的特殊功能寄存器。

T0 和 T1 在定时器控制寄存器（timer control register，TCON）和定时器方式选择寄存器（timer mode control register，TMOD）的控制下（TCON、TMOD 为特殊功能寄存器），可工作在定时器模式或计数器模式下，每种模式下又有不同的工作方式。当定时或计数溢出时还可申请中断。

（5）中断控制系统

单片机中的中断是指 CPU 暂停正在执行的原程序转而为中断源服务（执行中断服务程序），在执行完中断服务程序后再回到原程序继续执行。中断系统是指能够处理上述中断过程所需要的部分电路。MCS-51 系列单片机设有 5 个中断源（外部中断 2 个，定时器中断 2 个，串行口中断 1 个），二级优先级，可实现二维中断嵌套。

（6）内部总线

总线是用于传送信息的公共途径，它可分为数据总线、地址总线、控制总线。单片机内的 CPU、存储器、I/O 接口等单元部件都是通过总线连接到一起的。采用总线结构可以减少信息传输线的根数，提高系统可靠性，增强系统灵活性。

AT89C51 单片机内部总线是单总线结构，即数据总线和地址总线是公用的。

微课：51 单片机引脚介绍

4. MCS-51 系列单片机引脚

AT89C51 有 40 个引脚，与其他 51 系列单片机引脚是兼容的。这 40 个引脚可分为 I/O 接口引脚、电源引脚、控制引脚、外接晶体引脚 4 部分。其封装形式有两种：双列直插式封装（dual in-line package，DIP）和方形封装，如图 1.8 所示。

（1）电源引脚

AT89C51 单片机的电源引脚有以下两种。

1）VCC：+5V 电源引脚。

2）GND：接地引脚。

（2）外接晶体引脚

AT89C51 单片机的外接晶体引脚有以下两种。

1）XTAL1：片内振荡器反相放大器的输入端和内部时钟工作的输入端。采用内部振荡器时，它接外部石英晶振和微调电容的一端。

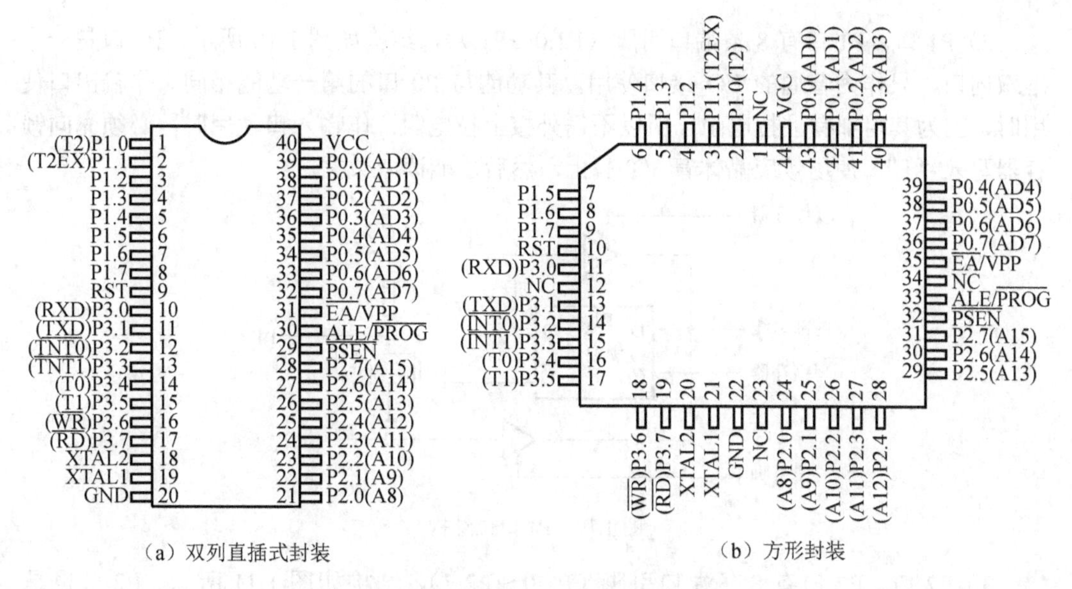

（a）双列直插式封装　　（b）方形封装

图 1.8　AT89C51 封装和引脚分配图

2）XTAL2：片内振荡器反相放大器的输出端，接外部石英晶振和微调电容的另一端。采用外部振荡器时，该引脚悬空。

（3）控制引脚

AT89C51 单片机的控制引脚有以下几种。

1）RST：复位输入端，高电平有效。

2）ALE / $\overline{\text{PROG}}$：地址锁存允许/编程引脚。

3）$\overline{\text{PSEN}}$：外部程序存储器的读选通引脚。

4）$\overline{\text{EA}}$ /VPP：片外 ROM 允许访问端/编程电源端。

（4）I/O 接口引脚组成及功能

1）P0 口。P0 口有 8 条端口引脚（P0.0～P0.7），其中，P0.0 为低位，P0.7 为高位。结构如图 1.9 所示。它由 1 个输出锁存器、2 个三态缓冲器、输出驱动电路和输出控制电路组成。P0 口是一个三态双向 I/O 接口，它有两种不同的功能，用于不同的工作环境。

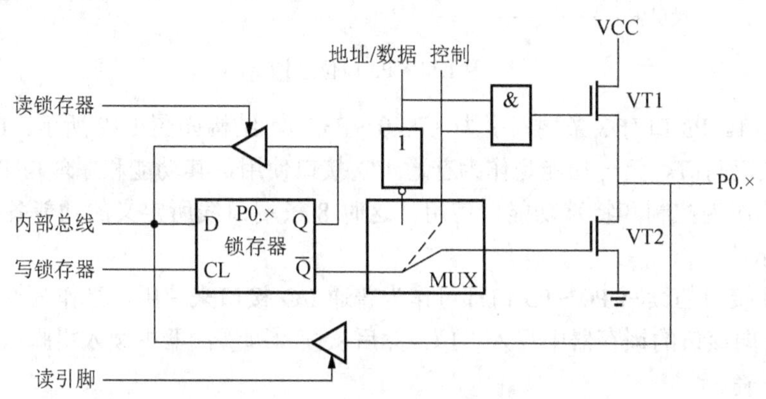

图 1.9　P0 口位结构

2）P1 口。P1 口有 8 条端口引脚（P1.0～P1.7），结构如图 1.10 所示。P1 口是一个准双向口，只作为普通的 I/O 接口使用，其功能与 P0 口的第一功能相同。作输出口使用时，因为其内部有上拉电阻，所以不需外接上拉电阻；作输入口使用时，必须先向锁存器写入“1”，使场效应晶体管 VT 截止，然后才能读取数据。

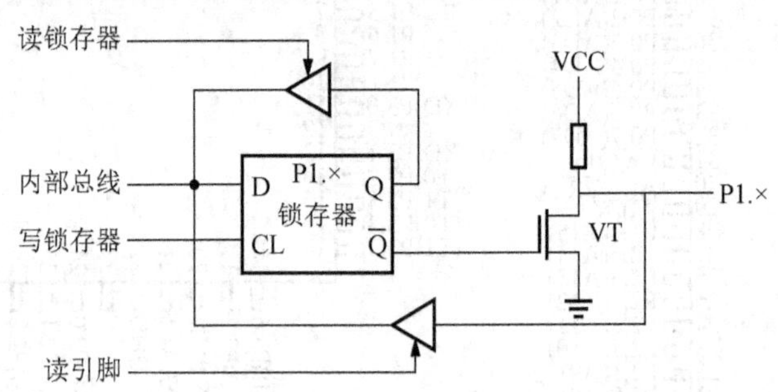

图 1.10　P1 口位结构

3）P2 口。P2 口有 8 条端口引脚（P2.0～P2.7），结构如图 1.11 所示。P2 口也是一个准双向口，它有两种功能：一种是当系统不扩展外部存储器时，作为普通 I/O 接口使用，其功能和原理与 P0 口第一功能相同，只是作为输出口时不需外接上拉电阻；另一种是当系统外扩存储器时，P2 口作为系统扩展的地址总线口使用，输出高 8 位的地址 A7～A15，与 P0 口第二功能输出的低 8 位地址相配合，共同访问片外程序或数据存储器（64KB），但它只确定地址，并不能像 P0 口那样还可以传送存储器的读写数据。

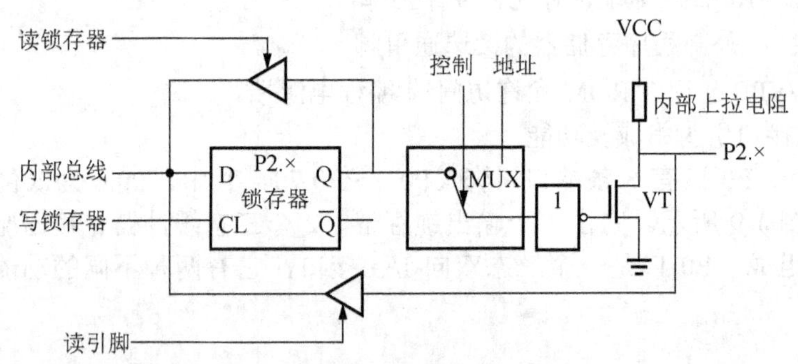

图 1.11　P2 口位结构

4）P3 口。P3 口有 8 条端口引脚（P3.0～P3.7），结构如图 1.12 所示。P3 口是一个多用途的准双向口。第一功能是作为普通 I/O 接口使用，其功能和原理与 P1 口相同。第二功能是作为控制和特殊功能口使用，这时 8 条端口线所定义的功能各不相同，如表 1.13 所示。

5）I/O 接口的读写 P0～P3 口都可作为普通 I/O 接口来使用。当作为输入接口使用时，必须先向该口的锁存器中写入“1”，然后从读引脚缓冲器中读入引脚状态，这样读入结果才正确。

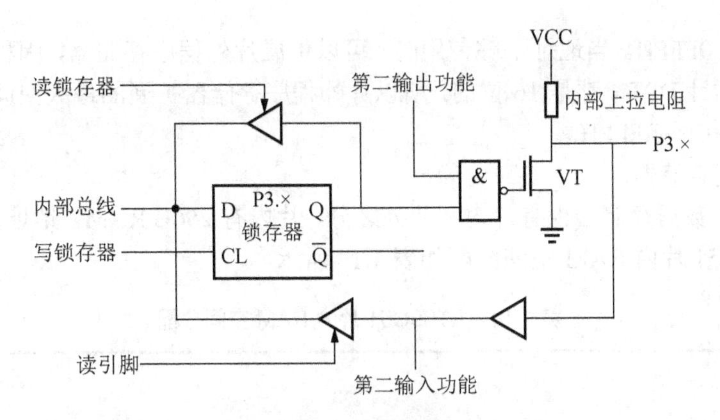

图1.12 P3口位结构

表1.13 P3口各位的第二功能

P3口各位	第二功能
P3.0	RXD（串行数据接收）
P3.1	TXD（串行数据发送）
P3.2	INT0（外中断0输入）
P3.3	INT1（外中断1输入）
P3.4	T0（计数器0计数输入）
P3.5	T1（计数器1计数输入）
P3.6	WR（外RAM写选通信号）
P3.7	RD（外RAM读选通信号）

5. AT89C51存储器

微课：51单片机的存储器配置

AT89C51单片机存储器结构采用哈佛结构，即将ROM和RAM分开，它们有各自独立的存储空间、寻址机构和寻址方式。其典型结构如图1.13所示。

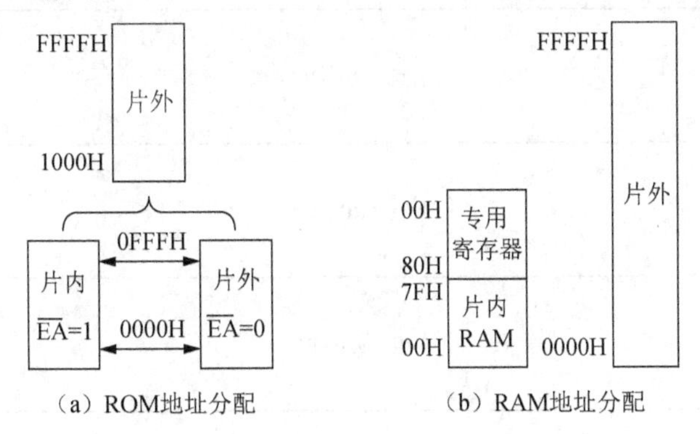

图1.13 AT89C51存储器的典型结构

（1）程序存储器

AT89C51程序存储器有片内和片外之分。片内有4KB的Flash程序存储器，地址范围为 0000H～0FFFH。当地址不够使用时，可以扩展片外程序存储器，因程序计数器 PC 和程序地址指针 DPTR 都是 16 位的，所以片外程序存储器扩展的最大空间是 64KB，地址范围为 0000H～FFFFH。

（2）数据存储器

AT89C51 数据存储器也有片内和片外之分。片内有 256B RAM，地址范围为 00H～FFH。AT89C51 片内 RAM 空间分配如表 1.14 所示。

表 1.14　AT89C51 片内 RAM 空间分配

7FH									堆栈和数据缓冲区
…				…					
30H									
2FH	7F	7E	7D	7C	7B	7A	79	78	位寻址区
2EH	77	76	75	74	73	72	71	70	
2DH	6F	6E	6D	6C	6B	6A	69	68	
2CH	67	66	65	64	63	62	61	60	
2BH	5F	5E	5D	5C	5B	5A	59	58	
2AH	57	56	55	54	53	52	51	50	
29H	4F	4E	4D	4C	4B	4A	49	48	
28H	47	46	45	44	43	42	41	40	
27H	3F	3E	3D	3C	3B	3A	39	38	
26H	37	36	35	34	33	32	31	30	
25H	2F	2E	2D	2C	2B	2A	29	28	
24H	27	26	25	24	23	22	21	20	
23H	1F	1E	1D	1C	1B	1A	19	18	
22H	17	16	15	14	13	12	11	10	
21H	0F	0E	0D	0C	0B	0A	09	08	
20H	07	06	05	04	03	02	01	00	
1FH									工作寄存器区
…				3 组（R0～R7）					
18H									
17H									
…				2 组（R0～R7）					
10H									
0FH									
…				1 组（R0～R7）					
08H									
07H									
…				0 组（R0～R7）					
00H									

1）工作寄存器区。00H～1FH 这 32 个单元为工作寄存器区，分为 4 组，每组占 8

个 RAM 单元，地址由小到大分别用代号 R0～R7 表示。通过设置 PSW 中的 RS1、RS0 状态来决定哪一组寄存器工作。

2）位寻址区。20H～2FH 这 16 个单元为位寻址区。它有双重寻址功能，既可以进行位寻址操作，也可以同普通 RAM 单元一样按字节寻址操作。

3）普通 RAM 区。30H～7FH 这 80 个单元为普通 RAM 区。它用于存放用户数据，只能按字节存取。

4）堆栈区。堆栈是片内 RAM 存储器中的特殊群体。在出现中断、子程序调用时，系统会自动将断点地址保存到堆栈区，一些必要的现场数据也需要存入堆栈保护，以便在执行完中断或子程序后，程序能返回断点处继续执行。堆栈的大小可根据不同程序运行所需实际情况来规划。

5）专用寄存器区，在片内 80H～FFH 这一区间中，AT89C51 集合了一些特殊用途的寄存器，一般称为特殊功能寄存器（special function register，SFR）。每个 SFR 占有一个 RAM 单元。它们离散地分布在 80H～FFH 地址范围内，如表 1.15 所示。

表 1.15 AT89C51 的 SFR 一览表

SFR 符号	地址	复位值（二进制）	功能名称
*ACC	0E0H	00000000	累加器
*B	0F0H	00000000	寄存器 B
*PSW	0D0H	00000000	程序状态字
SP	81H	00000111	堆栈指针
DPL	82H	00000000	数据寄存器指针（低 8 位）
DPH	83H	00000000	数据寄存器指针（高 8 位）
*P0	80H	11111111	P0 口锁存器
*P1	90H	11111111	P1 口锁存器
*P2	0A0H	11111111	P2 口锁存器
*P3	0B0H	11111111	P3 口锁存器
*IP	0B8H	×××00000	中断优先级控制寄存器
*IE	0A8H	××000000	中断允许控制寄存器
TMOD	89H	00000000	定时/计数器方式控制寄存器
*TCON	88H	00000000	定时/计数器控制寄存器
TH0	8CH	00000000	定时/计数器 0 高字节
TL0	8AH	00000000	定时/计数器 0 低字节
TH1	8DH	00000000	定时/计数器 1 高字节
TLl	8BH	00000000	定时/计数器 1 低字节
*SCON	98H	00000000	串行控制寄存器
SBUF	99H	不定	串行数据缓冲器
PCON	87H	0×××0000	电源控制寄存器

没有被 SFR 占据的地址，其存储数据可能在片内并不存在，读出这些存储单元的数据时，通常会得到随机的数据，而写入时将会有不确定的效应，因此软件设计时不要使用这些单元。特殊功能寄存器通常用寄存器寻址，但也可以用直接寻址方式进行字节访

问。其中 11 个寄存器还可进行位寻址（表 1.15 中带*号的寄存器）操作，其位地址的分配如表 1.16 所示。

表 1.16 SFR 中的位地址分配

寄存器符号	位地址								字节地址
	D7	D6	D5	D4	D3	D2	D1	D0	—
B	F7	F6	F5	F4	F3	F2	F1	F0	F0H
ACC	E7	E6	E5	E4	E3	E2	E1	E0	E0H
PSW	D7	D6	D5	D4	D3	D2	D1	D0	D0H
IP	—	—	—	BC	BB	BA	B9	B8	B8H
P3	B7	B6	B5	B4	B3	B2	B1	B0	B0H
IE	AF	—	—	AC	AB	AA	A9	A8	A8H
P2	A7	A6	A5	A4	A3	A2	A1	A0	A0H
SCON	9F	9E	9D	9C	9B	9A	99	98	98H
P1	97	96	95	94	93	92	91	90	90H
TCON	8F	8E	8D	8C	8B	8A	89	88	88H
P0	87	86	85	84	83	82	81	80	80H

AT89C51 单片机可扩展片外 64KB 的数据存储器，地址范围为 0000H～FFFFH，它与程序存储器的地址空间是重合的，但两者的寻址指令和控制线不同。

任务分析

本任务涉及两个知识点：基本单片机应用系统的构成、单片机 I/O 接口的使用。

1）单片机应用系统由单片机芯片及外围电路构成。

2）I/O 接口的使用：P2 口作为输出口时与一般的双向口使用方法相同，即当 P2 口作为输入口时，必须先对它置“1”，否则，读入的数据可能是不正确的。

任务准备

1）工具：电烙铁、吸锡器、镊子、剥线钳、尖嘴钳、斜口钳等。

2）设备：单片机实验箱、万用表、计算机等。

3）材料：AT89C51 单片机 1 块，LED 1 只，相关电阻、电容 1 批，12MHz 晶振 1 个，电路万用板 1 块，导线若干，焊锡丝，松香等。

任务实施

1. 熟悉任务

根据任务分析了解任务的相关要求。

2. 区分元器件

根据图 1.3 所示的电路图找出相关元器件，了解各元器件的性能及应用。

3. 设计布置元器件位置

按照任务提出的要求，在提供的电路万用板上合理地布置电路所需元器件。

4. 焊接元器件

根据电路万用板上布置的元器件位置进行元器件、引线的焊接。

5. 检查、调试电路

检查元器件的位置是否正确、合理，各焊点是否牢固可靠、外形美观，最后对整个应用系统进行调试，检查是否符合任务的要求。

结论

AT89C51单片机的内部结构、存储器配置，MCS-51系列单片机的引脚及其应用，是进行单片机应用系统设计制作的硬件基础，掌握其内容才能很好地进行单片机应用系统的设计。

练　习　题

1. 结合MCS-51系列单片机功能框图阐明其大致组成。
2. 综述80C51系列单片机各引脚的作用。
3. 如何认识80C51系列单片机存储器空间在物理结构上可划分为4个空间，而在逻辑上又可划分为3个空间？
4. 什么是堆栈？堆栈有何作用？
5. 片内RAM中字节地址00H～7FH与位地址00H～7FH完全重合，CPU如何区分它们？
6. 程序状态字寄存器（PSW）的作用是什么？常用状态标志有哪几位？作用如何？
7. P0、P1、P2和P3口各有什么功能？

任务1.3　搭建单片机最小应用系统

任务目标

通过本任务的实施，能够了解复位方式、程序执行方式、省电方式、EPROM编程和校验方式及单片机的时钟振荡电路；掌握单片机最小应用系统的构成。

任务描述

利用AT89C51单片机构成一个单片机最小应用系统，其电路如图1.14所示。

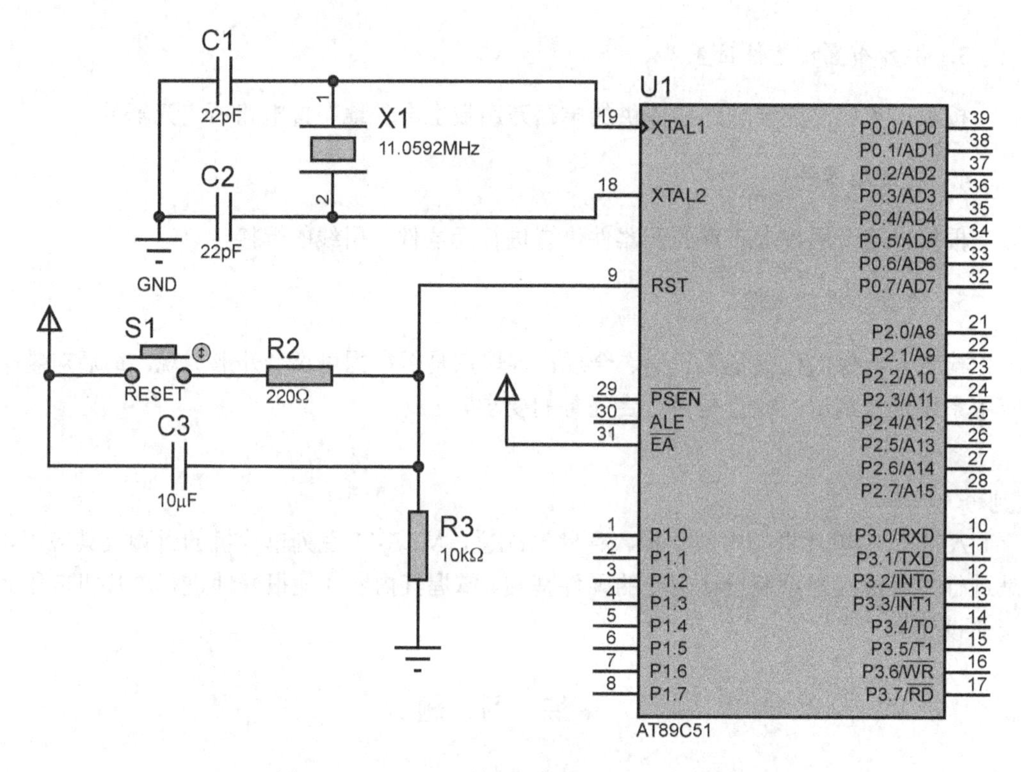

图 1.14　AT89C51 单片机的最小应用系统电路

相关知识

1. 单片机复位方式

单片机在开机时或在工作中因干扰而使程序失控或工作中程序处于某种死循环状态等情况下都需要复位。复位的作用是使 CPU 及其他功能部件恢复到一个确定的初始状态，并从这个状态开始工作。

AT89C51 单片机的复位靠外部电路实现，信号由 RST 引脚输入，高电平有效，在振荡器工作时，只要保持 RST 引脚高电平两个机器周期，单片机即复位。复位后，程序计数器（PC）的内容为 0000H，其他特殊功能寄存器的复位值如表 1.15 所示。片内 RAM 中的内容不变。复位电路一般有上电复位、手动开关复位和自动复位电路 3 种，如图 1.15 所示。

2. 程序执行方式

程序执行方式可以分为单步操作和连续执行两种工作方式。

（1）单步操作方式

单步操作方式是使程序的执行处于外加脉冲（通常是一个按键产生）的控制下，一条指令一条指令地执行，即按一次键，执行一条指令。单步操作方式特别适用于用户程序的调试阶段。

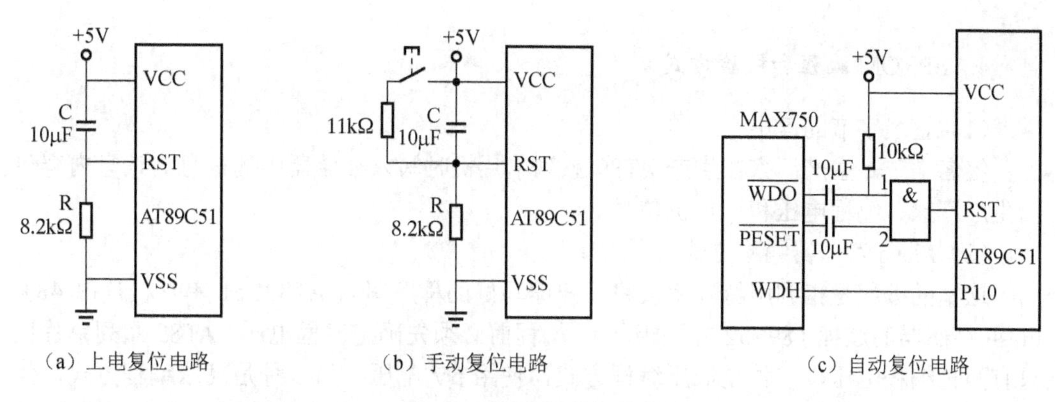

图 1.15 单片机复位电路

单步操作方式通过单片机的中断控制系统来实现。MCS-51 系列单片机的中断系统中规定，中断服务程序返回后，至少再执行完一条指令后，才能重新进入中断。因此，可以采用外部中断 0 的中断方式实现单步操作方式。具体方法如下：将外加脉冲（按键）接到 $\overline{\text{INT0}}$ 引脚输入，当它被按下时相应电路产生一个负脉冲（即中断请求信号）送到单片机的 $\overline{\text{INT0}}$（或 $\overline{\text{INT1}}$）引脚。MCS-51 系列单片机在 $\overline{\text{INT0}}$ 上的负脉冲的作用下，启动一次中断处理过程，CPU 执行一条程序指令，这样就可以一步步地进行单步操作。

（2）连续执行方式

连续执行方式是单片机的基本工作方式。所执行的程序写入程序存储器后，接通单片机电源，此时单片机复位使(PC)=0000H，CPU 将从程序的首地址 0000H 单元开始连续执行事先存放在程序存储器中的程序。

3. 省电方式

AT89 系列单片机提供了两种通过软件编程来实现的省电运行方式，即空闲方式和掉电方式。省电运行方式可以使单片机在供电困难的环境中功耗最小，仅在需要正常工作时才正常运行。单片机正常工作时电流为 10～20mA，空闲方式工作时电流为 1.75mA，掉电方式工作时电流为 5～50μA，可见在省电运行方式下单片机功耗很小。在空闲方式和掉电方式下，单片机内部硬件控制电路如图 1.16 所示。

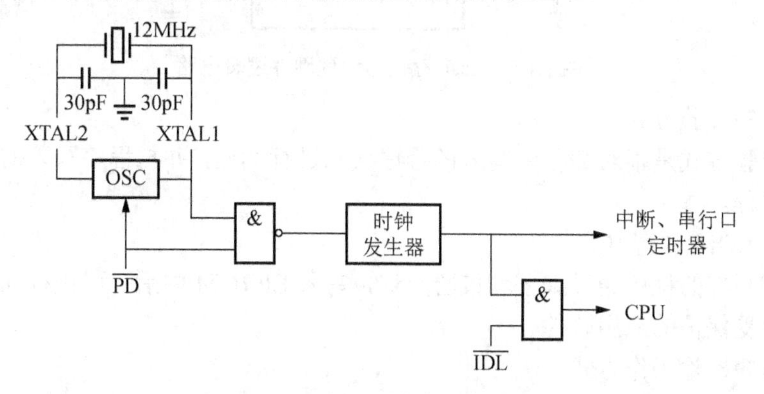

图 1.16 单片机内部硬件控制电路

OSC—晶体振荡器

4. EPROM 编程和校验方式

（1）签名字节的读出

签名字节是生产厂家在生产 AT89 系列单片机时写入存储器中的信息。信息内容包括生产厂家、编程电压和单片机型号。

（2）Flash 存储器编程方式

这里的编程是指利用特殊手段将用户编写好的程序写入 AT89C51 单片机片内 4KB Flash 存储器的过程（89S52 方法相同）。编程前必须先确定编程电压。AT89 系列单片机只有两种编程电压，一种是低压编程方式，使用 5V 电压；另一种是高压编程方式，使用 12V 电压。编程电压可以从器件封装表面读取或从签名字节中读取。Flash 存储器编程方式主要包含以下步骤。

1）在地址线上输入要编程单元的地址。

2）在数据线上输入要写入的数据字节。

3）在 $\overline{\text{EA}}$/VPP 端加入编程电压（5V 或 12V）。

4）激活相应的控制信号。

5）在 ALE/$\overline{\text{PROG}}$ 端加入一个编程负脉冲，数据线上的数据字节即写入地址线上对应的 Flash 存储器单元地址中。Flash 存储器编程硬件逻辑电路如图 1.17 所示。

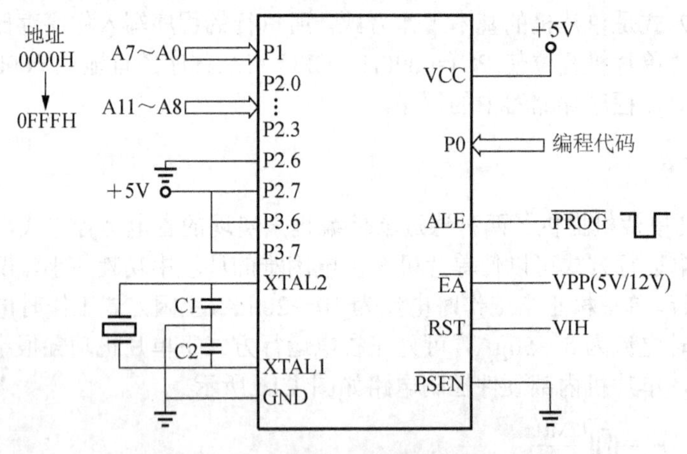

图 1.17　Flash 存储器编程硬件逻辑电路

（3）程序校验方式

程序校验方式是指对编程中写入的程序代码进行读出，并与程序写入前代码进行比较验证的过程。

（4）EPROM 加密方式

用户编写好的程序通过编程和校验无误，写入 EPROM 中后，可进行加密保护以防止非法读出受保护的应用软件。

（5）程序擦除工作方式

AT89C51 单片机的片内 Flash 存储器可多次编程，但在每次对程序存储器进行编程前必须先执行擦除操作，使存储器单元内容变为全 FFH 状态（包括签名字节）。

5. 振荡器与时钟电路

单片机内各部件之间有条不紊地协调工作，其控制信号是在一种基本节拍的指挥下按一定时间顺序发出的，这些控制信号在时间上的相互关系即 CPU 时序。产生这种基本节拍的电路即振荡器和时钟电路。

AT89C51 单片机内部有一个用于构成振荡器的单级反相放大器，如图 1.18 所示。

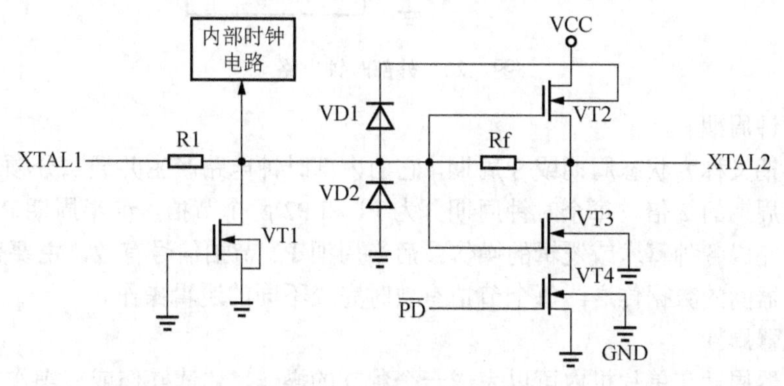

图 1.18　单级反相放大器电路

引脚 XTAL1 为反相放大器输入端，XTAL2 为反相放大器输出端。当在反相放大器两个引脚上外接一个石英晶振（或陶瓷振荡器）和电容组成的并联谐振电路作为反馈元件时，便构成一个自激振荡器，如图 1.19 所示。

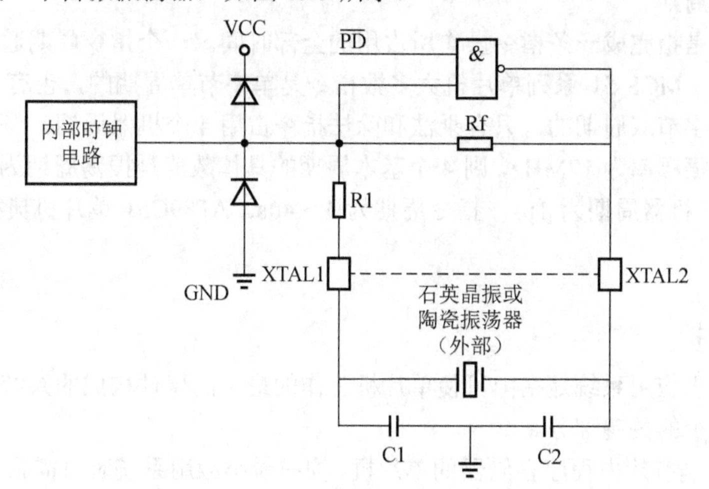

图 1.19　内部振荡器等效电路

单片机也可采用外部振荡器向内部时钟电路输入一固定频率的时钟源信号。此时，外部信号接至 XTAL1 端，输入给内部时钟电路，而 XTAL2 端浮空即可，如图 1.20 所示。

6. 时序

（1）振荡周期

振荡周期是指由单片机片内或片外振荡器所产生的，为单片机提供时钟源信号的周期，其值为 $1/f_{osc}$，其中，f_{osc}为振荡频率。

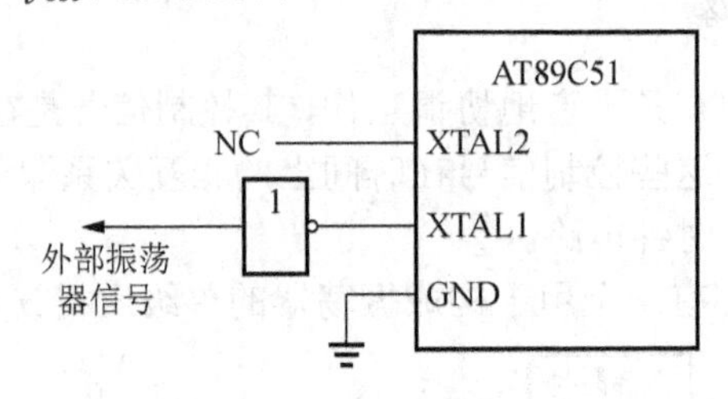

图 1.20　外部时钟电路

（2）时钟周期

时钟周期又称为状态周期或 S 周期，它由内部时钟电路产生并经二分频后得到，其周期是振荡周期的 2 倍。每个时钟周期分为 P1 和 P2 两个节拍，前半周期 P1 节拍信号有效，主要完成各种算术或逻辑的操作；后半周期 P2 节拍信号有效，主要完成内部寄存器与寄存器间的数据传送。每个节拍有效时完成不同的逻辑操作。

（3）机器周期

一个机器周期在单片机内可以完成一个独立的操作，如读操作或写操作等。一个机器周期由 6 个状态周期（12 个振荡周期）组成，6 个状态周期用 S1～S6 表示，每一状态周期的两个节拍用 P1、P2 表示，则一个机器周期的 12 个节拍就可用 S1P1、S1P2、S2P1、…、S6P1、S6P2 共 12 个振荡周期表示。

（4）指令周期

指令周期是指完成一条指令操作所占用的全部时间。一个指令周期通常由 1～4 个机器周期组成。MCS-51 系列单片机大多数指令是单字节单周期的，也有一些是单字节双周期的、双字节双周期的，只有乘法和除法指令占用 4 个机器周期。

若外接晶振频率为 12MHz，则 4 个基本周期的具体数值是振荡周期为 1/12μs，时钟周期为 1/6μs，机器周期为 1μs，指令周期为 1～4μs。AT89C51 单片机典型指令时序如图 1.21 所示。

任务分析

单片机最小应用系统是指由可使单片机工作的最少的器件构成的系统，是大多数控制系统必不可少的关键部分。

AT89C51 是有片内程序存储器的单片机，构成最小应用系统时只需将单片机接上外部的晶振或时钟电路和复位电路即可。这样构成的最小系统简单、可靠，其特点是没有外部扩展，有大量可供用户使用的 I/O 接口线。

任务准备

1）工具：电烙铁、吸锡器、镊子、剥线钳、尖嘴钳、斜口钳等。

2）设备：单片机实验箱、万用表、计算机等。

3）材料：AT89C51 单片机 1 块，相关电阻、电容 1 批，晶振 1 个，电路万用板 1

块，导线若干，焊锡丝，松香等。

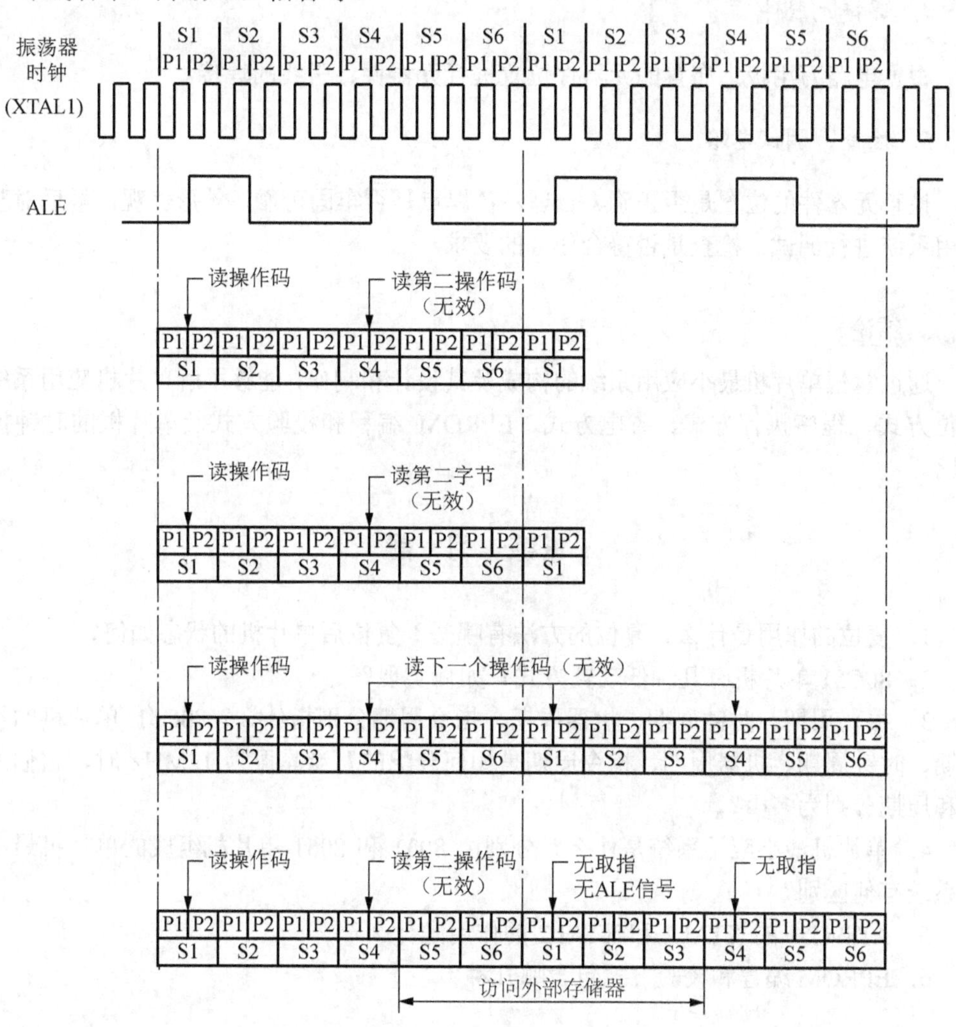

图 1.21　AT89C51 单片机典型指令时序

任务实施

1. 熟悉任务

根据任务分析，掌握相关知识，了解任务的相关要求。

2. 区分元器件

根据图 1.14 所示的电路图找出相关元器件，了解各元器件的性能及应用。

3. 设计布置元器件位置

按照任务提出的要求，在提供的电路万用板上合理地布置电路所需元器件。

4. 焊接元器件

根据电路万用板上布置的元器件位置进行元器件、引线的焊接。

5. 检查、调试电路

检查元器件的位置是否正确、合理，各焊点是否牢固可靠、外形美观，最后对整个应用系统进行调试，检查是否符合任务的要求。

结论

通过掌握单片机最小应用系统的构成及其设计和制作，能够了解单片机应用系统的复位方式、程序执行方式、省电方式、EPROM 编程和校验方式及单片机的时钟振荡电路。

练 习 题

1．复位的作用是什么？复位的方法有哪些？复位后单片机的状态如何？

2．80C51 单片机有几种低功耗方式？如何实现？

3．振荡周期、时钟周期、机器周期、指令周期分别指什么？80C51 单片机的振荡周期、时钟周期、机器周期、指令周期是如何分配的？当晶振为 12MHz 时，它们的频率和周期分别为多少？

4．单片机最小应用系统是什么？分别由 8031 和 8051 单片机组成的单片机最小应用系统有何区别？

5．AT89C51 的 XTAL1 和 XTAL2 的作用是什么？

6．EPROM 编程和校验方式包含哪几种？

任务 1.4 应用单片机开发常用软件

任务目标

通过本任务的实施，认识单片机开发常用软件 Proteus Professional ISIS 工作界面内各部分的功能、绘制电路原理图的操作过程、Keil C 与 Proteus 联调的操作步骤；掌握模拟开关灯的单片机应用系统的设计与制作。

任务描述

利用 AT89C51 单片机、按键和 LED 构成一个模拟开关灯的单片机应用系统，其电路如图 1.22 所示。

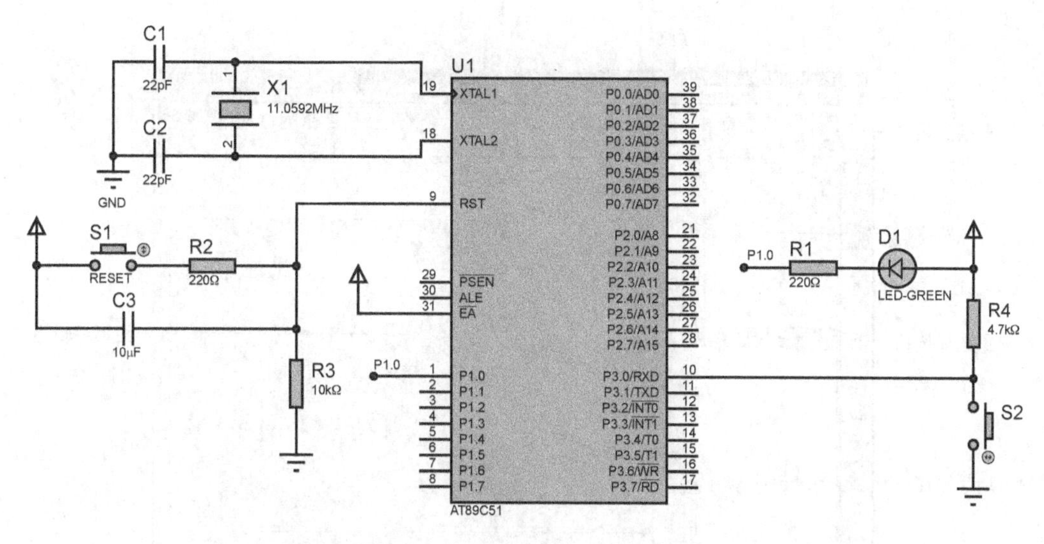

图 1.22　AT89C51 单片机构成的模拟开关灯电路

相关知识

Proteus ISIS 是英国 Labcenter Electronics 公司开发的电路分析与实物仿真软件。它运行于 Windows 操作系统上，可以仿真、分析各种模拟器件和集成电路。该软件实现了单片机仿真和 SPICE（simulation program with integrated circuit emphasis，通用模拟电路仿真器）电路仿真相结合。它具有模拟电路仿真、数字电路仿真、单片机及其外围电路组成的系统的仿真、RS232 动态仿真、I^2C 调试器、SPI 调试器、键盘和 LCD 系统仿真的功能；有各种虚拟仪器，如示波器、逻辑分析仪、信号发生器等；目前，其支持的单片机类型有 68000 系列、8051 系列、AVR 系列、PIC12 系列、PIC16 系列、PIC18 系列、Z80 系列、HC11 系列及各种外围芯片；在硬件仿真系统中具有全速、单步、设置断点等调试功能，同时可以观察各个变量、寄存器等的当前状态；支持第三方的软件编译和调试环境，如 Keil C51 μVision2 等软件；具有强大的原理图绘制功能。总之，该软件是一款集单片机和 SPICE 分析于一体的仿真软件，功能极其强大。Proteus ISIS 软件的工作环境和一些基本操作如下。

1. Proteus ISIS 工作界面

Proteus ISIS 的工作界面是一种标准的 Windows 界面，包括标题栏、菜单栏、标准工具栏、绘图工具栏、状态栏、对象选择按钮、预览对象方位控制按钮、仿真进程控制按钮、图形编辑窗口、预览窗口、对象选择器窗口，如图 1.23 所示。

（1）主窗口菜单栏

Proteus ISIS 的主窗口菜单栏包括 File（文件）、View（视图）、Edit（编辑）、Library（库）、Tools（工具）、Design（设计）、Graph（图形）、Source（源）、Debug（调试）、Template（模板）、System（系统）和 Help（帮助）。单击任一菜单后都将弹出其子菜单项。

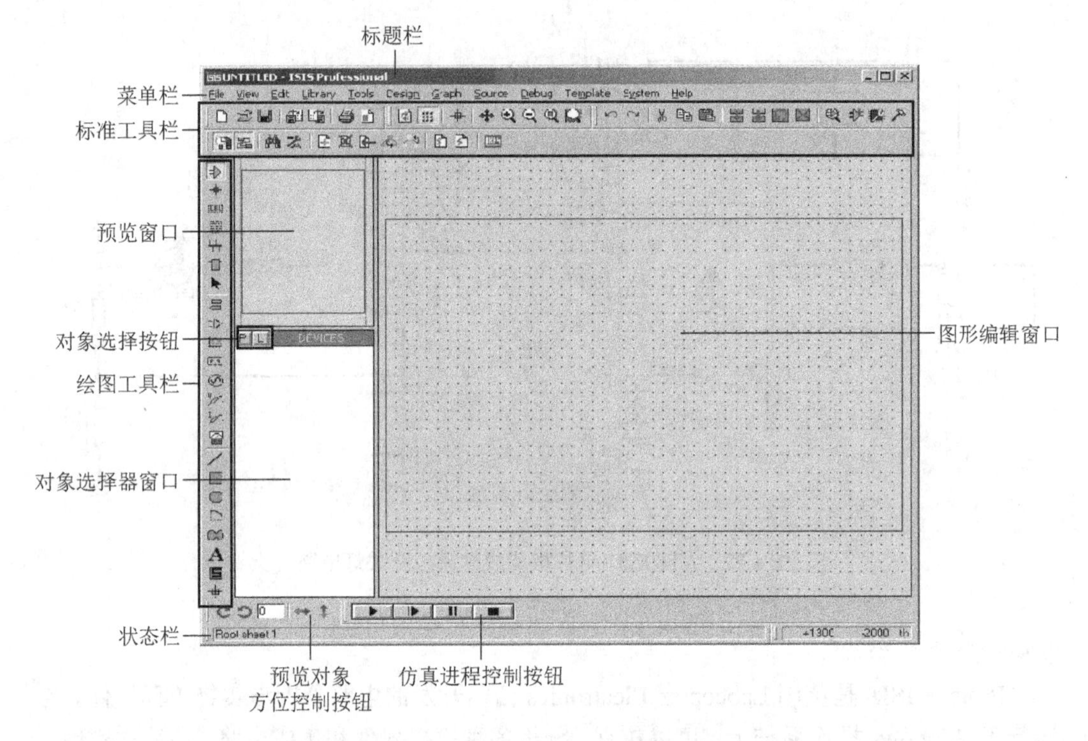

图 1.23　Proteus ISIS 的工作界面

1）File（文件）菜单：文件菜单。包括常用的文件功能，如新建设计、打开设计、保存设计、导入/导出文件，也可打印、显示设计文档，以及退出 Proteus ISIS 系统等。

2）View（视图）：视图菜单。包括是否显示网格、设置格点间距、缩放电路图及显示与隐藏各种工具栏等。

3）Edit（编辑）：编辑菜单。包括撤销/恢复操作、查找与编辑元器件、剪切、复制、粘贴对象，以及设置多个对象的层叠关系。

4）Library（库）：库操作菜单。它具有选择元器件及符号、制作元器件及符号、设置封装工具、分解元件、编译库、自动放置库、校验封装和调用库管理器等功能。

5）Tools（工具）：工具菜单。它包括实时注解、自动布线、查找并标记、属性分配工具、全局注解、导入文本数据、元器件清单、电气规则检测、编译网络标号、编译模型、将网络标号导入 PCB 及从 PCB 返回原理图设计等。

6）Design（设计）：工程设计菜单。它具有编辑设计属性、编辑原理图属性、编辑设计说明、配子电源、新建/删除原理图、在层次原理图中总图与子图及各子图之间互相跳转和设计目录管理功能。

7）Graph（图形）：图形菜单。它具有编辑仿真图形、添加仿真曲线、仿真图形、查看日志、导出数据、清除数据和一致性分析等功能。

8）Source（源）：源文件菜单。它具有添加/删除源文件、定义代码生成工具、设置外部文本编辑器和编译等功能。

9）Debug（调试）：调试菜单。它包括启动调试、执行调试、单步运行、断点设置和重新排布弹出窗口等功能。

10）Template（模板）：模板菜单。它包括设置图形格式、文本格式、设计颜色及连接点和图形等。

11）System（系统）：系统设置菜单。它包括设置系统环境、路径、图纸尺寸、标注字体、热键及仿真参数和模式等。

12）Help（帮助）：帮助菜单。它包括版权信息、Proteus ISIS 学习教程和示例等。

（2）图形编辑窗口

在图形编辑窗口内完成电路图的编辑和绘制。为方便作图，Proteus ISIS 中坐标系统（coordinate system）的基本单位是 10nm，主要是为了和 Proteus ARES 保持一致。但坐标系统的识别（read-out）单位被限制在 1th（$1th=25.4\times10^{-3}mm$）。坐标原点默认在图形编辑区的中间，图形的坐标值能够显示在屏幕的右下角的状态栏中。

1）点状栅格。可以通过“View”菜单（图 1.24）中的“Grid”命令打开和关闭编辑窗口中的点状栅格。点与点之间的间距由当前捕捉的设置决定。捕捉的尺度可以使用“View”菜单的“Snap”命令设置，或者直接使用快捷键【F4】、【F3】、【F2】和【Ctrl+F1】。若按【F3】键或选择“View”菜单中的“Snap 100th”命令，则鼠标指针在图形编辑窗口内移动时，坐标值以固定的步长 100th 变化；若想要确切地看到捕捉位置，可以选择“View”菜单中的“X Cursor”命令，选中后将会在捕捉点显示一个“十”字。

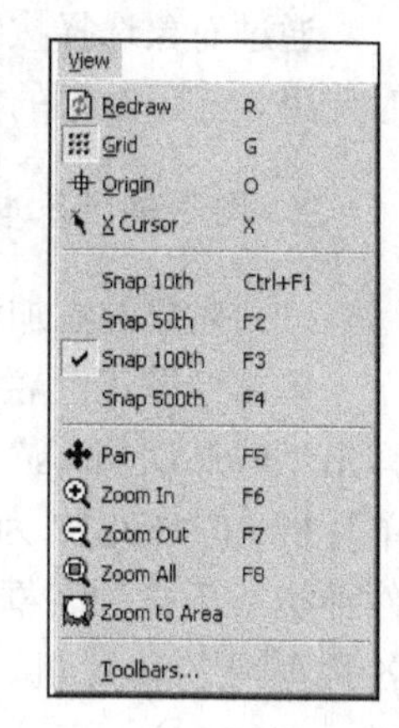

图 1.24 “View”菜单

点状栅格的显示和隐藏可以通过工具栏中的按钮或按快捷键【G】来实现。鼠标指针移动的过程中，在图形编辑窗口的下面将出现栅格的坐标值，即坐标指示器，它显示横向的坐标值。因为坐标的原点在图形编辑窗口的中间，有的地方坐标值比较大，不利于进行比较。此时，可通过选择“View”菜单中的“Origin”命令，也可以单击常用工具栏中的按钮或按快捷键【O】来定位新的坐标原点。

图形编辑窗口的点状栅格是为了方便元器件定位。鼠标指针在图形编辑移动时，移动的步长就是栅格的尺度，称为捕捉。这个功能可使元件依据栅格对齐。

当鼠标指针指向引脚末端或导线时，鼠标指针将会被捕捉到这些物体，这种功能称为实时捕捉（real time snap）。该功能可以使用户方便地实现导线和管脚的连接。可以通过选择“Tools”菜单中的“Real Time Snap”命令或按【Ctrl+S】组合键切换该功能。

2）刷新图形编辑窗口显示正在编辑的电路原理图，可以通过选择“View”菜单中的“Redraw”命令来实现，也可以单击常用工具栏中的“刷新”按钮或按【R】键，与此同时预览窗口中的内容也将被刷新。它的用途是当执行一些命令导致显示错乱时，可以使用该命令恢复正常显示。

3）图形编辑窗口的缩放。Proteus 的缩放操作多种多样，极大地方便了人们的设计。常见的几种方式有完全显示（或者按【F8】键）、放大按钮（或者按【F6】键）和缩小按钮（或者按【F7】键），拖放、取景、找中心 （或者按【F5】键）。

（3）预览窗口

预览窗口通常显示整个电路图的缩略图。在预览窗口上单击，将会有一个矩形蓝绿框标示出在编辑窗口中显示的区域。其他情况下，预览窗口显示将要放置的对象的预览图。这种窗口预览（place preview）特性在下列情况下被激活：

1）当一个对象在对象选择器窗口中被选中时。

2）当使用旋转或镜像按钮时。

3）当为一个可以设定朝向的对象选择类型图标时（如 Component icon、Device Pin icon 等）。

4）当放置对象或执行其他操作时，place preview 会自动消除。

5）对象选择器窗口根据由图标决定的当前状态显示不同的内容。

（4）对象选择器窗口

通过对象选择按钮从元件库中选择对象，并将其置入对象选择器窗口，供今后绘图时使用。显示对象的类型包括设备、终端、引脚、图形符号、标注和图形。

2. 图形编辑基本操作

（1）对象的添加和放置

单击绘图工具栏中的元器件按钮，再单击 ISIS 对象选择器窗口中的“P”按钮，弹出“Pick Devices”对话框。在此对话框中可以选择元器件和一些虚拟仪器。以添加单片机 PIC16F877 为例来说明如何将元器件添加到图形编辑窗口。在“Gategory”（器件种类）下拉列表框中选择“MicoprocessorIC”选项，在对话框的右侧有大量常见的各种型号的单片机。找到单片机 PIC16F877 并双击。这样对象选择器窗口中就有 PIC16F877 这个元件了。单击此元件，然后将鼠标指针移到图形编辑窗口的适当位置，即可将 PIC16F877 放到图形编辑窗口。

（2）放置电源及接地符号

许多器件的 VCC 和 GND 引脚被隐藏，在使用的时候可以不用加电源。如果需要加电源可以单击绘图工具栏的接线端按钮，这时对象选择器窗口中将出现一些接线端。

在对象选择器窗口中单击 GROUND，将鼠标指针移到图形编辑窗口，单击即可放置接地符号；同理也可以将电源符号 POWER 放到图形编辑窗口。

（3）对象的编辑

对象的编辑包括调整对象的位置和放置方向及改变元器件的属性等，选中、删除、拖动等基本操作方法简单，不再详细说明，其他操作如下。

1）拖动标签。许多类型的对象有一个或多个属性标签附着，可以移动这些标签使电路图看起来更美观。移动标签的步骤为先右击选中对象，然后用鼠标指针指向标签，将标签拖动到恰当的位置，释放鼠标即可。

2）对象的旋转。许多类型的对象可以调整旋转为0°、90°、270°、360°或通过x轴/y轴镜像旋转。当该类型对象被选中后，“旋转工具按钮”图标会从蓝色变为红色，然后就可以改变对象的放置方向了。旋转的具体方法是先右击选中对象，然后根据要求单击旋转工具的4个按钮。

3）编辑对象的属性。对象一般具有文本属性，这些属性可以通过一个对话框进行编辑。编辑单个对象的具体方法是先右击选中对象，然后单击对象，此时出现属性编辑对话框。也可以单击常用工具栏中的相应按钮，再单击对象，也会出现编辑对话框。例如，对电阻进行编辑时会出现电阻的编辑对话框，可以在此对话框中改变电阻的标号、电阻值、印制电路板（printed circuit board，PCB）封装，以及是否将这些属性隐藏等，修改完毕，单击“OK”按钮即可。

（4）绘制导线

Proteus的智能化可以在用户想要画线的时候进行自动检测。当鼠标指针靠近一个对象的连接点时，鼠标指针就会出现一个“×”号，单击元器件的连接点，移动鼠标指针，此时粉红色的连接线变成了深绿色。若想使软件自动定出线路径，只需单击另一个连接点即可，这是Proteus的线路自动路径（wire auto router，WAR）功能，如果只是在两个连接点处单击，WAR功能将选择一个合适的导线路径。WAR功能可通过使用常用工具栏中的“WAR”按钮来关闭或打开，也可以在菜单栏的“Tools”下找到这个图标。如果想自定义走线路径，只需在想要拐点处单击即可。在此过程的任何时刻，都可以按【Esc】键或右击来放弃画线。

（5）绘制总线

为了简化原理图，可以用一条导线代表数条并行的导线，称为总线。单击绘图工具栏的总线按钮，即可在编辑窗口绘制总线。

（6）绘制总线分支线

总线分支线用于连接总线和元器件引脚。绘制总线分支线时为了和一般的导线区分，一般用斜线来表示总线分支线（注意此时WAR功能必须是关闭的）。画好分支线后还需要给分支线命名。右击分支线，再单击选中的分支线就会出现分支线编辑对话框，放置方法是单击连线工具条中图标或选择“Place”菜单中的“Net Label”命令，这时光标变成十字形并且将有一虚线框在工作区内移动，再按【Tab】键，系统弹出网络标号属性对话框，在Net项定义网络标号，如PB0，单击“OK”按钮，将设置好的网络标号放在前面选中的分支线上（注意一定是上面），单击即可将之定位。

放置总线将各总线分支连接起来，方法是单击放置工具条中图标或选择“Place”菜单中的“Bus”命令，这时工作平面上将出现十字形光标，将十字形光标移至要连接的总线分支处单击，系统弹出十字形光标并拖着一条较粗的线，然后将十字光标移至另一个总线分支处单击，即完成一条总线的绘制。

（7）放置线路节点

如果在交叉点有电路节点，则认为两条导线在电气上是相连的，否则就认为它们在电气上是不相连的。在绘制导线时 Proteus ISIS 能够智能地判断是否要放置节点，但在两条导线交叉时是不放置节点的，这时要想两个导线电气相连，只能手工放置节点了。单击常用工具栏中的节点放置按钮，当将鼠标指针移到图形编辑窗口指向一条导线的时候，会出现一个“×”号，此时单击就能放置一个节点。

Proteus 可以同时编辑多个对象，即整体操作，常见的有整体复制、整体删除、整体移动、整体旋转几种操作方式。

3. 绘制电路原理图

下面通过利用 Proteus 单片机仿真软件绘制如图 1.25 所示的电路原理图，来理解该软件的应用和操作过程。

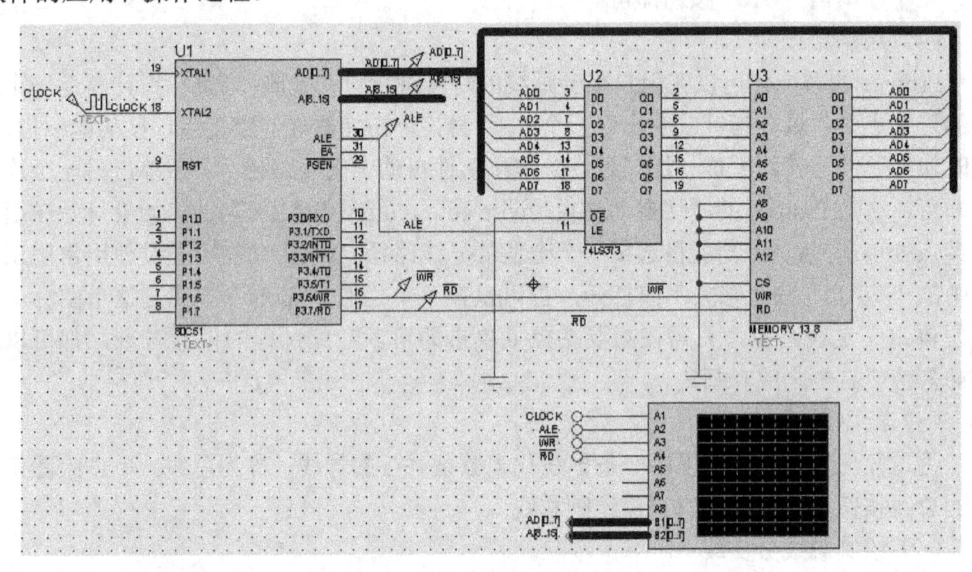

图 1.25　绘制电路原理图示例

（1）添加所需元器件至对象选择器窗口

单击“P”按钮，在弹出的“Pick Devices”页面中使用搜索引擎，在“Keywords”栏中分别输入“74LS373”“80C51.BUS”“MEMORY_13_8”，在“Results”栏中找到该对象，并将其添加至对象选择器窗口，如图 1.26 所示。

（2）添加元器件至图形编辑窗口

将“74LS373”“80C51.BUS”“MEMORY_13_8”添加至图形编辑窗口，如图 1.27 所示。

（3）添加总线至图形编辑窗口

单击绘图工具栏中的总线按钮，使之处于选中状态。将鼠标指针置于图形编辑窗口，绘制如图 1.28 所示的总线。

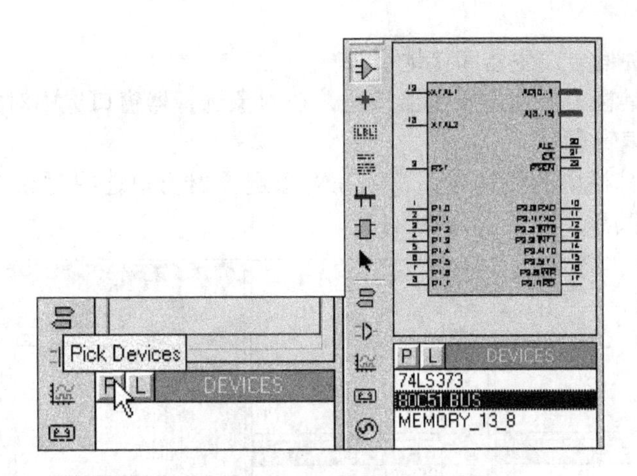

图 1.26　添加所需元器件至对象选择器窗口

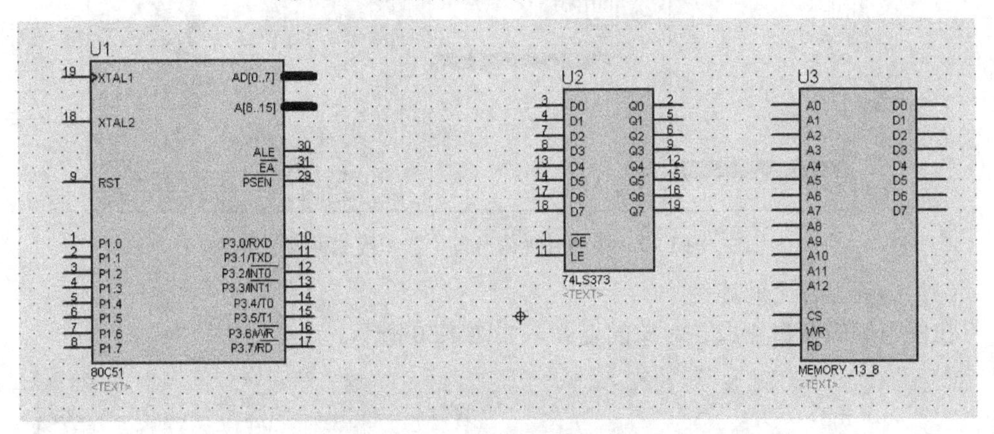

图 1.27　添加元器件至图形编辑窗口

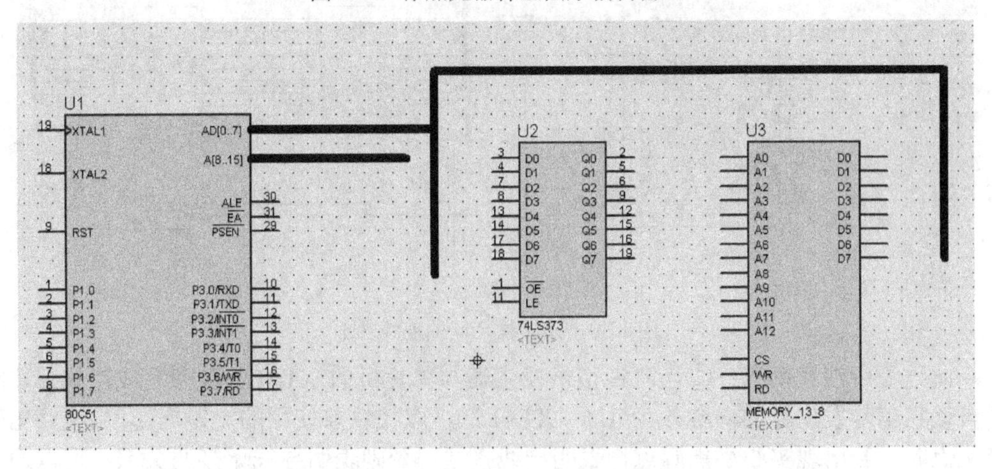

图 1.28　添加总线至图形编辑窗口

在绘制总线的过程中，应注意：①当鼠标指针靠近对象的连接点时，鼠标指针会出现一个“×”号，表明总线可以接至该点。②在绘制多段连续总线时，只需要在拐点处单击即可，其他步骤与绘制一段总线相同。

（4）添加时钟信号发生器和接地引脚

单击绘图工具栏中的信号发生器按钮，在对象选择器窗口选中对象“DCLOCK”，将其放置到图形编辑窗口。

单击绘图工具栏中的终端按钮，在对象选择器窗口选中对象“GROUND”，如图 1.29 所示，将其添加至图形编辑窗口。

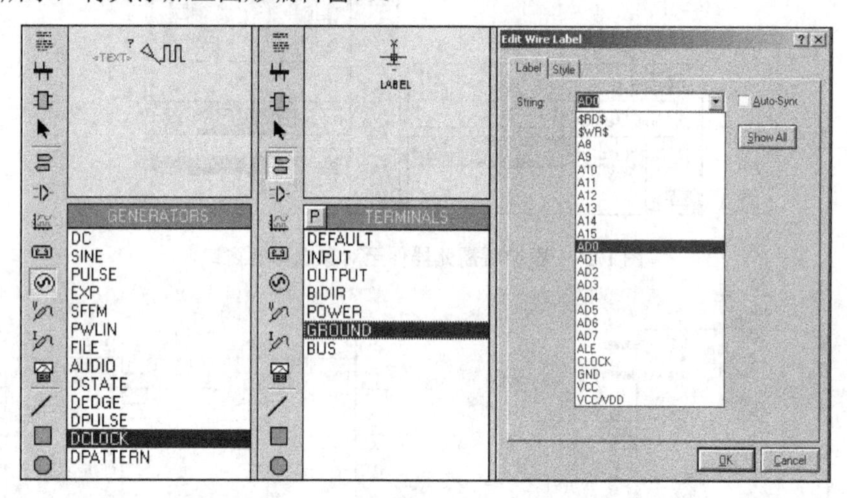

图 1.29　添加时钟信号发生器和接地引脚

（5）给元器件之间连线

在图形编辑窗口完成各对象的连线，如图 1.30 所示。

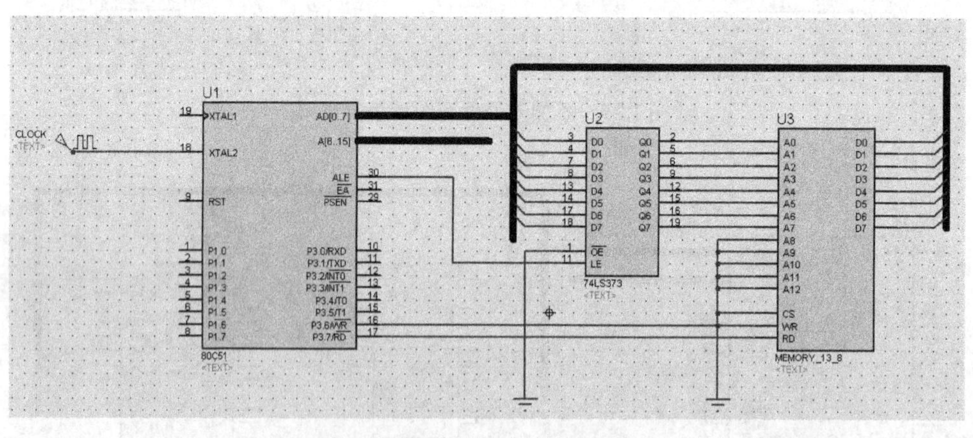

图 1.30　元器件之间的连线界面

此过程中注意两点：①当时钟信号发生器与单片机的 XTAL2 引脚完成连线后，系统自动将信号发生器的名称改为 U1（XTAL2），取代以前使用的“？”。②当线路出现交叉点时，若出现实心小黑圆点，表明导线接通，否则表明导线无接通关系。可以通过绘图工具栏中的连接点按钮，完成两交叉线的接通。

（6）给导线或总线加标签

单击绘图工具栏中的导线标签按钮，在图形编辑窗口完成导线或总线的标注，如图 1.31 所示。

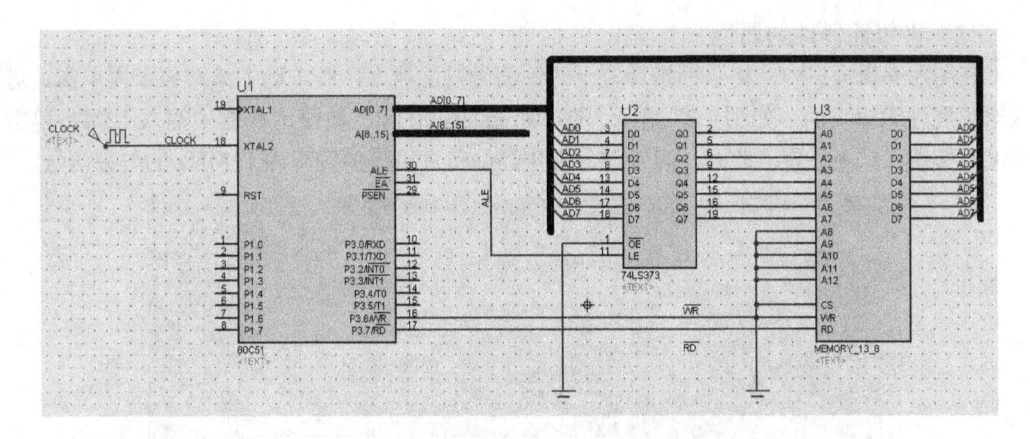

图 1.31　给导线或总线加标签界面

此过程中注意以下几点：①当时钟信号发生器与单片机的 XTAL2 引脚完成连线标注为 CLOCK 后，系统自动将信号发生器的名称改为 CLOCK。②总线的命名可以与单片机的总线名相同，也可以不同，但方括号内的数字却赋予了特定的含义。例如，总线命名为 AD[0…7]，表示此总线可以分为 8 条彼此独立的导线 AD0、AD1、AD2、AD3、AD4、AD5、AD6、AD7，若该总线标注完成，则系统自动在导线标签编辑页面的“String”栏的下拉菜单中加入以上 8 组导线名，之后在标注与之相连的导线名时，如 AD0，要直接从导线标签编辑页面的“String”栏的下拉菜单中选取。③若标注名为 $\overline{\text{WR}}$，直接在导线标签编辑页面的“String”栏中输入“\$WR\$”即可，即可以用两个“\$”符号来表示字母上面的横线。

（7）添加电压探针

单击绘图工具栏中的电压探针按钮，在图形编辑窗口完成电压探针的添加，如图 1.32 所示。

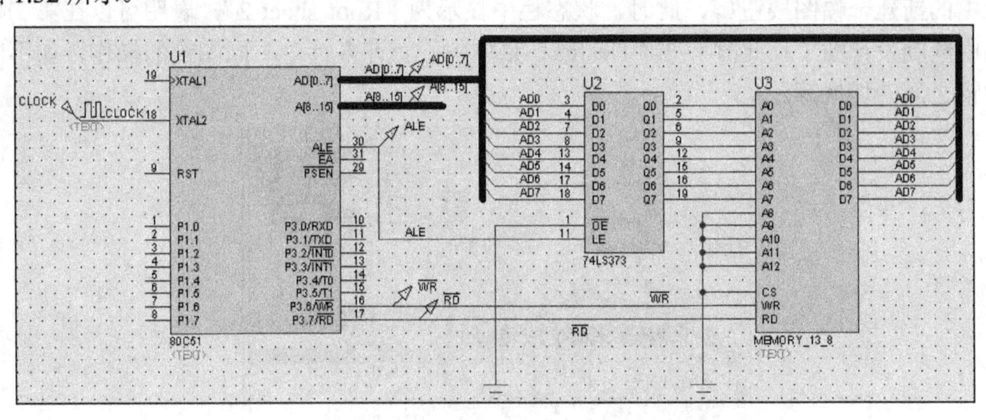

图 1.32　添加电压探针界面

在此过程中，电压探针名默认为“？”，当电压探针的连接点与导线或者总线连接后，电压探针名自动更改为已标注的导线名、总线名或与该导线连接的设备引脚名。

（8）设置元器件的属性

在图形编辑窗口内，将鼠标指针置于时钟信号发生器上，右击选中该对象，再单击，进入对象属性编辑页面，如图 1.33 所示。在“Frequency[Hz]”数值选择框中输入 12M，单击“OK”按钮，结束设置。此时，时钟信号发生器给单片机提供频率为 12MHz 的时钟信号。

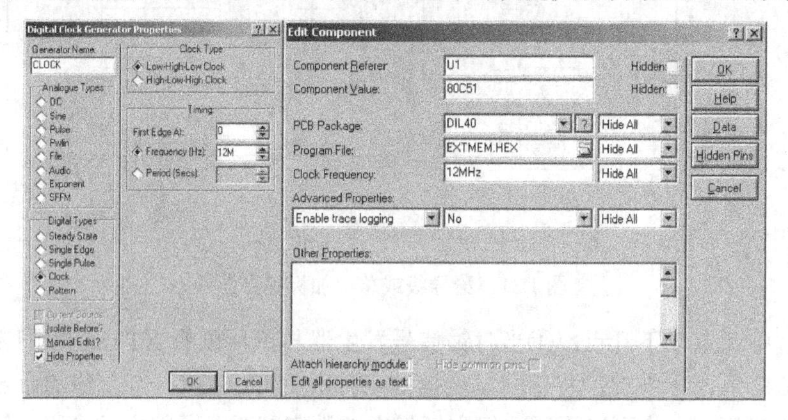

图 1.33　设置元器件的属性

在图形编辑窗口内，将鼠标指针置于单片机上，右击选中该对象，再单击，进入对象属性编辑页面，单击“Program File”右侧的“打开”按钮，添加程序执行文件。

（9）添加虚拟逻辑分析仪

在绘制图形的过程中，若遇到复杂的图形，通常一幅图很难准确地表达设计者的意图，往往需要多幅图来共同表达一个设计。Proteus ISIS 支持一个设计有多幅图的情况。前面我们所绘图形是装在第一幅图中，这一点可通过状态栏中的“Root sheet 1”中得知，下面将虚拟逻辑分析仪添加到第二幅图（“Root sheet 2”）中。

选择“Design”菜单中的“New Sheet”命令，如图 1.34 所示。或者单击标准工具栏中的新建一幅图按钮，此时，状态栏中显示为“Root sheet 2”，表明可以在第二幅图中绘制设计图了。此时，在“Design”菜单中，有许多针对不同图幅的操作，如不同图幅之间的切换等。

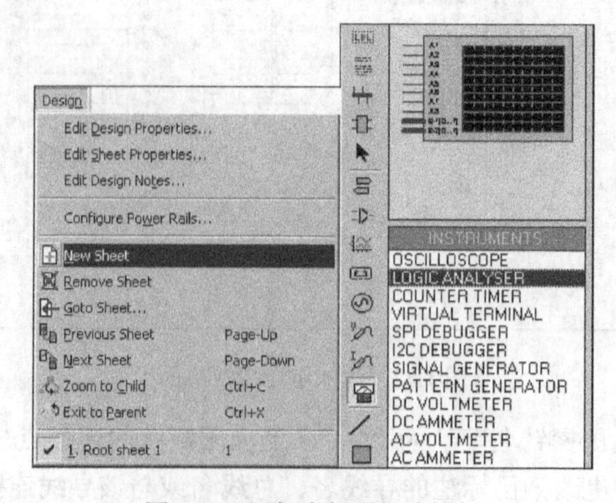

图 1.34　添加虚拟逻辑分析仪

单击绘图工具栏中的虚拟仪器按钮，在对象选择器窗口，选中对象 LOGIC ANALYSER，如图 1.34 所示，将其放置到图形编辑窗口。

（10）给逻辑分析仪添加信号终端

单击绘图工具栏中的终端按钮，在对象选择器窗口，选中对象“DEFAULT”，如图 1.35 所示，将其添加至图形编辑窗口；在对象选择器窗口，选中对象“BUS”，如图 1.35 所示，将其添加至图形编辑窗口。

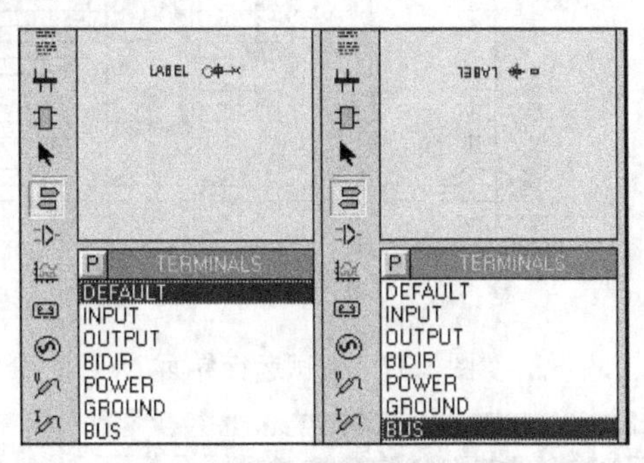

图 1.35　给逻辑分析仪添加信号终端

（11）将信号终端与虚拟逻辑分析仪连线并加标签

在图形编辑窗口完成信号终端与虚拟逻辑分析仪连线。单击绘图工具栏中的导线标签按钮，在图形编辑窗口完成导线或总线的标注，将标注名移至合适位置，如图 1.36 所示。通过标注，顺利完成第一幅图与第二幅图的衔接。至此，完成了整个电路图的绘制。

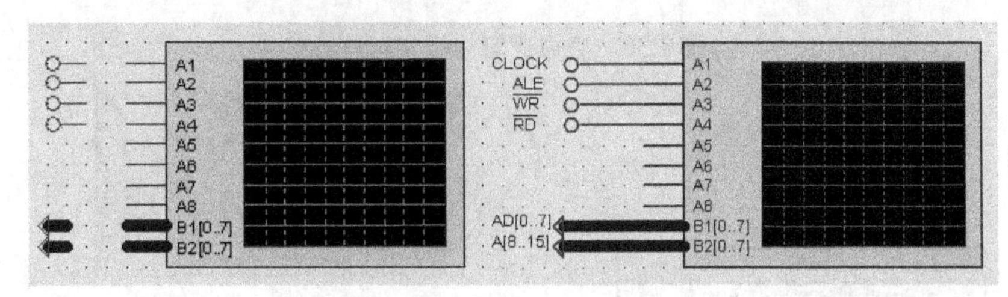

图 1.36　将信号终端与虚拟逻辑分析仪连线并加标签

（12）调试运行

使用快捷键【Page Down】，将图幅切换到“Root sheet 1”。单击仿真运行开始按钮，可以清楚地观察到：①引脚的电平变化。红色代表高电平，蓝色代表低电平，灰色代表未接入信号，或者为三态。②电压探针的值在周期性地变化。调试运行界面如图 1.37 所示。单击仿真运行结束按钮，仿真结束。

使用快捷键【Page Down】，将图幅切换到“Root sheet 2”。单击仿真运行开始按钮，能清楚地观察到虚拟逻辑分析仪 A1、A2、A3、A4 端代表高低电平的红色与蓝色交替闪烁，通常会同时弹出虚拟逻辑分析仪示波器，如图 1.38 所示。如未弹出虚拟逻辑分析仪示波器，可单击仿真结束按钮，结束仿真。选择“Debug”菜单中的“Reset Popup Windows”命令，如图 1.39（a）所示。在弹出的提示对话框［图 1.39（b）］中，单击“Yes”按钮。

再单击仿真运行开始按钮，便会弹出虚拟逻辑分析仪示波器。单击逻辑分析仪的启动键，在逻辑分析仪上出现如图 1.39（c）所示的波形图，这就是读写存储器的时序图。

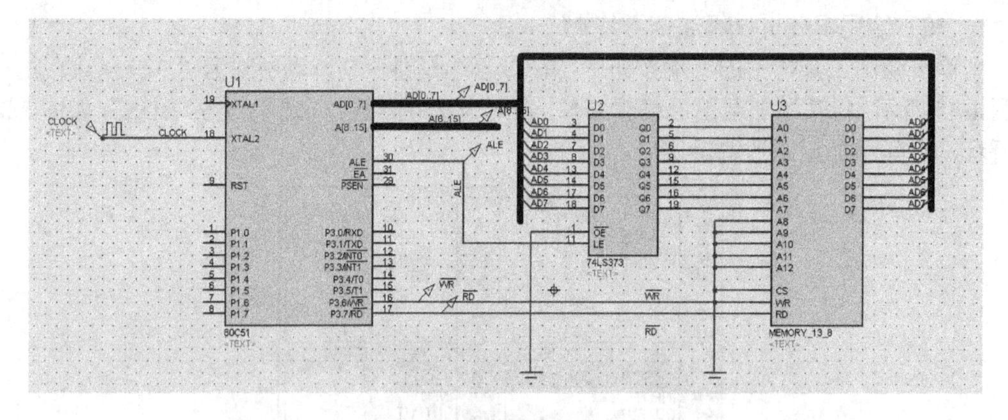

图 1.37 调试运行界面

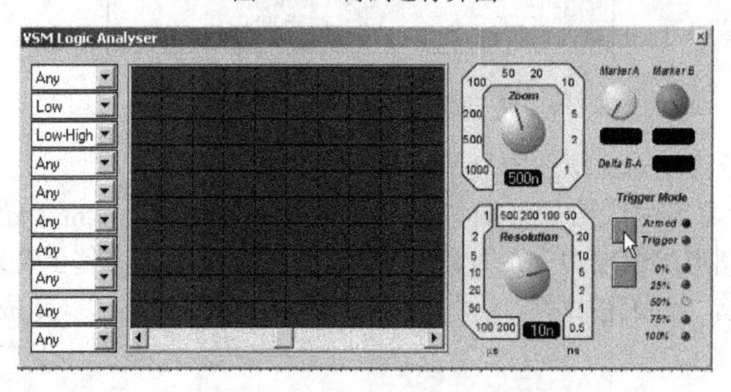

图 1.38 虚拟逻辑分析仪示波器

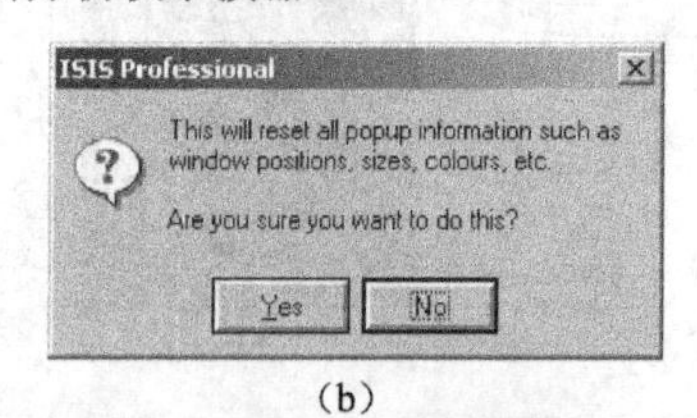

（b）

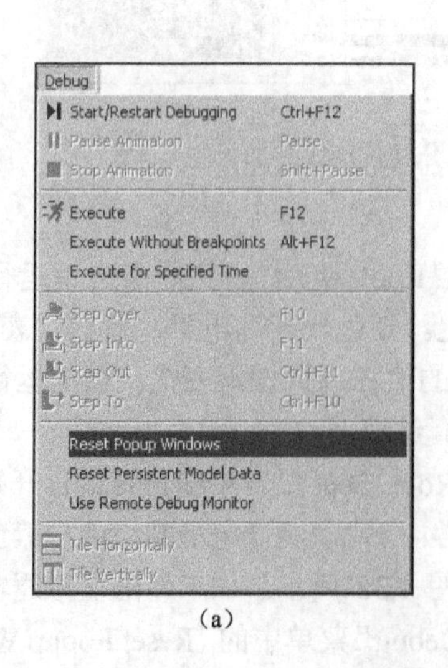

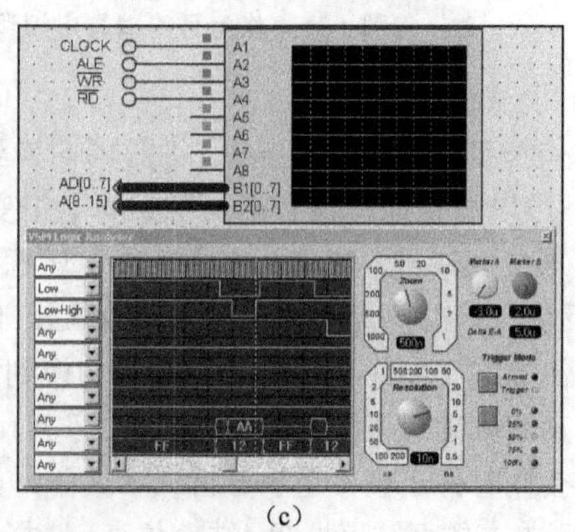

（a） （c）

图 1.39 波形显示界面

4. Keil C 与 Proteus 相结合的仿真过程

Proteus 将源代码的编辑和编译整合到同一设计环境中，这样使用户可以在设计中直接编辑代码，并可容易地查看到用户对源程序修改后对仿真结果的影响。对于 80C51/80C52 系列，目前 Proteus 只嵌入了 8051 汇编器，尚不支持高级语言的调试。但 Proteus 支持第三方集成开发环境，目前支持的第三方开发环境有 IAR Embedded Workbench、Keil C 等。本节以 Keil C 为例介绍 Proteus 与 Keil C 相结合的仿真过程。Proteus 与 Keil C 的联调步骤如下。

1）Keil C 与 Proteus 均已正确安装在 C:\Program Files 的目录中，将 C:\Program Files\Labcenter Electronics\Proteus 6 Professional\MODELS\VDM51.dll 复制到 C:\Program Files\keilC\C51\BIN 目录中。

2）用记事本打开 C:\Program Files\keilC\C51\TOOLS.INI 文件，在[C51]栏目下输入：

```
TDRV5=BIN\VDM51.DLL("Proteus VSM Monitor-51 Driver")
```

其中，“TDRV5”中的“5”要根据实际情况写，不要和原来的重复。

上述两个步骤只需在初次使用时设置。

3）进入 Keil C μVision2 开发集成环境，创建一个新项目（Project），并为该项目选定合适的单片机 CPU 器件（如 Atmel 公司的 AT89C51），并为该项目加入 Keil C 源程序。

4）选择“Project”菜单中的“Options for Target”命令或单击常用工具栏中的“Options for Target”按钮，弹出“Options for Target ‘Target 1’”对话框，选择“Debug”选项卡，出现图 1.40 所示页面。

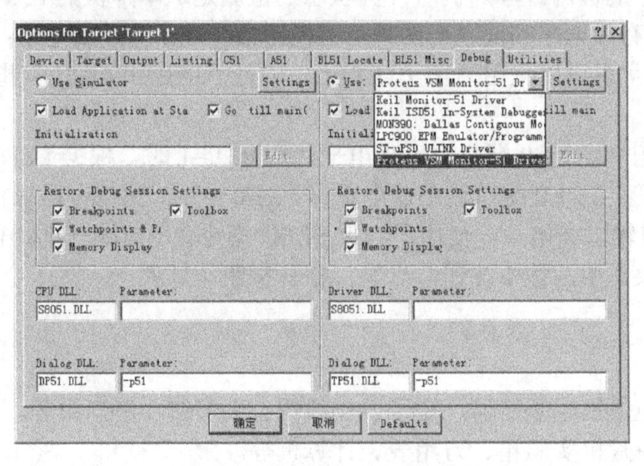

图 1.40 “Debug”页面

选中“Use”单选按钮，在“Use”后的下拉列表中选择“Proteus VSM Monitor-51 Driver”选项。再单击“Settings”按钮，在弹出的“VDM51 Target Setup”对话框中设置通信接口，在“Host”文本框中输入“127.0.0.1”，如果使用的不是同一台计算机，则需要在这里添上另一台计算机的 IP 地址（另一台计算机也应安装 Proteus）。在“Port”文本框中输入“8000”，如图 1.41 所示，单击“OK”按钮即可。最后将工程编译，进入调试状态并运行。

5）Proteus 的设置。进入 Proteus ISIS，选择“Debug”菜单中的“Use Remote Debug Monitor”命令，如图 1.42 所示，便可实现 Keil C 与 Proteus 连接调试。

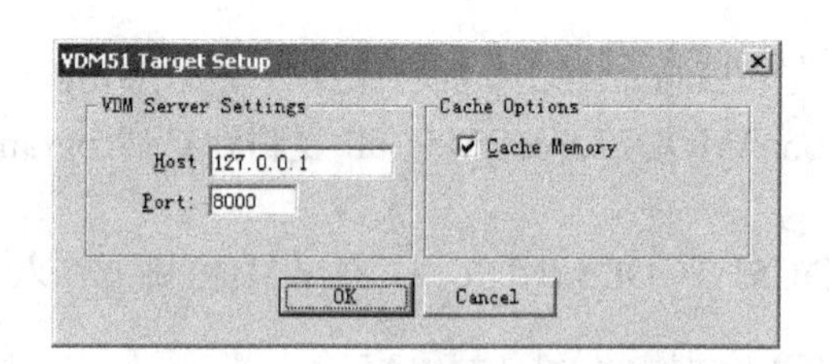

图 1.41 “VDM51 Target Setup”对话框

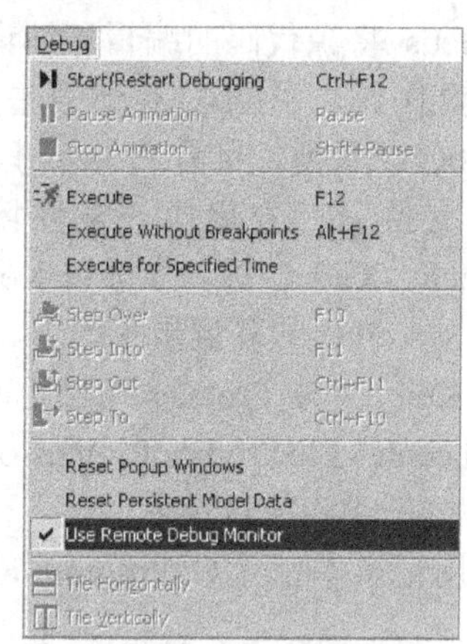

图 1.42 “Use Remote Debug Monitor”命令

6）Keil C 与 Proteus 连接仿真调试。单击仿真运行开始按钮▶，能清楚地观察到每一个引脚的电平变化。

任务分析

利用 AT89C51 单片机进行模拟开关灯电路的设计与制作，须注意以下 3 个方面。

1）开关状态的检测。单片机对开关状态的检测是从单片机的 P3.0 端口输入信号，而输入的信号只有高电平和低电平两种，当按钮松开，即输入高电平；当按钮闭合，即输入低电平。单片机可以采用“JB BIT,REL”或是“JNB BIT,REL”指令来完成对开关状态的检测。

2）输出控制。当 P1.0 端口输出高电平，即 P1.0=1 时，根据 LED 的单向导电性可知，这时 D1 熄灭；当 P1.0 端口输出低电平，即 P1.0=0 时，D1 亮。可以使用“SETB P1.0”指令使 P1.0 端口输出高电平，使用“CLR P1.0”指令使 P1.0 端口输出低电平。

3）制作结果说明。按下按钮，灯亮；松开按钮，灯灭。

任务准备

1）工具：电烙铁、吸锡器、镊子、剥线钳、尖嘴钳、斜口钳等。

2）设备：单片机实验箱、万用表、计算机等。

3）材料：AT89C51 单片机 1 块，相关电阻、电容 1 批，晶振 1 个，电路万用板 1 块，导线若干，焊锡丝，松香等。

任务实施

1. 熟悉任务

根据任务分析，掌握相关知识，了解任务的相关要求。

2. 区分元器件

根据图 1.22 找出相关元器件，了解各元器件的性能及应用。

3. 设计原理图

利用 Proteus 单片机仿真软件进行原理电路图的设计与仿真。

4. 设计布置元器件位置

按照任务提出的要求，在提供的电路万用板上合理地布置电路所需元器件。

5. 焊接元器件

根据电路万用板上布置的元器件位置进行元器件、引线的焊接。

6. 检查、调试电路

检查元器件的位置是否正确、合理，各焊点是否牢固可靠、外形美观，最后对整个应用系统进行调试，检查是否符合任务的要求。

结论

通过模拟开关灯的单片机应用系统的设计与制作，掌握 Proteus ISIS 进行模拟电路仿真、数字电路仿真、单片机及其外围电路组成的系统的仿真、RS232 动态仿真、I^2C 调试器、SPI 调试器、键盘和 LCD 系统仿真的功能；同时了解该软件支持第三方的软件编译和调试环境，如 Keil C51 μVision2 等软件（具有强大的原理图绘制功能）。

练 习 题

1. ISIS Professional 窗口由几部分组成？
2. 简述 Proteus ISIS 菜单栏中每一项的作用。
3. 利用 Proteus ISIS 绘制电路原理图时，主要有哪些基本操作步骤？
4. 在绘制总线的过程中，应注意哪几点？如何给导线或总线加标签？
5. Keil C 与 Proteus 联调包含哪些操作步骤？
6. 当 Keil C 与 Proteus 联调时，应如何设置 Options for Target/Output 选项？

项 目 小 结

本项目主要介绍了单片机相关的基础知识，对单片机的发展概况、发展趋势、单片机应用系统的特点及半导体存储器进行了总体概述，并对单片机常见的数制、码制进行了说明。本项目以具体任务为载体介绍了微型计算机和单片机应用系统的组成，以及AT89C51单片机的内部结构、存储器配置及51单片机的引脚等相关知识。另外，本项目通过任务的具体实施，讲解了单片机仿真软件Proteus Professional ISIS和Keil C工作界面内各部分的功能、具体操作过程，以及Keil C与Proteus联调的步骤。

项目 2　单片机编程基础及程序设计

学习目标

1．熟悉单片机的指令格式及寻址方式。

2．掌握常用的指令及伪指令。

3．掌握单片机的 3 种基本程序结构的设计——顺序结构程序设计、分支结构程序设计、循环结构程序设计。

任务 2.1　设计流水灯

任务目标

微课：流水灯的设计

掌握指令的使用技巧，根据设计要求搭建流水灯应用系统并编程，调试出效果；培养学生良好的职业道德和敬业精神及工作方法、能力。

任务描述

设计一个流水灯控制系统，在 Proteus 中绘制电路图，如图 2.1 所示。假设晶振为 12MHz，8 个 LED（VD1～VD8）分别接在单片机的 P2.0～P2.7 端口上，要求按照 VD1→VD2→…→VD8→VD1 的顺序依次点亮 LED，某 LED 亮时其余的全灭，每个 LED 的点亮时间为 1s，重复循环。

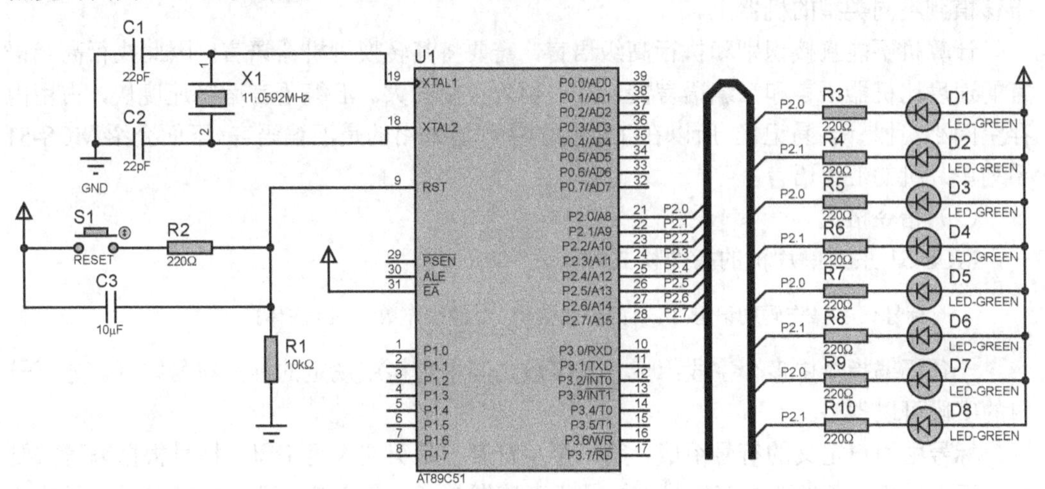

图 2.1　单片机控制流水灯电路图

相关知识

1. 指令概述

指令是CPU用来执行某种操作的命令，而一台计算机的CPU所能执行的全部指令的集合称为这个 CPU 的指令系统。在计算机中，不同型号的计算机其指令也不同。一般来说，指令系统越丰富，计算机的功能也越强。

（1）机器语言、汇编语言和高级语言

在计算机中，所有的指令、数据都是用二进制代码来表示的，这种用二进制代码表示的指令系统称为机器语言（machine language），用机器语言编写的程序称为机器语言程序或目标程序（object program）。对于计算机，机器语言能被直接识别并快速执行。但对于使用者来说，这种使用机器语言编写的程序很难识别和记忆，容易出错。为了克服这些缺点，汇编语言（assembly language）和高级语言应运而生。

用助记符代表指令的操作码和操作数，用标号或符号代表地址、常数或变量的程序设计语言称为汇编语言。它由字母、数字和符号组成，又称为符号语言。由于助记符一般是操作码的英文缩写，使得程序易写、易读和易改。可见汇编语言仍是一种面向机器的语言，且和CPU类别密切相关，不同CPU的机器有不同的汇编语言。本项目介绍的MCS-51系列单片机程序都是汇编语言形式。

由于汇编语言是一种面向机器的语言，它受机器种类的限制，不能在不同类型的计算机上通用，因此出现了高级语言。高级语言是一种面向过程的语言，这种语言更接近英语和数字表达式，易被一般用户掌握。高级语言是独立于机器的，在编程时，用户不需要对机器的硬件结构和指令系统有深入的了解。高级语言直观、易学、通用性强，易于移植到不同类型的机器上。

计算机不能直接识别和执行高级语言，需要将其转换为机器语言，因此执行高级语言的速度比机器语言和汇编语言慢，且占用内存空间大。汇编语言运行速度快，占用内存空间小，且易读、易记忆，所以在工业控制中广泛采用的是汇编语言。下面介绍MCS-51系列单片机的汇编语言。

（2）指令格式

MCS-51系列单片机的指令格式如下。

```
[标号:]  操作码助记符  [目的操作数,]  [源操作数]  [;注释]
```

一条汇编指令由多个字段组成，各字段之间用空格或规定的标点符号隔开。方括号内的字段可以省略。

标号由用户定义的符号组成，第一个字符必须是英文大写字母。标号根据编程需要可有可无，若一条指令中有标号，标号代表该指令第一个字节所存放的存储器单元的地址，故标号又称为符号地址，在汇编时，将该地址赋值给标号。

操作码助记符是指令的功能部分，不能省略。它是便于记忆的助记符。例如，MOV是数据传送的助记符，ADD是加法的助记符。

操作数是指令要操作的数据信息。根据指令的不同功能，操作数可以有 0～3 个。

注释是对指令功能的说明，便于程序的阅读和维护，它不参与计算机的操作，在程序中可有可无。

采用汇编语言指令编写的程序，计算机不能直接识别，必须通过汇编语言将它翻译成机器码，这个翻译过程称为汇编。采用人工查指令表的方法将汇编语言指令逐条翻译成对应的机器码，称为手工汇编。对程序员来说，手工汇编在某些场合经常会用到。

（3）MCS-51 指令系统简介

1）MCS-51 指令系统。MCS-51 指令系统是一种简明、易掌握、效率较高的指令系统，它使用 42 种助记符，有 51 种基本操作。助记符及指令中的源操作数和目的操作数的不同组合构成了 MCS-51 指令系统的 111 条指令。

MCS-51 指令系统按字节数分为单字节指令 49 条，双字节指令 46 条，三字节指令 16 条；按指令执行的周期分为 64 条一周期指令，45 条二周期指令，2 条四周期指令（乘法和除法）。当晶振为 12MHz 时，单周期指令的执行时间为 1μs。

MCS-51 系列单片机的一大特点是它在硬件结构中有一个位处理机，对应这个位处理机，指令系统中相应地设计了一个处理位变量的指令子集，这个子集在设计需大量处理位变量的程序时十分有效、方便，使 MCS-51 系列单片机更适用于工业控制，这是 MCS-51 指令系统的一大特点。

2）指令系统说明。MCS-51 指令系统中约定了一些指令格式描述中的常用符号，其标记和含义如下。

① Rn：选定当前寄存器区的寄存器 R0～R7。

② @Ri：通过寄存器 R0 和 R1 间接寻址 RAM 单元。其中，@为间接寻址前缀符号，i 为 0 或 1。

③ Direct：直接地址，一个片内 RAM 单元地址或一个特殊功能寄存器。

④ #data：8 位或 16 位常数，也称为立即数。#为立即数前缀符号。

⑤ Addr16：16 位目的地址，供 LCALL 和 LJMP 指令使用。

⑥ Addr11：11 位目的地址，供 ACALL 和 AJMP 指令使用。

⑦ Rel：8 位带符号偏移量（以二进制补码表示），常用于相对转移指令。

⑧ Bit：位地址。

⑨ /：位操作前缀，表示该位内容求反，如/bit。

⑩ (x)：表示 x 地址单元中的内容。

⑪ ((x))：表示 x 地址单元中的内容为地址的单元中的内容。

⑫ $：当前指令的地址。

3）指令对标志位的影响。MCS-51 指令分两类：一类指令执行后会影响 PSW 中某些标志位的状态，即无论指令执行前标志位状态如何，指令执行时总按标志位的定义形成新的标志状态；另一类指令执行后不会影响标志位的状态，指令执行后标志位仍是原来的状态。不同的指令对标志位的影响是不同的，每条指令对标志位的影响见附录 A。

2. MCS-51 指令系统的寻址方式

在单片机中，数据的存放、传送和运算都要由编程人员来规划并通过执行指令来完成。编程人员必须清楚地知道操作数存放的地址或位置。寻址方式是指寻找操作数所在地址的方式。其中，地址泛指一个存储单元或某个寄存器等。

MCS-51 系列单片机采用了 7 种寻址方式，分别为立即寻址、直接寻址、寄存器寻址、寄存器间接寻址、基址加变址寻址、相对寻址和位寻址。

（1）立即寻址

立即寻址方式是指在该条指令中给出直接参与操作的常数，该常数称为立即数，立即数有 1B 和 2B。操作数前应冠以前缀符号#，以便与直接地址区别。例如：

```
MOV  A,#40H                ;40H→A
```

该指令的功能是将操作码后面的立即数 40H 送入 A 中，立即寻址执行过程如图 2.2 所示。

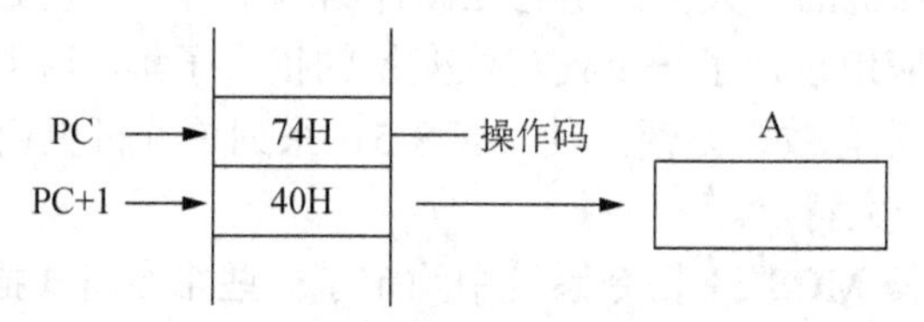

图 2.2　立即寻址执行过程

又如：

```
MOV DPTR,#5678H            ;DPTR←5678H
```

该指令的功能是将 16 位立即数 5678H 送入 16 位寄存器 DPTR 中，该指令的执行过程如图 2.3 所示。

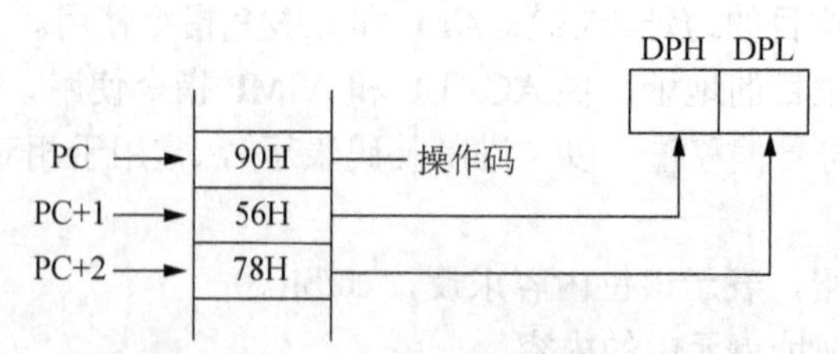

图 2.3　指令“MOV DPTR,#5678H”的执行过程

（2）直接寻址

直接寻址是指在指令中直接给出操作数所在存储单元的地址，而该地址指出参与操作的数据所在的字节地址或位地址。

直接寻址方式中操作数存储的空间包括如下 3 种。

1）内部数据存储器的低 128B 单元（00H～7FH）。例如：

```
MOV  A,70H                 ;(70H)→A
```

该指令的功能是将片内 RAM 的 70H 单元中的内容送入累加器 A 中。

2）位地址空间。例如：

```
MOV  C,00H          ;直接位 00H 内容→进位位
```

3）专用功能寄存器。专用功能寄存器只能用直接寻址方式进行访问。例如：

```
MOV IE,#85H         ;85H→中断允许寄存器。IE 为专用功能寄存器，其字节地址为 0A8H
```

（3）寄存器寻址

由指令指出某一个寄存器（R0～R7、A、B 和 DPTR）中的内容作为操作数，这种寻址方式称为寄存器寻址。由于寄存器在 CPU 内部，因此采用寄存器寻址可以获得较高的运算速度。例如：

```
MOV  A,R0           ;A←(R0)
```

该指令的功能是将 R0 中的数据传送到累加器 A 中。源操作数和目的操作数都采用了寄存器寻址。又如：

```
INC  DPTR           ;DPTR←(DPTR)+1
ADD  R7,#20H        ;R7←#20H+(R7)
```

（4）寄存器间接寻址

由指令指出某一个寄存器的内容作为操作数的地址，这种寻址方式称为寄存器间接寻址。寄存器间接寻址只能使用寄存器 R0 或 R1 作为地址指针来寻址片内 RAM（00H～FFH）中的数据。寄存器间接寻址也适用于访问片外 RAM，可使用 R0、R1 或 DPTR 作为地址指针。寄存器间接寻址用符号@表示。例如：

```
MOV  A,@R0          ;((R0))→A
```

该指令的功能是将 R0 所指出的片内 RAM 单元中的内容送入累加器 A 中。若 R0 内容为 60H，而片内 RAM 的 60H 单元中的内容是 3BH，则指令“MOV　A,@R0”的功能是将 3BH 送入累加器 A 中，如图 2.4 所示。

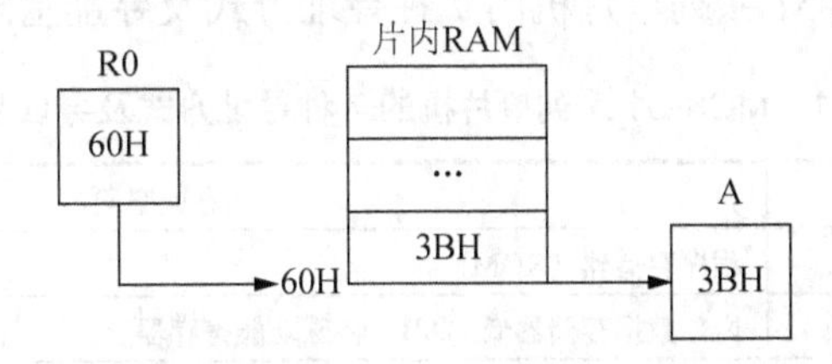

图 2.4　寄存器间接寻址过程

（5）基址加变址寻址

基址加变址寻址方式用于访问程序存储器中的数据表格。以 16 位的程序计数器 PC（当前值）或数据指针 DPTR 作为基址寄存器，以 8 位的累加器 A 作为变址寄存器，两者作为无符号数相加形成 16 位的地址。该地址即为参与操作的数据的存储地址。例如：

```
MOVC  A,@A+DPTR ;将A+DPTR所指的程序存储器单元的内容→A
MOVC  A,@A+PC   ;将A+PC所指的程序存储器单元的内容→A
```

这组指令的功能是累加器A中的内容和DPTR或PC中的内容相加得到程序存储器的有效地址，并将该存储器单元中的内容送到累加器A中。例如：

```
MOVC  A,@A+PC   ;((PC)+(A))→A
```

若(A)=88H，(PC)=801FH，则执行以上指令后，(80A8H)→A。

（6）相对寻址

相对寻址是指以程序计数器PC的当前值（是指读出该双字节或三字节的跳转指令后，PC指向的下条指令的地址）为基准，加上指令中给出的相对偏移量rel以形成目标地址。此种寻址方式的操作是修改PC的值，所以主要用于实现程序的分支转移。

在跳转指令中，相对偏移量rel给出相对于PC当前值的跳转范围，其值是一个带符号的8位二进制数，取值范围为-128～127，以补码形式置于操作码之后存放。当执行跳转指令时，先取出该指令，PC指向当前值，再将rel的值加到PC上以形成转移的目标地址。其一般格式如下。

```
目的地址=源地址+2(相对转移指令字节数)+rel
```

例如：

```
JC  rel;若(PC)=1005H,(CY)=1,则目的地址(即PC当前值)=1005H+2+FF80H=0F87H
```

（7）位寻址

位寻址是指将8位二进制数中的某一位作为操作数，在指令中给出的是位地址，一般用bit表示。MCS-51系列单片机片内RAM有两个区域可以位寻址：一个是20H～2FH的16个单元中的128位，另一个是字节地址能被8整除的特殊功能寄存器，共有211个位地址。例如：

```
SETB  20H          ;20H位←1
```

表2.1所示为MCS-51系列单片机的7种寻址方式及寻址空间。

表2.1　MCS-51系列单片机的7种寻址方式及寻址空间

序号	寻址方式	寻址空间
1	立即寻址	程序存储器（ROM）
2	直接寻址	内部数据存储器低128B、特殊功能寄存器
3	寄存器寻址	R0～R7、A、B、CY（位）、DPTR
4	寄存器间接寻址	片内RAM低128B（@R0、@R1、@SP） 片外RAM（@R0、@R1、@DPTR）
5	基址加变址寻址	ROM（@A+DPTR、@A+PC）
6	相对寻址	ROM 256B范围（PC+rel）
7	位寻址	片内RAM的20H～2FH单元字节地址、部分特殊功能寄存器

3. MCS-51 指令系统

按指令的功能划分，MCS-51 指令系统可分为如下 5 类。

（1）数据传送类指令

数据的传送是一种最基本、最主要的操作。因此，数据传送类指令是编程时使用最频繁的一类指令。数据传送类指令是将源操作数传送到目的操作数。指令执行后，源操作数不改变，目的操作数修改为源操作数，或者源、目的单元内容互换。

1）以累加器 A 为目的操作数的指令，其汇编指令格式如下。

```
MOV  A,Rn              ;(Rn)→A
MOV  A,@Ri             ;((Ri))→A
MOV  A,direct          ;(direct)→A
MOV  A,#data           ; #data→A
```

这组指令的功能是将源操作数送入目的操作数 A 中，源操作数的寻址方式分别为寄存器寻址、寄存器间接寻址、直接寻址和立即寻址。

例如，若(R1)=21H，(21H)=55H，执行指令“MOV　A,@R1”后，(A)=55H，而(R1)=21H，(21H)=55H 不变。

2）以 Rn 为目的操作数的指令，其汇编指令格式如下。

```
MOV  Rn,A              ;A→Rn
MOV  Rn,direct         ;(direct)→Rn
MOV  Rn,#data          ; #data→Rn
```

这组指令的功能是将源操作数送入目的操作数 Rn 中，源操作数的寻址方式分别为寄存器寻址、直接寻址和立即寻址。

例如，若(50H)=40H，执行指令“MOV　R6,50H”后，(R6)=40H。

3）以直接地址 direct 为目的操作数的指令，其汇编指令格式如下。

```
MOV  direct,A          ; A→direct
MOV  direct2,direct1   ;(direct1)→direct2
MOV  direct,#data      ; #data→direct
MOV  direct,@Ri        ;((Ri))→direct
MOV  direct,Rn         ;(Rn)→direct
```

这组指令的功能是将源操作数送入目的操作数 direct 中，源操作数的寻址方式分别为立即寻址、直接寻址、寄存器间接寻址和寄存器寻址。direct 是指片内 RAM 或 SFR 的地址。

例如，若 R0=40H，(40H)=78H，执行指令“MOV　30H,@R0”后，(30H)=78H，其他不变。

4）以寄存器间接地址为目的操作数的指令，汇编指令格式如下。

```
MOV  @Ri,A             ;A→(Ri)
MOV  @Ri,direct        ;(direct)→(Ri)
```

```
MOV  @Ri,#data          ; #data→(Ri)
```

这组指令的功能是将源操作数送入目的操作数@Ri 中，源操作数的寻址方式分别为寄存器寻址、直接寻址和立即寻址。

例如，若(R1)=30H，(A)=20H，执行指令“MOV @R1,A”后，(30H)=20H。

5）以 DPTR 为目的操作数的指令，其汇编指令格式如下。

```
MOV  DPTR,#data16       ;DPTR→data16
```

MCS-51 系列单片机只有这一条 16 位传送指令，其功能是将源操作数送入目的操作数 DPTR，16 位的数据指针由 DPH 和 DPL 组成。源操作数的寻址方式为立即寻址。

例如，执行指令“MOV DPTR,#1234H”后，(DPH)=12H，(DPL)=34H。

6）累加器 A 与片外 RAM 之间的传送指令，其汇编指令格式如下。

```
MOVX  @Ri,A             ;A→((Ri)+(P2))
MOVX  A,@Ri             ;((Ri)+(P2))→A
MOVX  @DPTR,A           ;A→((DPTR))
MOVX  A,@DPTR           ;((DPTR))→A
```

这组指令的功能是访问片外 RAM，源操作数采用寄存器间接寻址或寄存器寻址。

例如，若(DPTR)=3020H，片外 RAM(3020H)=48H，执行指令“MOVX A,@DPTR”后，(A)=48H。

例如，若(R2)=20H，(R1)=48H，(A)=66H，执行指令“MOVX @Ri,A”后，片外 RAM 单元(2048H)=66H。

7）累加器 A 与程序存储器 ROM 之间的传送指令，其汇编指令格式如下。

```
MOVC  A,@A+PC           ;(PC)+1→(PC),((A)+(PC))→A
MOVC  A,@A+DPTR         ;((A)+(DPTR))→A
```

这组指令的功能是读 ROM，特别适用于查阅 ROM 中已建立的数据表格。源操作数的寻址方式采用变址寻址。

例如，若(PC)=3000H，(A)=20H，执行指令“MOVC A,@A+DPTR”后，将程序存储器中 3021H 单元的内容送入 A 中。

8）数据交换指令，其汇编指令格式如下。

```
XCH  A,direct           ;(direct)与 A 互换
XCH  A,@Ri              ;A 与((Ri))互换
XCH  A,Rn;              ;(A)与(Rn)互换
XCHD  A,@Ri             ;(A3～0)与((Ri)3～0)互换
```

其中，前 3 条指令的功能是字节数据交换，实现源操作数内容与 A 中的内容进行交换。最后一条指令的功能是将源操作数的低半字节与 A 的低半字节内容交换。

例如，若(R1)=65H，(A)=20H，(65H)=36H，执行指令“XCH A,R1”后，(A)=65H，(R1)=20H；执行指令“XCHD A,@R1”后，(A)=26H，(65H)=30H。

9）堆栈操作指令。

① 进栈指令，其汇编指令格式如下。

```
PUSH  direct            ;(SP)+1→(SP),(direct)→(SP)
```

② 出栈指令，其汇编指令格式如下。

```
POP  direct             ;((SP))→direct,(SP)-1→SP
```

例如，SP=07H，(30H)=50H，执行指令“PUSH　30H”后，(08H)=50H，SP=08H。

例如，SP=35H，(35H)=60H，执行指令“POP　40H”后，(40H)=60H，SP=34H。

例如，交换片内 RAM 的 42H 单元与 55H 单元中的内容，程序如下。

```
PUSH  42H
PUSH  55H
POP  42H
POP  55H
```

从程序中可以看出，根据堆栈操作中数据“后进先出”的特点，可实现两个不同地址单元内容的交换。

（2）算术运算类指令

算术运算指令可以完成加、减、乘、除、加 1 和减 1 运算操作。这类指令大多数同时以 A 为源操作数之一及目的操作数。算术运算操作将影响 PSW 中的溢出标志 OV、进位（借位）标志 CY、辅助进位（辅助借位）标志 AC 和奇偶标志位 P 等。

1）不带进位的加法指令，其汇编指令格式如下。

```
ADD  A,#data            ;(A)+data→A
ADD  A,direct           ;(A)+(direct)→A
ADD  A,Rn               ;(A)+(Rn)→A
ADD  A,@Ri              ;(A)+((Ri))→A
```

这组指令的功能是将源操作数与累加器 A 的内容相加再送入目的操作数 A 中，源操作数的寻址方式分别为立即寻址、直接寻址、寄存器寻址和寄存器间接寻址。

影响 PSW 中的 OV、CY、AC 和 P 的情况如下。

① 进位标志 CY：若和的 D7 位有进位，CY=1；否则，CY=0。

② 辅助进位标志 AC：若和的 D3 位有进位，AC=1；否则，AC=0。

③ 溢出标志 OV：和的 D6、D7 位只有一个有进位时，OV=1；和的 D6、D7 位同时有进位或同时无进位时，OV=0。溢出表示运算的结果超出了数值所允许的范围，如两个正数相加结果为负数或两个负数相加结果为正数时属于错误结果，此时 OV=1。

④ 奇偶标志 P：当 A 中“1”的个数为奇数时，P=1；为偶数时，P=0。

例如，若(A)=84H，(30H)=8DH，执行指令“ADD　A,30H”后，则(A)=11H，C=1，AC=1，OV=1，P=0；若(A)=C2H，(R1)=AAH，执行指令“ADD　A,R1”后，则(A)=6CH，CY=1，AC=0，OV=1。

2）带进位的加法指令，其汇编指令格式如下。

```
ADDC  A,#data          ;(A)+data+(CY)→A
ADDC  A,direct         ;(A)+(direct)+(CY)→A
ADDC  A,Rn             ;((A))+(Rn)+(CY)→A
ADDC  A,@Ri            ;(A)+((Ri))+(CY)→A
```

这组指令的功能是将源操作数与累加器 A 的内容相加再与进位标志 C 的值相加，结果送入目的操作数 A 中。需要说明的是，所加的进位标志 C 的值是在该指令执行之前已经存在的进位标志的值。

例如，设(A)=C2H，(R1)=AAH，CY=1，执行指令“ADDC　A,R1”后，结果为(A)=6DH，CY=1，AC=0，OV=1。

3）带借位的减法指令，其汇编指令格式如下。

```
SUBB  A,#data          ;(A)-data-(CY)→A
SUBB  A,direct         ;(A)-(direct)-(CY)→A
SUBB  A,Rn             ;((A))-(Rn)-(CY)→A
SUBB  A,Ri             ;(A)-((Ri))-(CY)→A
```

这组指令的功能是将源操作数 A 的内容减去指令指定单元的内容，再将结果送入目的操作数 A 中。

例如，若(A)=C9H，(R2)=54H，CY=1，执行指令“SUBB　A,R2”后，结果为(A)=74H，CY=0，AC=0，OV=1，P=0。

4）乘法指令，其汇编指令格式如下。

```
MUL  AB                ;A与B相乘，乘积高8位送B，低8位送A
```

该指令的功能是将 A 和 B 中的两个 8 位无符号数相乘，在乘积大于 FFFFH 时，OV 置 1，否则 OV 置 0，CY 位总是为 0。

例如，若(A)=50H，(B)=A0H，执行指令“MUL　AB”后，结果为(A)=00H，(B)=32H，OV=1，CY=0。

设(A)=4EH，(B)=5DH，执行指令“MUL　AB”后，结果为(A)=56H，(B)=1CH。

5）除法指令，其汇编指令格式如下。

```
DIV  AB                ;A除以B，商送A，余数送B
```

该指令的功能是将 A 中的无符号 8 位二进制数除以寄存器 B 中的无符号 8 位二进制数，商的整数部分存放在累加器 A 中，余数部分存放在寄存器 B 中。

当除数为 0 时，存放在 A 和 B 中的结果不确定，且溢出标志位 OV=1，进位标志位 CY 总是被清 0。

例如，若(A)=FBH，(B)=12H，执行指令“DIV　AB”后，结果为(A)=0DH，(B)=11H，OV=0，CY=0。

6）加 1 指令，其汇编指令格式如下。

```
INC  A                 ;(A)+1→A
INC  Rn                ;(Rn)+1→A
```

```
INC  direct              ;(direct)+1→A
INC  @Ri                 ;((Ri))+1→A
INC  DPTR                ;(DPTR)+1→DPTR
```

这组指令的功能是将源操作数的内容加 1，并将结果再送回原单元中。这组指令仅“INC A”指令影响 P 标志，其余指令都不影响标志位的状态。

7）二-十进制调整指令，其汇编指令格式如下。

```
DA  A                    ;调整累加器 A 内容为 BCD 数
```

该指令的功能是对两个 BCD 码数相加后的结果进行十进制调整，从而得到正确的压缩型 BCD 码并将结果放在 A 中。调整方法如下。

① 若累加器 A 中的低 4 位数出现了非 BCD 码 1010～1111 或低 4 位产生进位(AC=1)，则应在低 4 位加 6 调整，以产生低 4 位正确的 BCD 结果。

② 若累加器 A 中的高 4 位数出现了非 BCD 码 1010～1111 或高 4 位产生进位(C=1)，则应在高 4 位加 6 调整，以产生高 4 位正确的 BCD 结果。

例如，若 A 中有 BCD 数 30H（即 30），执行如下指令：

```
ADD  A,#99H
DA  A
```

则执行结果为(A)=29H。

8）减 1 指令，其汇编指令格式如下。

```
DEC  A                   ;(A)-1→A
DEC  Rn                  ;(Rn)-1→A
DEC  direct              ;(direct)-1→A
DEC  @Ri                 ;((Ri))-1→A
```

这组指令的功能是将源操作数的内容减 1，结果再送回原单元。

（3）逻辑运算类指令

MCS-51 的逻辑运算指令可分为 4 类：对累加器 A 的逻辑操作，对字节变量的逻辑与、逻辑或、逻辑异或操作。指令中的操作数都是 8 位，它们在进行逻辑运算操作时都不影响标志位。

1）对累加器 A 的逻辑操作，其汇编指令格式如下。

```
CLR  A                   ;00H→A
CPL  A                   ;(A)→A

RL  A                    ; ←A7←A0←

RLC  A                   ; └CY←A7←A0←

RR  A                    ; →A7→A0─
```

```
RRC  A                  ; ┌→CY←A7←A0┐ (循环)
SWAP  A                 ; A7～4  A3～0 (互换)
```

在使用上述指令时，应注意以下几点。

①“CLR　A”是清零指令，是将 A 中所有位全部置 0。

②“CPL　A”指令是对 A 中内容按位取反，即原来为 1 变为 0，原来为 0 变为 1。

③“RL　A”和“RLC　A”指令均使 A 中内容逐位左移一位，但“RLC　A”指令将使 CY 连同 A 中内容一起左移循环，A7 进入 CY，CY 进入 A0。

④“RR　A”和“RRC　A”指令的功能类似于“RL　A”和“RLC　A”指令，不同的是 A 中数据位移动方向向右。

⑤“SWAP　A”指令是将 A 的两个半字节（高 4 位和低 4 位）内容交换。

例如，若(A)=B5H，执行“RL　A”指令后，(A)=6BH。

若(A)=B5H，(CY)=0，执行“RLC　A”指令后，(A)=6AH。

若(A)=B5H，执行“RR　A”指令后，(A)=DAH。

若(A)=B5H，(CY)=0，执行“RRC　A”指令后，(A)=5AH。

若(A)=B5H，执行“SWAP　A”指令后，(A)=5BH。

2）逻辑与指令，其汇编指令格式如下。

```
ANL  A,Rn               ;(A)∧(Rn)→A
ANL  A,direct           ;(A)∧(direct)→A
ANL  A,@Ri              ;(A)∧((Ri))→A
ANL  A,#data            ;(A)∧data→A
ANL  direct,A           ;(A)∧(direct)→direct
ANL  direct,#data       ;(direct)∧data→direct
```

其中，前 4 条指令功能是将源操作数与直接地址指定的单元内容相与，并将结果送入直接地址指定的单元中。后两条指令的功能是将源操作数与累加器 A 的内容相与，并将结果送入目的操作数 A 中。

3）逻辑或指令，其汇编指令格式如下。

```
ORL  A,Rn               ;(A)∨(Rn)→A
ORL  A,direct           ;(A)∨(direct)→A
ORL  A,@Ri              ;(A)∨((Ri))→A
ORL  A,#data            ;(A)∨data→A
ORL  direct,A           ;(A)∨(direct)→direct
ORL  direct,#data       ;(direct)∨data→direct
```

其中，前 4 条指令的功能是将源操作数与直接地址指定的单元内容相或，并将结果送入直接地址指定的单元。后两条指令的功能是将源操作数与累加器 A 的内容相或，并将结果送入目的操作数 A 中。

4）逻辑异或指令，其汇编指令格式如下：

```
XRL  A,Rn              ;(A)⊕(Rn)→A
XRL  A,direct          ;(A)⊕(direct)→A
XRL  A,@Ri             ;(A)⊕((Ri))→A
XRL  A,#data           ;(A)⊕data→A
XRL  direct,A          ;(A)⊕(direct)→direct
XRL direct,#data       ;(direct)⊕data→direct
```

其中，前 4 条指令的功能是将源操作数与直接地址指定单元内容相异或，并将结果送入直接地址指定的单元中。后两条指令的功能是将源操作数与累加器 A 的内容相异或，并将结果送入目的操作数 A 中。

例如，若(A)=CAH，(R1)=BCH，则执行“ANL　A,R1”指令后，(A)=88H；执行“ORL　A,R1”指令后，(A)=FEH；执行“XRL　A,R1”指令后，(A)=76H。

若(P1)=35H，要使其变为 05H，可用如下逻辑指令实现。

```
ANL  P1,#0FH
```

使 P1 口中 P1.2、P1.3、P1.7 位清 0，其他位不变，指令如下。

```
ANL  P1,#01110011B
```

或

```
ANL  P1,73H
```

使 P1 口中的 P1.1、P1.4、P1.5 置 1，指令如下。

```
ORL  P1,#00110010B
```

或

```
ORL  P1,#32H
```

将累加器中的低 3 位送 P0 口，并使 P0 口高 5 位不变，指令如下。

```
ANL  A,#07H
ANL  P0,#0F8H
ORL  P0,A
```

要求 P1 口中的 0～4 位受 A 中 0～4 位控制，指令如下。

```
ANL  A,#1FH
ANL  P1,#0E0H
ORL  P1,A
```

对片内 RAM 78H 单元中的 1、3、5、7 位取反，指令如下。

```
MOV  A,#AAH
```

```
XRL  78H,A
```

（4）位操作数指令

位操作又称为布尔操作，它是指以位为单位进行的各种操作。在进行位操作时，以进位标志位 CY 作为位累加器。

在位操作中，位地址的表示形式有 4 种：①采用直接地址方式；②采用点操作符方式；③采用位名称方式；④采用伪指令定义方式。

注意：累加器 A 在作为一个字节使用时，用 A 表示；访问 A 中的位地址时，用 ACC.表示。

1）位变量传送指令，其汇编指令格式如下。

```
MOV  C,bit              ;(bit)→C
MOV  bit,C              ; C→(bit)
```

这两条指令的功能是实现地址单元与位累加器之间的数据传送。

例如，若(C)=1，(P3)=11000101B，(P1)=00110101B，执行以下指令。

```
MOV  P1.3,C
MOV  C,P3.3
MOV  P1.2,C
```

则结果为(C)=0，P3 口内容不变，(P1)=00111001B。

2）位清 0 和置位传送指令，其汇编指令格式如下。

```
CLR  C                  ;(bit)→C
CLR  bit                ; C→(bit)
```

这两条指令的功能是实现地址单元与位累加器的清 0。

```
SETB  C                 ;1→(bit)
SETB  bit               ;1→C
```

这两条指令的功能是实现地址单元与位累加器的置位（即置 1）。

3）位逻辑运算指令，其汇编指令格式如下。

```
ANL  C,bit              ;(C)∧(bit)→C
ANL  C,/bit             ;(C)∧bit 取反→C
```

这两条指令的功能是实现位地址单元的内容或取反后的值与位累加器的内容相与，并将操作结果送位累加器 C 中。

```
ORL  C,bit              ;(C)∨(bit)→C
ORL  C,/bit             ;(C)∨bit 取反→C
```

这两条指令的功能是实现位地址单元的内容或者取反后的值与位累加器的内容相或，并将操作结果送位累加器 C 中。

```
CPL  C          ;(C)取反→C
```

```
CPL  bit           ;bit 取反→bit
```

这两条指令的功能是实现位累加器的内容或位地址单元的内容的取反。

例如，用位操作指令可实现以下逻辑操作（要求不得改变未涉及的位的内容）。

① 使 ACC.0 置位：“SETB　ACC.0”指令。

② 使 ACC.2 复位：“CLR　ACC.2”指令。

4）位条件转移指令。

① 判位变量转移指令，其汇编指令格式如下。

```
JB  bit,rel        ;(PC)+3→PC。(bit)=1,则(PC)+rel→PC;(bit)=0,则顺序执行
JNB  bit,rel       ;(PC)+3→PC。(bit)=0,则(PC)+rel→PC;(bit)=1,则顺序执行
```

这组指令的功能是分别对指定位进行检测，当(bit)=1 或(bit)=0 时，程序转向目标地址；否则，顺序执行下一条指令。对该位进行检测时，不影响原变量值，也不影响标志位。

② 判 CY 转移指令，其汇编指令格式如下。

```
JC  rel            ;(PC)+2→PC。(CY)=1,则(PC)+rel→PC;(CY)=0,则顺序执行
JNC  rel           ;(PC)+2→PC。(CY)=0,则(PC)+rel→PC;(CY)=1,则顺序执行
```

这组指令的功能是分别对进位标志位 CY 进行检测，当 CY=1 或 CY=0 时，程序转向目标地址；否则，顺序执行下一条指令。

```
JBC bit,rel        ;(PC)+3→PC。(bit)=1,则(PC)+rel→PC,0→bit;(bit)=0
                   ;则顺序执行
```

该指令的功能是对指定位进行检测，若(bit)=1，则将该位清 0，程序转向目标地址执行；否则，顺序执行下一条指令。无论该位原为何值，在进行检测后即清 0。

例如，试判断累加器中数的正负，若为正数，则存入 20H 单元；若为负数，则存入 21H 单元。

```
START:JB  ACC.7,LOOP   ;累加器符号位为1,转至 LOOP
      MOV  20H,A       ;否则为正数,存入 20H 单元
      RET              ;返回
LOOP:MOV  21H,A        ;负数存入 21H 单元
     RET               ;返回
```

（5）控制转移类指令

一般情况下，程序的执行是按顺序进行的，但也可以根据需要改变程序的执行顺序，这种情况称为程序转移，控制程序转移需要利用转移指令。MCS-51 系列单片机的转移指令有无条件转移指令和条件转移指令。

1）无条件转移指令。当程序执行到该指令时，程序无条件转移到指令所提供的地址处执行。

① 绝对转移指令，其汇编指令格式如下。

```
AJMP  addr11          ;(PC)+2→PC,addr11→PC10～PC0,PC15～PC11 不变
```

这是 2KB 范围内的无条件转移指令。AJMP 把 MCS-51 系列单片机的 64KB 程序存储器空间划分为 32 个区，每个区为 2KB，转移目标地址必须与 AJMP 下一条指令的第一字节在同一 2KB 范围内（即转移目标地址必须与 AJMP 下一条指令的地址 addr15～11 相同），否则，将引起混乱。若 AJMP 正好落在区底的两个单元内，程序即转移到下一个区中，此时不会出现问题。本指令是为了能与 MCS-48 系列单片机的 JMP 兼容而设的。

执行该指令时，先将 PC 加 2，然后将 addr11 送入 PC10～PC0，PC15～PC11 不变，程序转移到指定的地方。

② 长转移指令，其汇编指令格式如下。

```
LJMP  addr16          ;addr16→PC
```

该指令的功能是将指令的第二、三字节地址码分别装入程序计数器 PC 的高 8 位和低 8 位中，程序无条件地转移到指定的目标地址去执行。LJMP 指令提供的是 16 位地址，因此程序可以转向 64KB 的程序存储器地址空间的任何单元。

③ 短转移指令，其汇编指令格式如下。

```
SJMP  rel             ;(PC)+2→PC,(PC)+rel→PC
```

其中，rel 是一个带符号的偏移量，其范围为-128～+127，负数表示反向转移，正数表示正向转移。该指令为双字节指令，执行时先将 PC 内容加 2，再加相对偏移地址 rel，即得到转移目标地址。

④ 间接转移指令，其汇编指令格式如下。

```
JMP  @A+DPTR          ;(A)+DPTR→PC
```

该指令的功能是把累加器中 8 位无符号数与数据指针 DPTR 的 16 位数相加，其结果作为转移地址送入 PC，指令的执行过程不改变累加器和数据指针 DPTR 的内容，也不影响标志位。

例如，执行下列程序：

```
MOV  DPTR,#TABLE
JMP  @A+DPTR
TABLE:AJMP  ROUT0
      AJMP  ROUT1
      AJMP  ROUT2
      AJMP  ROUT3
```

当(A)=00H 时，程序将转到 ROUT0 处执行；当(A)=02H 时，程序将转到 ROUT1 处执行，其余依次类推。

2）条件转移指令。条件转移指令是根据给出的条件进行检测，条件满足时转移（相当于一条相对转移指令），条件不满足时按顺序执行下面一条指令。转移的目标地址以下一条指令地址为中心，在256B范围内（-128~+127）进行。

① 累加器A判0转移指令，其汇编指令格式如下。

```
JZ  rel   ;(PC)+2→PC。若(A)=00H,则(PC)+rel→PC;若(A)≠0,程序顺序执行
JNZ  rel  ;(PC)+2→PC。若(A)≠0,则(PC)+rel→PC;若(A)=00H,程序顺序执行
```

这两条指令的功能是对累加器A中的内容是否为0进行检测并转移。

② 比较不相等转移指令，其汇编指令格式如下。

```
CJNE  A,direct,rel      ;(PC)+3→PC,若(direct)<(A),则(PC)+rel→PC且
                        ;(CY)=0;若(direct)>(A),则(PC)+rel→PC且(CY)=1
                        ;若(direct)=(A),则顺序执行,且(CY)=0
CJNE  A,#data,rel       ;(PC)+3→PC,若#data <(A),则(PC)+rel→PC且(CY)=0
                        ;若#data >(A),则(PC)+rel→PC且(CY)=1
                        ;若#data =(A),则顺序执行,且(CY)=0
CJNE  Rn,#data,rel      ;(PC)+3→PC,若#data <(Rn),则(PC)+rel→PC且
                        ;(CY)=0;若#data >(Rn),则(PC)+rel→PC且(CY)=1
                        ;若#data=(Rn),则顺序执行,且(CY)=0
CJNE  @Ri,#data,rel     ;(PC)+3→PC,若#data <((Ri)),则(PC)+rel→PC且
                        ;(CY)=0;若#data >((Ri)),则(PC)+rel→PC且(CY)=1
                        ;若#data =((Ri)),则顺序执行,且(CY)=0
```

这组指令的功能是对指定的目的字节和源字节进行比较，若它们的值不相等则转移，转移的目标地址为当前的PC值加3后再加指令的第三字节偏移量rel；若目的字节的内容大于源字节的内容，则进位标志清0；若目的字节的内容小于源字节的内容，则进位标志置1；若目的字节的内容等于源字节的内容，程序将继续向下执行，则进位标志清0。

③ 减1不为0转移指令，其汇编指令格式如下。

```
DJNZ  Rn,rel            ;(PC)+2→PC,(Rn)-1→Rn,当(Rn)≠0时,(PC)+rel→PC
                        ;当(Rn)=0时,程序顺序执行
DJNZ  direct,rel        ;(PC)+2→PC,(direct)-1→direct,当(direct)≠0时
                        ;(PC)+rel→PC;当(direct)=0时,程序顺序执行
```

这组指令的功能是将源操作数（Rn、direct）减1，并将结果回送到源操作数寄存器或存储器中。如果结果不为0则转移，否则，向下执行。该指令可以用作程序循环计数器。

④ 调用子程序指令。

a．绝对调用指令，其汇编指令格式如下。

```
ACALL  addr11           ;(PC)+2→PC,(SP)+1→SP,(PC7～0)→(SP);(SP)+1→SP
                        ;(PC15～8)→(SP);addr10～0→PC10～0,PC15～11不变
```

该指令是2KB范围内调用子程序的指令。执行时先把PC加2获得下一条指令地址，将子程序返回地址压入堆栈中保护，即栈指针SP加1，PCL进栈，SP再加1，PCH进栈。最后把PC的高5位和addr10～0连接获得子程序入口地址并送入PC，转向执行子程序。所调用的子程序地址必须与ACALL指令下一条指令的第一字节在同一个2KB区内，否则，将引起程序转移混乱。如果ACALL指令正好落在区底的两个单元内，则程序转移到下一个区中。这是因为在执行调用操作之前PC先加2。这条指令与AJMP类似，是为了与MCS-48系列单片机中的CALL指令兼容而设的。指令的执行不影响标志位。

b．长调用指令，其汇编指令格式如下。

```
LCALL  addr16     ;(PC)+3→PC,(SP)+1→SP,(PC7～0)→(SP);(SP)+1→SP
                  ;(PC15～8)→(SP);addr15～0→PC
```

该条指令无条件调用位于指定地址的子程序。它首先使程序计数器加3获得下条指令的地址并把它压入堆栈（先低位字节后高位字节），同时使栈指针加2。然后将指令的第二、三字节（addr15～8、addr7～0）分别装入PC的高位字节和低位字节中，最后从PC中指出的地址开始执行程序。LCALL指令可以调用64KB范围内程序存储器中的任何一个子程序，执行后不影响任何标志位。

⑤ 子程序的返回指令，其汇编指令格式如下。

```
RET      ;((SP))→(PC15～8),(SP)-1→SP,((SP))→(PC7～0),(SP)-1→SP
```

RET指令是子程序返回指令。当程序执行到本指令时，表示结束子程序的执行，返回调用指令（ACALL或LCALL）的下一条指令处（断点）继续往下执行。因此，它的主要操作是将栈顶的断点地址送入PC中。于是，从子程序返回主程序继续执行。

⑥ 中断返回指令，其汇编指令格式如下：

```
RETI     ;((SP))→(PC15～8),(SP)-1→SP,((SP))→(PC7～0),(SP)-1→SP
```

这条指令是中断返回指令。其功能和RET指令相似，不同的是清除MCS-51内部的中断状态标志。

⑦ 空操作指令，其汇编指令格式如下。

```
NOP      ;(PC)+1→PC
```

该指令是一条单字节指令，除PC+1外，不影响其他寄存器和标志位。NOP指令常用来产生一个机器周期的延时。

如图2.5所示，在P1.0～P1.3分别装有两个红灯和两个绿灯，红绿灯定时切换的程序如下。

```
START:MOV  A,#05H
SW:MOV  P1,A       ;切换红绿灯
   ACALL  DL
CH:CPL  A
```

```
    AJMP  SW
DL:MOV  R7,#0FFH
DL1:MOV  R5,#0FFH
DL2:DJNZ  R5,DL2
    DJNZ  R7,DL1
    RET
```

当上述程序执行到“ACALL DL”指令时，程序转移到子程序 DL，执行到子程序的 RET 指令后又返回到主程序的 CH 处。这样，CPU 将不断地在主程序和子程序之间转移，实现对红绿灯的定时切换。

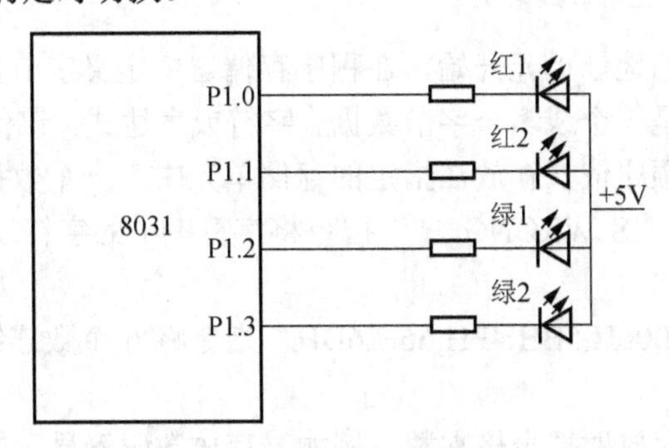

图 2.5 红绿灯与 P1 口连接图

4. 伪指令

MCS-51 单片机指令系统中每一条指令都是用意义明确的助记符来表示的。伪指令不是单片机执行的指令，没有对应的机器码，仅用来对汇编过程进行某种控制。伪指令是指汇编程序能够识别的汇编命令。标准的 8051 汇编程序定义的常用伪指令有以下几条。

（1）汇编起始伪指令

汇编起始伪指令 ORG（origin）用于设定程序或数据存储区的首地址。其格式为

```
[标号:] ORG  16 位地址
```

例如：

```
ORG  8000H
START:MOV A,#30H
…
```

该组指令规定第一条指令从地址 8000H 单元开始存放，标号 START 的值为 8000H。

通常，在一个汇编语言源程序的开始，都要设置一条 ORG 伪指令来指定该程序在存储器中存放的起始位置。若省略 ORG 伪指令，则该程序段从 0000H 单元开始存放。在一个源程序中，可以多次使用 ORG 伪指令，以规定不同程序段或数据段存放的首地址，但要求 16 位地址值由小到大依序排列，不允许空间重叠。

（2）汇编结束伪指令

汇编结束伪指令 END 是汇编语言源程序结束的伪指令。其汇编指令格式为

```
[标号:] END
```

其功能是表示汇编程序结束。在 END 语句后面的所有语句都不进行汇编。在一个程序中，只允许出现一条 END 语句，应放在程序的末尾。

（3）字节数据定义伪指令

字节数据定义伪指令 DB（define byte）的汇编指令格式为

```
[标号:] DB  8 位字节数据表
```

其功能是从标号指定的地址单元开始，在程序存储器中定义字节数据。

字节数据表可以是一个或多个字节数据、字符或表达式。该伪指令将字节数据表中的数据按从左到右的顺序依次存放在指定的存储单元中。一个数据占一个存储单元。

例如，“DB　IT　"IS WRONG！"”指令将字符串中的字符以 ASCII 码的形式存放在连续的 ROM 单元中。

又如，“DB　3FH,06H,5BH,4FH,66H,6DH”指令将 6 个数连续地存放在 6 个 ROM 单元中。

该伪指令常用于存放数据表格常数。例如，存放数码管显示的十六进制的字形码，可以用多条伪指令完成，具体如下。

```
DB  C0H,F9H,A4H,B0H,99H,92H,82H,F8H
DB  80H,90H,88H,83H,C6H,A1H,86H,84H
```

（4）字数据定义伪指令

字数据定义伪指令的汇编指令格式为

```
[标号:] DW  16 位字数据表
```

该指令的功能是从标号指定的地址单元开始，在程序存储器中定义字数据。

该伪指令将字数据表中的数据按从左到右的顺序依次存放在指定的存储单元中。应特别注意，对于 16 位的二进制数，高 8 位存放在低地址单元，低 8 位存放在高地址单元。

例如：

```
ORG 1000H
TABLE:DW  8D41H,78H
       ...
```

汇编后(1000H)=8DH，(1001H)=41H，(1002H)=00H，(1003H)=78H。

（5）空间定义伪指令

空间定义伪指令的汇编指令格式为

```
[标号:] DS  表达式
```

该指令的功能是从标号指定的地址单元开始，在程序存储器中保留由表达式所指定个数的存储单元作为备用的空间，并均填以零值。

例如：

```
ORG 1000H
DS  05H
DB  11H,22H,33H
```

以上伪指令经汇编后从 1000H 单元开始，保留 5B 的存储单元，从 1005H 单元开始连续存放 11H、22H、33H 的代码。

注意：对于 MCS-51 系列单片机，DB、DW、DS 伪指令只能用于程序存储器而不能用于数据存储器。

（6）赋值伪指令

赋值伪指令的汇编指令格式为

```
符号名 EQU 表达式符号名=表达式
```

该指令的功能是将表达式的值或特定的某个汇编符号定义为一个指定的符号名。例如：

```
LEN  EQU  10
SUM  EQU  21H
BLOCK  EQU  22H
CLR  A
MOV  R7,#LEN
MOV  R0,#BLOCK
LOOP:ADD  A,@R0
INC  R0
DJNZ  R7,LOOP
MOV  SUM,A
END
```

该程序是将 BLOCK 单元开始存放的 10 个无符号数进行求和，并将结果存入 SUM 单元中。

（7）数据地址赋值伪指令

数据地址赋值伪指令的汇编格式为

```
DATA  表达式
```

该指令的功能是将由表达式指定的数据地址或代码地址赋予规定的标号。它和 EQU 伪指令的不同之处如下。

① DATA 伪指令带有的字符名称可以先使用，后定义。

② DATA 伪指令后只能跟表达式或数据，而不能跟汇编符号。

③ DATA 伪指令可将一个表达式赋给一个字符名称，所有由 DATA 定义的字符名称也可以出现在表达式中，而由 EQU 定义的字符则不能这样使用。

④ DATA 伪指令在程序中常用于定义数据地址。

⑤ DATA 语句一般放在程序的开头或末尾。

（8）位地址符号定义伪指令

位地址符号定义伪指令的汇编格式为

```
[字符名称] BIT [位地址]
```

其功能是将位地址赋给指定的符号名。例如：

```
ST  BIT  P1.0
A1  BIT  03H
```

其功能是将 P1.0 的位地址赋给符号名 ST，03H 值赋给 A1，在其后的编程中可以用 ST 代替 P1.0 使用，而 A1 的值为位地址 03H。

任务分析

由图 2.1 可知，各引脚输出“0”时，对应的 LED 点亮，按照 P2.0→P2.1→…→P2.7→P2.0 的顺序依次向各引脚输出“0”，运用端口输出指令“MOV P2,A”或“MOV P2,#data”，即可完成任务要求。

参考程序如下。

```
ORG  0000H
LJMP  START
ORG  0030H
START:MOV  R2,#8
       MOV  A,#0FEH
LOOP:MOV  P1,A
     LCALL  DELAY
     RL  A
     DJNZ  R2,LOOP
     SJMP  START
DELAY:MOV  R5,#20
DEL1:MOV  R6,#200
DEL2:MOV  R7,#124
     DJNZ  R7,$
     DJNZ  R6,DEL2
     DJNZ  R5,DE1
RET
END
```

任务准备

计算机、Proteus 软件、Keil 软件等。

任务实施

1. 熟悉任务

根据任务分析，掌握相关知识，了解任务的相关要求。

2. 软件编程及编译

在计算机中打开编程软件（如 Proteus 或 Keil C51），输入参考程序，并编译直至没有错误，生成.hex 文件。

3. 仿真验证

使用 Proteus 软件运行生成的.hex 文件，验证程序效果，观察运行情况。

结论

利用 MCS-51 单片机及 8 个 LED 等器件构成一个流水灯电路，能进一步熟悉 MCS-51 单片机外部引脚线路的连接，掌握常用的 MCS-51 单片机指令，学习简单的编程方法，掌握单片机全系统调试的过程及方法。

练　习　题

一、简答题

1．用指令实现下列数据传送。

（1）R7 内容传送到 R4。

（2）片内 RAM 20H 单元送内部 RAM 40H 单元。

（3）片外 RAM 20H 单元内容送内部 RAM 30H。

（4）ROM 2000H 单元内容送 R2。

（5）片外 RAM 3456H 的内容送外部 RAM 78H 单元。

（6）片外 ROM 2000H 单元内容送外部 20H 单元。

（7）片外 RAM 2040H 单元与 3040H 单元内容交换。

（8）将片内数据存储器 20H～23H 单元中的内容传送至片外数据存储器 3000H～3003H 单元。

2．试用 3 种方法将累加器 A 中的无符号数乘 2。

3．若(SP)=25H，(PC)=2345H，LABEL 代表的地址为 3456H，试判断下面两条指令是否正确，并说明原因。

（1）LCALL　LABEL。

（2）ACALL　LABEL。

二、程序设计题

1．编写程序，将累加器 ACC.4 与 80H 相与的结果通过 P1.4 输出。

2．编写程序，将片内 RAM 中 55H 单元内容的高 4 位清 0，第 4 位置 1。

3．编程程序，将片外 RAM 中 3000H 单元内容的奇数位求反，偶数位不变。

4．编写程序，进行两个 16 位数相减：6F5DH-134BH，结果存储于片内 RAM 30H 和 31H 单元中，30H 存储于高 8 位。

5．编写程序，当(A)>=10H 时，调用子程序 PROG1；当(A)=10H 时，调用子程序 PROG2。

任务 2.2　设计交通灯模拟控制系统

任务目标

掌握运用指令进行编程的技巧，并根据设计要求搭建简单交通信号灯的模拟控制系统并编程、调试出效果。培养学生良好的沟通能力和计划组织能力。

任务描述

设计一个简单交通灯模拟控制系统，用 Proteus 软件绘制电路图，如图 2.6 所示。假设晶振频率为 12MHz，实现用 P1 口控制 6 个 LED，模拟一个简单十字路口交通灯的工作，东西向与南北向的红、绿、黄灯各一个。

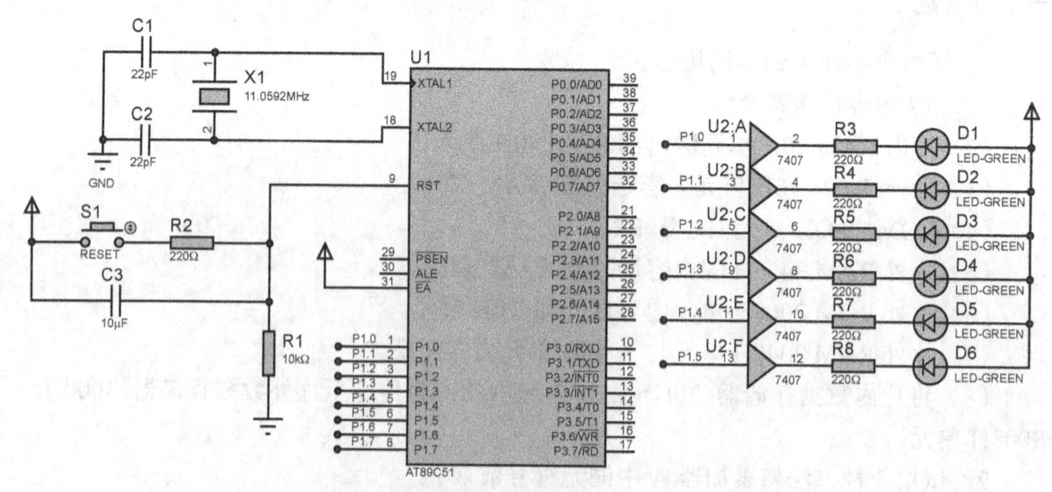

图 2.6　简单交通灯模拟控制系统电路图

交通灯的工作规律如下。十字路口是东西南北走向，每一时刻每个方向只能有一个灯亮，初始状态 ST0 为东西方向和南北方向均红灯亮，1s 后转入状态 ST1，南北方向绿灯亮、东西方向红灯亮，延时 20s 后转入状态 ST2，南北方向黄灯亮、东西方向红灯亮，

5s 后转入状态 ST3，东西方向绿灯亮、南北方向红灯亮，20s 后转入状态 ST4，东西方向黄灯亮、南北方向红灯亮，5s 后转入状态 ST1，如此顺序循环。

相关知识

了解 MCS-51 系列单片机的硬件结构和指令系统后，要利用它们去完成程序设计工作。程序设计是指为了解决某一个问题，将指令有序地组合在一起。程序有简有繁，有些复杂程序往往由简单的基本程序构成。程序设计是一个重要的环节，它是根据实际问题的要求和单片机的特点，采用适当的算法，合理地利用指令系统中的指令编写程序的过程。单片机应用系统通常采用汇编语言编写程序。采用汇编语言编写程序的过程称为汇编语言程序设计。下面介绍常用的程序设计方法。

1. 汇编语言程序设计概述

（1）汇编语言程序设计的步骤

1）分析问题。对要解决的问题进行分析，以求对问题有正确的理解。例如，分析解决问题的方法、具体的工作过程、现有的条件、已知的数据、对精度和速度的要求，设计的硬件结构是否方便编程等。

2）确定算法。在明确要解决问题的各种要求和指令系统的特点后，对多种可能方案进行分析比较，挑选出最佳方案。

3）绘制程序流程图。为了直观地表示解决问题的思路、步骤、方法，充分表达程序的设计方法，将问题与程序联系起来，体现出程序的基本结构、整体和部分之间的关系，常常采用绘制程序流程图的方法，使程序便于阅读、理解，也便于从中查找错误。

程序流程图又称程序框图，由一些简单的线条和符号组成。常用的程序流程图符号如图 2.7 所示。

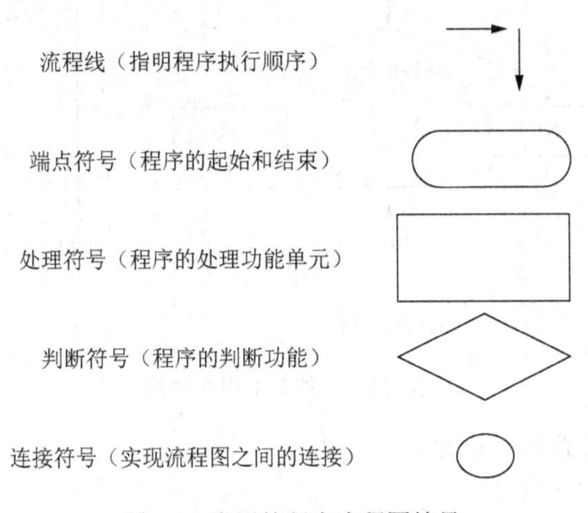

图 2.7　常用的程序流程图符号

4）分配内存单元。分配内存工作单元，确定程序和数据区的首地址。

5）编写汇编语言源程序。根据确定的算法及程序流程图，并结合所选用的指令系统编写相应的汇编语言源程序。编写程序时，力求简单明了、层次清晰。

6）调试汇编语言程序。将编写好的源程序输入单片机并试运行，根据运行的结果来判断程序是否正确，从而为修改程序提供依据并优化程序。

（2）汇编语言程序设计的注意事项

在采用汇编语言进行程序设计的过程中，应注意以下事项。

1）尽量采用循环结构和子程序，以减少程序的总容量，提高程序的效率，节省内存。

2）尽量少使用无条件转移指令，以使程序条理更加清晰，从而减少错误。

3）对于通用子程序，要考虑保护现场。由于子程序的通用性，除了保护子程序入口参数的寄存器内容外，对于子程序中用到的其他寄存器内容也应进栈保护。

4）对于中断处理，除了保护处理程序中用到的寄存器外，还要保护程序状态字。在中断服务程序中难免会对程序状态字产生影响，如果程序状态字被改变，当中断服务程序执行结束返回主程序时，整个程序的执行会被打乱。

5）充分利用累加器。累加器是主程序和子程序之间进行信息传递的枢纽，利用累加器传递入口参数或返回参数比较方便。在子程序中，一般不将累加器内容压入堆栈。

2. 基本结构程序设计

汇编语言程序设计中普遍采用结构化程序设计方法。这种设计方法的主要依据是任何复杂的程序都可由顺序结构、分支结构和循环结构等构成，每种结构只有一个入口和出口，整个程序也只有一个入口和出口，如图 2.8 所示。结构程序设计的特点是程序的结构清晰，易于读写、验证，可靠性高。

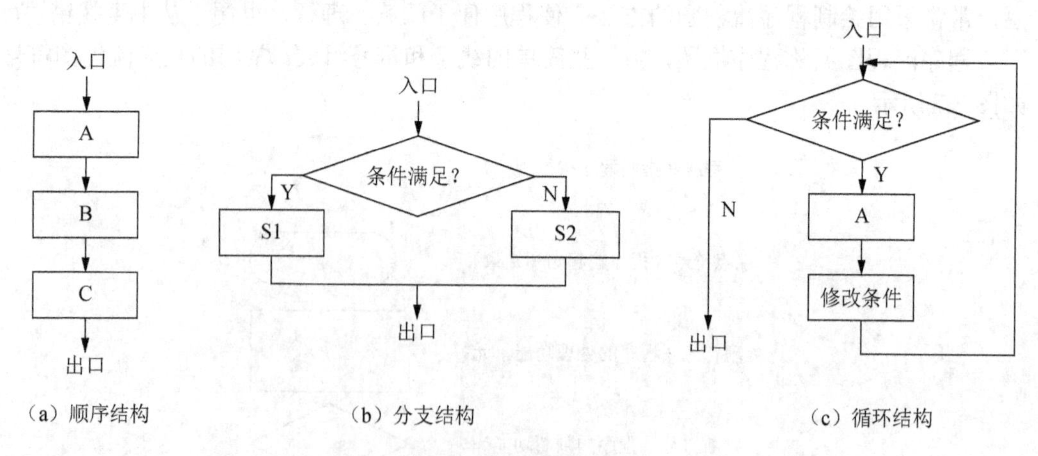

图 2.8　3 种基本程序结构

下面介绍 3 种结构程序设计。

（1）顺序结构程序设计

1）顺序结构。顺序结构是程序结构中最简单的一种，若用程序设计语言表达该结构，则是一个语句接着一个语句执行；若用程序流程图表示该结构，则是一个处理框紧接着一个处理框。顺序结构如图 2.8（a）所示。

2）顺序结构程序设计及举例。

【例 2.1】将片外数据存储器中 2040H 的内容拆成两段，其高 4 位存入 2041H 单元的低 4 位，其低 4 位存入 2042H 单元的低 4 位。

解：程序流程图如图 2.9 所示。

根据程序流程图设计程序如下。

```
START: MOV  DPTR,#2040H
       MOVX  A,@DPTR     ;取数送入A
       MOV  R0,A         ;数据暂存于R0
       SWAP  A           ;(A)的高、低4位互换
       ANL  A,#0FH       ;分离出(A)的高4位
       INC  DPTR
       MOVX  @DPTR,A     ;将分离结果送入2041H单元
       MOV  A,R0         ;重新取数
       ANL  A,#0FH       ;分离出(A)的低4位
       INC  DPTR
       MOVX  @DPTR,A     ;将分离结果送入2042H单元
       END
```

【例 2.2】设数 a 存放在 R1 中，数 b 存放在 R2 中，计算 $y=a^2-b$，并将结果放入 R4 和 R5 中。

解：y 的值为 16 位，因此在存放结果时，可按高字节对应高地址，低字节对应低地址的方式进行存放，程序流程图如图 2.10 所示。

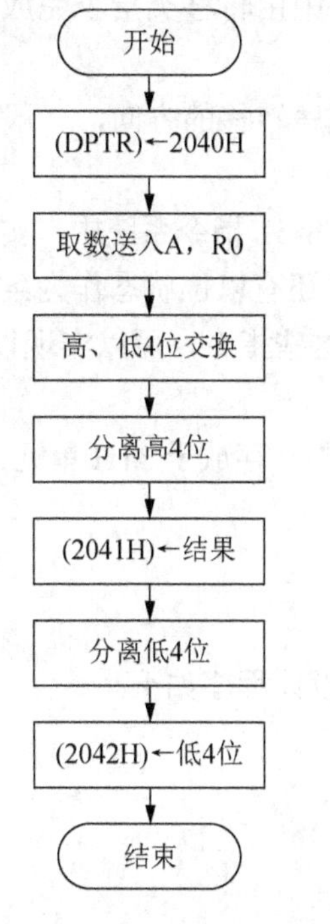

图 2.9　例 2.1 的程序流程图

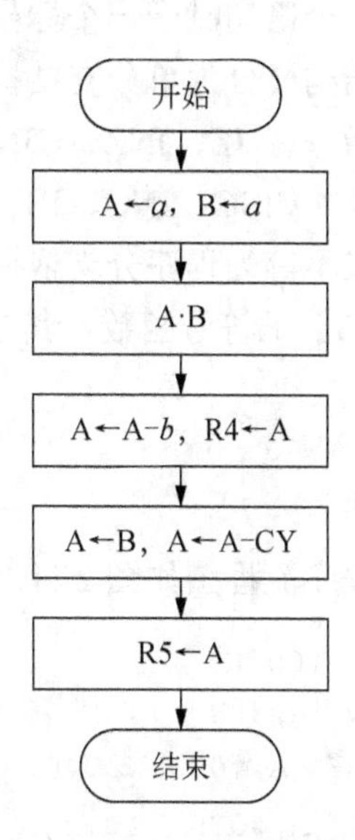

图 2.10　例 2.2 的程序流程图

根据程序流程图设计的程序如下。

```
MOV  A,R1              ;A←a
MOV  B,A               ;B←a
MUL  AB                ;计算 a*a
CLR  C
SUBB  A,R2             ;a*a 低 8 位减 b
MOV  R4,A              ;结果低 8 位送 R4
MOV  A,B               ;a*a 高 8 位送 A
SUBB  A,#00H           ;a*a 高 8 位减 00H
MOV  R5,A              ;a*a 结果高 8 位送 R5
END                    ;结束
```

（2）分支结构程序设计

仅由顺序结构构成的程序比较简单，应用范围有限，在实际问题中，往往需要计算机对某种情况做出判断，再根据判断结果进行相应的处理。通常，计算机依据某些运算结果来判断和选择程序的不同走向，即形成分支。因此，在形成分支时，一般要有测试、转向和标志 3 个部分。分支结构如图 2.8（b）所示。

1）测试。通过对 PSW 中各位状态的测试，或者通过对指定的单元或指定的寄存器的某位或某些位或全部位的测试，判断某条件是否成立，决定是否转移，形成分支。MCS-51 系列单片机指令系统中的条件转移类指令具有这种测试功能，可采用该类指令来实现测试。

2）转向。程序的走向由测试结果决定。在源程序中由转移类指令完成程序转向，在流程图中以菱形逻辑框表示程序的走向。

3）标志。赋予每个程序分支一个标志，以表明程序转移的方向，一般给分支程序转向的第 1 个语句赋予一个标号，作为此分支的标志。

分支结构又分为单分支结构和多分支结构。在 MCS-51 指令系统中，实现单分支程序转移的指令有 JZ、JNZ、CJNE 和 DJNZ 等。此外，还有以位状态作为条件进行程序分支的指令，如 JC、JNC、JB、JNB 和 JBC 等。使用这些指令，可以实现以 0、1、正、负、相等或不等为程序分支依据的分支结构。

【例 2.3】求符号函数，其中 x 在 30H 单元，将结果 y 存放于 31H 单元。

$$y=\begin{cases}1, x>0\\0, x=0\\-1, x<0\end{cases}$$

解：程序流程图如图 2.11 所示。根据程序流程图设计程序如下。

```
ORG 1000H
MOV  A,30H             ;取 x
CJNE  A,#00H,N2        ;若 x≠0，则转 N2
MOV  A,#00H
```

```
AJMP  L2                ;若 x=0,则将 A 置为 0,转 L2
N2:JB  ACC.7,M2         ;判断 x 是否为负数,若是则转 M2
   MOV  A,#01H          ;若 x 不为负数,则将 A 置为 01H
   AJMP  L2
M2:MOV  A,#81H          ;若 x 为负数,则将 A 置为-1
L2:MOV  31H,A           ;A 送结果单元
END
```

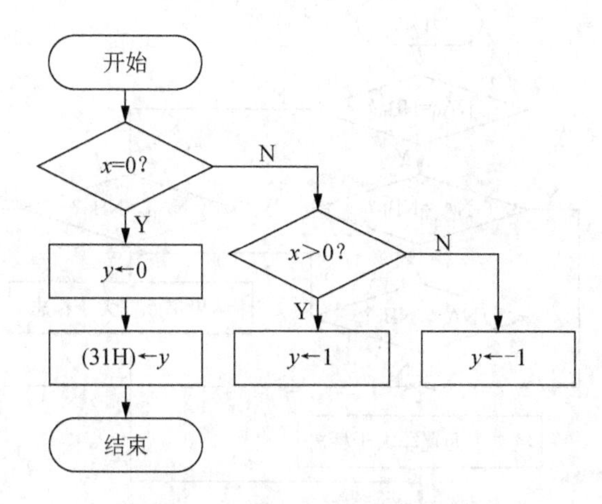

图 2.11　例 2.3 的程序流程图

【例 2.4】设有两个 16 位无符号数 NA、NB，分别存放于 8031 单片机片内 RAM 的 40H、41H 及 50H、51H 单元中。当 NA>NB 时，将片内 RAM 的 42H 单元清 0；否则，将该单元置为全 1，试编写实现此功能的程序。

解：MCS-51 系列单片机指令系统中没有 16 位比较指令，只能使用 8 位比较指令。因此，应先比较两数的高 8 位，若 NA 的高 8 位大于 NB 的高 8 位，则说明 NA>NB，将片内 RAM 的 42H 单元清 0；若 NA 的高 8 位小于 NB 的高 8 位，则说明 NA<NB，将 42H 单元置为全 1；若 NA 的高 8 位等于 NB 的高 8 位，则再比较两数的低 8 位，具体处理与高 8 位相同。其程序流程图如图 2.12（a）所示。相应程序如下。

```
ORG 1000H
START1:MOV  A,50H       ;取 NB 高 8 位
       CJNE  A,40H,SUB1 ;比较 NA 的高 8 位和 NB 的高 8 位,若不相等,则转 SUB1
       MOV  A,51H       ;若高 8 位相等,则取 NB 的低 8 位
       CJNE  A,41H,SUB1 ;比较 NA 的低 8 位和 NB 的低 8 位,若不相等,则转 SUB1
       SJMP SUB2        ;若 NA=NB,则转 SUB2
SUB1:JC  SUB3           ;若 NA>NB,则转 SUB3
SUB2:MOV  42H,#0FFH     ;若 NA≤NB,则置非大于标志
     SJMP  DONE
SUB3:MOV  42H,#00H      ;若 NA>NB,则置大于标志
DONE:RET
     END
```

在程序中应尽量少使用无条件转移指令，以使程序结构紧凑且易阅读、理解。因此，对于类似的程序设计，在程序初始化时可假设某条件成立，而将某寄存器（或存储单元）置为相应的状态，若判断结果与假设相同，则将该寄存器（或存储单元）的内容送结果单元；若判断结果与假设相反，则修改该寄存器（或存储单元）中的内容，然后将其送结果单元，按此思路绘制的程序流程图如图 2.12（b）所示。根据此思路可将上述程序修改为如下程序。

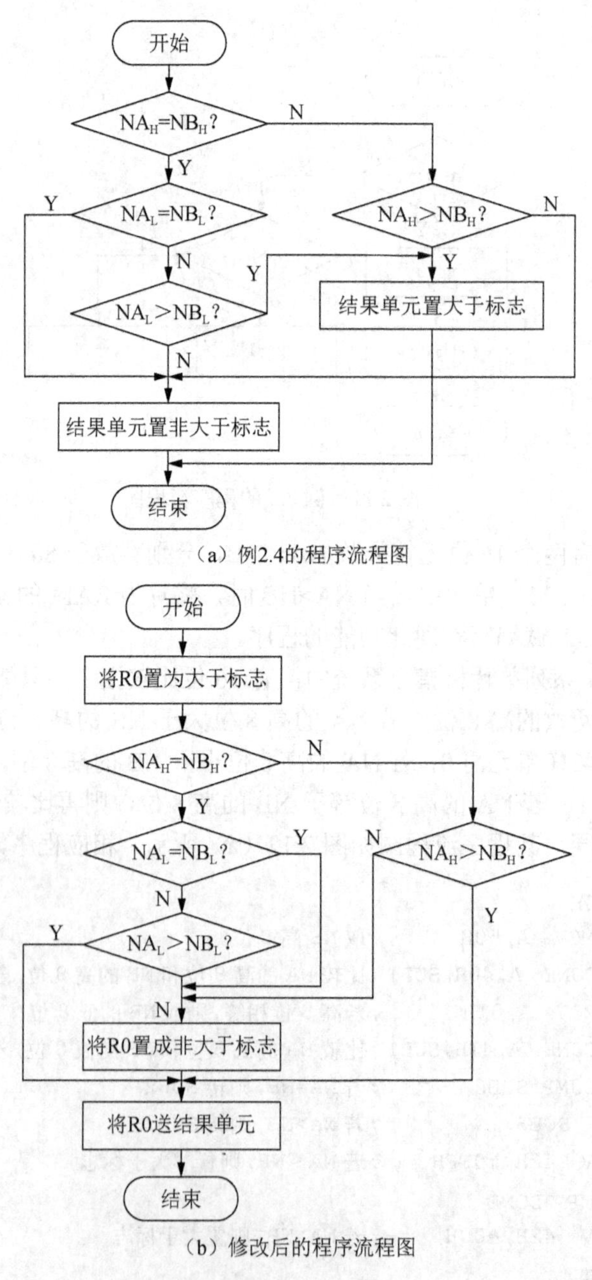

（a）例2.4的程序流程图

（b）修改后的程序流程图

图 2.12　比较两个无符号数大小的流程图

```
      ORG 1000H
START2:MOV  R0,#00H      ;将 R0 置为大于标志
      MOV  A,50H
      CJNE  A,40H,SUB1
      MOV  A,51H
      CJNE  A,41H,SUB1
      SJMP  SUB2
SUB1:JC  SUB3
SUB2:MOV  R0,#0FFH       ;将 R0 置为非大于标志
SUB3:MOV  42H,R0
     END
```

比较两个程序可以发现，后者比前者少使用一条无条件转移指令而且易于理解、阅读。

散转程序的功能是根据某一输入变量或运算结果的值，转向各个不同的处理程序入口，它是多路分支程序中的一种。MCS-51 系列单片机指令系统中的“JMP @A+DPTR”指令作为散转指令，可方便地实现多路分支。下面介绍一种常用的键盘处理散转程序。

某单片机应用系统有 16 个键，经键盘扫描程序得到某个键的键码值（00H～0FH）存放于 R7 中，16 个键的键处理程序入口地址分别为 KEY1、KEY2、…、KEY16。

因此，可先在程序存储器中建立一张转移表，按 A 的值从小到大的顺序从地址 TAB 开始，每 3 个单元写入一条相应的无条件转移指令，即 LJMP　KEY1、LJMP　KEY2、…、LJMP　KEY16，则转移表在程序如下。

```
EXAMP:MOV  A,R7          ;(A)←键码
      ADD  A,R7
      ADD  A,R7          ;(A)←(A)*3
      MOV  DPTR,#TAB
      JMP  @A+DPTR       ;散转
TAB:LJMP  KEY0           ;转向第 1 个键的处理程序
    LJMP  KEY1           ;转向第 2 个键的处理程序
    …
    LJMP  KEY16          ;转向第 16 个键的处理程序
```

（3）循环结构程序设计

顺序结构程序和分支结构程序中的指令一般只执行一次。在实际应用系统中，同一组操作往往要重复执行许多次，这种有规律可循又反复处理的问题，可以采用循环结构的程序来解决。这样可以使程序简短，占用内存少，运行效率高，但采用循环结构并不能节省程序执行的时间。

1）循环程序的结构。循环程序可分为单循环程序和多循环程序，其结构形式分别如图 2.13 所示。单循环程序是将对循环控制条件的判断放在循环的入口，先判断循环控制条件，满足条件则执行循环体，否则退出循环。多循环程序则是先执行循环体，然后判断循环控制条件。

一般来说，如果有循环次数等于 0 的可能则应选择前面一种结构，否则应选择后一种结构。无论哪种结构形式，循环程序均由如下 3 部分组成。

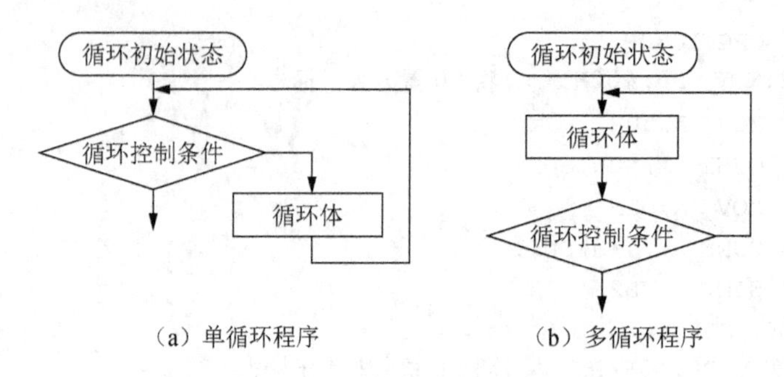

（a）单循环程序　　（b）多循环程序

图 2.13　循环程序的两种结构形式

① 初始化部分。程序在进入循环部分前，应对各循环变量、其他变量和常量赋初值。为循环做必要的准备工作。

② 循环体部分。循环体部分由重复执行部分和循环控制部分组成。它是循环程序的主体，又称为循环体。值得注意的是每执行一次循环后，必须为下一次循环创造条件，如对数据指针、循环计数器等循环变量进行修改，然后判断循环控制条件，满足循环控制条件则继续执行循环，不满足则退出循环，以实现对循环的判断和控制。

③ 结束部分。结束部分用来存放和分析循环程序的处理结果。循环程序的关键是对各循环变量的修改和控制，尤其是循环次数的控制。一般在一些实际的系统中，若循环的循环次数已知，可以用计数器来控制循环，若循环的循环次数未知，可以按问题的条件来控制循环。

2）循环程序的设计。

① 单循环。循环程序中不包含其循环的循环称为单循环。循环终止控制一般采用计数方法，即用一个寄存器作为循环次数计数器，每循环一次后加 1 或减 1，达到终止数值后循环停止。对于 MCS-51 系列单片机，可以用 DJNZ 指令来实现计数方法的循环终止控制，工作寄存器 R0～R7 和片内 RAM 均可作为循环计数器，但累加器 A 不能作为循环计数器。

【例 2.5】 编写程序完成计算：$Y=\sum_{i=1}^{n} X_i$。设 n=10，X_i 顺序存放于片内 RAM 从 50H 开始的连续单元中，所求的和存放于 R3 及 R4 中。

解： 根据 2.14（a）所示的程序流程图，设计程序如下。

```
NSUN:MOV  R2,#10          ;数组长度送 R2
     MOV  R3,#0           ;(R3)清 0
     MOV  R4,#0           ;(R4)清 0
     MOV  R0,#50H         ;数据块首地址送 R0
LOOP:MOV  A,R4
     ADD  A,@R0
     MOV  R4,A            ;和数的低字节送 R4
     CLR  A
     ADDC  A,R3
     MOV  R3,A            ;和数的高字节送 R3
     INC  R0              ;修改地址指针
```

```
        DJNZ  R2,LOOP       ;数据未加完,则继续执行
        RET
```

程序中用 R2 作为减法计数器，也可用加法计数器来控制循环，程序流程图如图 2.14（b）所示。

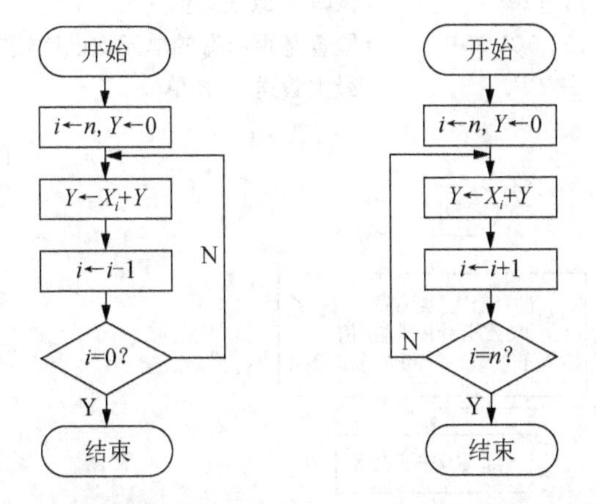

（a）用减法计数器控制循环　　（b）用加法计数器控制循环

图 2.14　求 N 个单字节数据和程序流程图

【例 2.6】设有一带符号的数组存放于 8031 单片机片内 RAM 以 20H 为首地址的连续单元中，其长度为 90，要求找出其中的最大数并将其存放于片内 RAM 的 1FH 单元中，试编写相应的程序。

解：首先将第 1 个单元中的内容送入 A，然后从第 2 个单元起依次将其内容 X 与 A 比较，若 X>A，则将 X 送入 A；若 A>X，则 A 值不变。操作完毕，则 A 中为该数组中的最大数。这里需要解决如何判别两个带符号数 A、X 的大小，通常采用的方法为判断 A、X 是否同号。若两者同号，则进行 A−X 操作。若差>0，则 A>X；若差<0，则 A<X。若两者异号，则可判断 A（或 X）是否为正。若 A（或 X）为正，则 A（或 X）>X（或 A）；若 A（或 X）为负，则 A（或 X）<X（或 A）。相应的程序如下。相应的程序流程图如图 2.15 所示。

```
ORG  1000H
SCMPMA:MOV  R0,#20H         ;取数指针 R0 赋初值
       MOV  B,#59H          ;循环计数器 B 赋初值
       MOV  A,@R0           ;第 1 个数送入 A
SCLOOP:INC  R0              ;修改指针
       MOV  R1,A            ;暂存
       XRL  A,@R0           ;判断两数是否同号
       JB   ACC.7,RESLAT    ;若 A、X 异号,则转 RESLAT
       MOV  A,R1            ;若 A、X 同号,则恢复 A 原来的值
       CLR  C               ;C 清 0
       SUBB  A,@R0          ;两数相减,判断两数的大小
       JNB  ACC.7,SMEXT1    ;若 A 为大,则转 SMEXT1
CXAHER:MOV  A,@R0           ;若 A 为小,则将大数送入 A
```

```
        LJMP  SMEXT2
RESLAT:XRL  A,@R0          ;恢复A原来的值
        JNB  ACC.7,SMEXT2  ;若A为正,则转SMEXT2
        LJMP  CXAHER       ;若A为负,则转CXAHER
SMEXT1:ADD  A,@R0          ;恢复A原来的值
SMEXT2:DJNZ  B,SCLOOP      ;检查是否所有的单元均已比较完
        MOV  1FH,A         ;最大数送1FH单元
        END
```

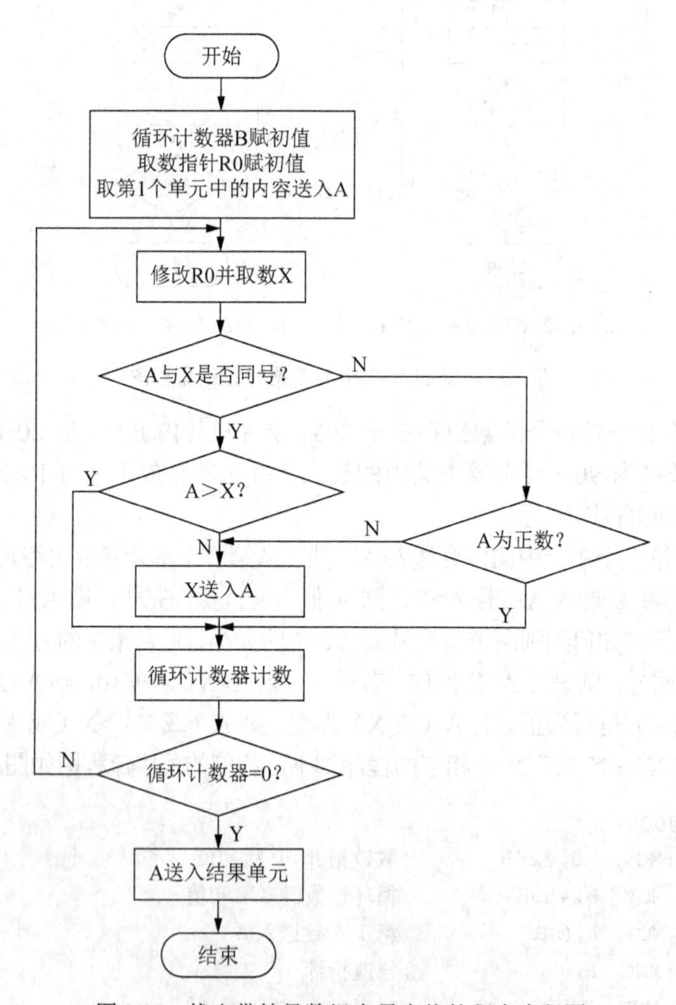

图 2.15　找出带符号数组中最大值的程序流程图

② 多重循环。多重循环程序中嵌套有其他循环的循环称为多重循环。利用机器指令周期进行延时是典型的多重循环程序。

【例 2.7】 延时 50ms 子程序，设晶振频率为 12MHz。

解：在系统晶振频率确定后，延时时间主要与两个因素有关：一是循环体（内循环）中指令执行的时间；二是外循环变量（时间常数）的设置。

已知晶振频率为 12MHz，机器周期为 1μs，执行一条“DJNZ　Rn,rel”指令的时间

为 2μs，则延时 50ms 的子程序如下。

```
DEL:MOV R7,#200          ;TM=1μs
DEL1:MOV R6,#123
     NOP                  ;2TM=2μs
DEL2:DJNZ R6,DEL2        ;(2×123+2)×TM=248μs
     DJNZ R7,DEL1         ;[(248+2)×200+1]×TM=50.001ms
     RET
```

【例 2.8】在片外 RAM 中 BLOCK 开始的单元中有一无符号数据块，其长度存入 LEN(n)单元，试将这些无符号数按从大到小的顺序排列，并存入原存储区。

解：处理此问题要利用双重循环，在内循环中将相邻两数进行比较，若符合从大到小的顺序则不动，否则两数交换。这样两两比较，比较 n-1 次后，所有的数都比较与交换完毕，最小数排在最后，在下一个内循环中将减少一次比较与交换。此时，若未发生交换，说明这些数是按从大到小的顺序排列的，则可结束程序；否则，进行下一个循环。如此反复的比较与交换，每次内循环的最小数都沉底（下一内循环将减少一次比较与交换）而较大的数一个个冒上来，因此这种排序程序称为冒泡程序。

用 P2 口作为数据地址指针的高位字节地址，R0 和 R1 作为相邻两单元的低字节地址，R5 和 R6 作外循环与内循环计数器，PSW 的 F0 作为交换标志。程序流程图如图 2.16 所示。

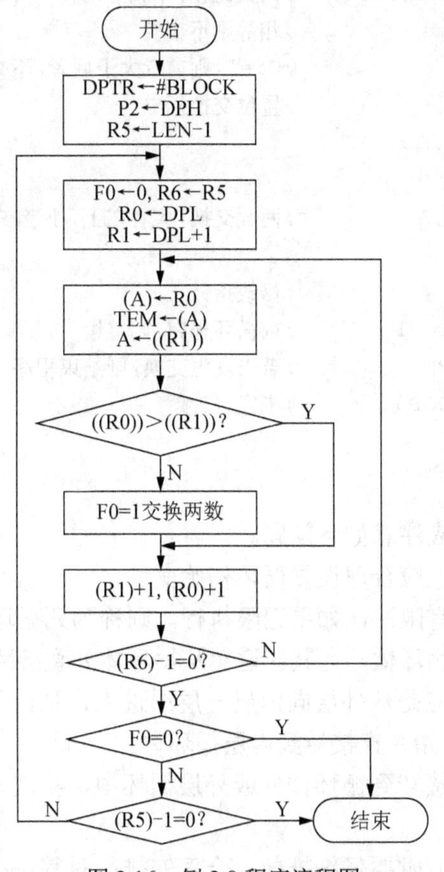

图 2.16 例 2.8 程序流程图

参考程序如下。

```
ORG  2000H
BLOCK  DATA  2200H
LEN  DATA  56H
TEM  DATA  55H
MOV  DPTR,3BLOCK            ;置地址指针
MOV  P2,DPH                 ;P2 作为地址指针高字节
MOV  R5,LEN                 ;外循环计数赋初值
DEC  R5                     ;比较与交换 n-1 次
LOOP0:CLR  P0               ;交换标志清 0
      MOV  R0,DPL
      INC  DPL
      MOV  R1,DPL           ;相邻两数地址指针低字节
      MOV  R6,R5            ;内循环计数赋初值
LOOP1:MOVX  A,@R0           ;取数
      MOV  TEM,A            ;暂存
      MOVX  A,@R1           ;取下一个数
      CJNZ  A,TEM,NEXT      ;两数比较,不相等则转
      SJMP  NCH             ;相等则不交换
NEXT:JC  NCH                ;CY=1,则前者大于后者,不交换
     SETB  F0               ;置位交换标志
     MOVX  @R0,A
     XCH  A,TEM
     MOVX  @R1,A            ;两数交换,大者在上,小者在下
NCH:INC  R0
    INC  R1                 ;修改指针
    DJNZ  R6,LOOP1          ;内循环未完,则继续
    JNB  F0,HERE            ;若未发生交换,则结束程序
    DJNZ  R5,LOOP0          ;未完,继续
HERE:SJMP  HERE
     END
```

3）循环程序设计中应注意如下问题。

① 在进入循环之前，应合理设置循环初始变量。

② 循环体只能执行有限次，如果无限执行，则称为死循环，应尽量避免。

③ 不能破坏或修改循环体，尤其应避免从循环体外直接跳转到循环体内。

④ 多重循环的嵌套应是从外层向内层一层层进入，从内层向外层一层层退出。不能在外层循环中使用跳转指令直接转到内层循环体。

⑤ 循环体内可以直接转到循环体外或外层循环中，实现一个循环由多个条件控制结束的结构。

⑥ 对循环体进行编程时要仔细推敲，合理安排；对其进行优化时，应力求缩短执

行时间，其次是缩短程序的长度。

3. 子程序设计和参数传递

在实际应用中，经常会遇到在不同的程序中或在同一程序不同的地方，要求实现某些相同的操作，如代码转换、算术运算、数制转换、检索与排序、输入输出等。因此，可以将这个操作单独编成一个独立的程序段，这个独立的程序段称为子程序。将调用子程序的程序称为主程序。子程序也可以调用子程序，称为子程序嵌套。

主程序可在不同的位置通过子程序调用指令 LCALL 和 ACALL 多次调用子程序，又通过子程序中最后一条 RET 返回指令返回到主程序中的断点地址，继续执行主程序。

（1）子程序设计

1）注意事项。子程序在设计时应注意以下基本事项：

① 子程序命名。子程序的第一条指令应加标号，作为子程序的入口地址（即有唯一的名称），以便主程序正确地调用。子程序通常以 RET 指令作为结束，以便正确地返回主程序。

② 现场保护与恢复。调用子程序后，CPU 处理转到子程序，在转子程序前，CPU 有关寄存器和内存有关单元是主程序的现场信息，若此现场信息还有用处，则在调用子程序前要设法保护此现场信息。保护现场信息的方式很多，多数情况是在调用子程序后由子程序前部操作完成现场保护，再由子程序后部操作完成恢复。现场信息可以压栈或传送到不被占用的存储单元，也可以避开这些有用的寄存器或单元，以达到保护现场的目的。

恢复现场是保护现场的逆操作。当使用堆栈保护现场时，还应注意恢复现场的顺序不能出错，否则不能正确地恢复主程序的现场。

③ 参数的传递。参数传递是指主程序与子程序之间相关信息或数据的传递。在调用子程序时，主程序应先将有关参数（常称为入口参数）放到某些约定的位置，如寄存器、累加器 A 或堆栈等，子程序在运行时，从约定的位置取到有关参数。同样，子程序在运行结束前，也应将运行结果（常称为出口参数）送到约定位置，在返回主程序后，主程序可以从这些地方得到所需的结果，这个过程称为参数传递。

④ 子程序应具有通用性。为了使子程序具有通用性，子程序的操作对象通常采用寄存器或寄存器间接寻址等寻址方式，而不用立即寻址方式。

2）子程序设计实例。

【例 2.9】 计算 $c = a^2 + b^2$，设 a、b 分别存放于片内 RAM 的 40H、41H 单元中，将结果 c 存放于 RAM 的 42H 单元中。

解： 此题中可以两次利用子程序查找对应数据平方值表的方法算出 a^2 和 b^2，在主程序中完成 $a^2 + b^2$ 的计算。

程序如下。

```
ORG  1000H
STAR:MOV  R0,#40H        ;取出数 a 并送到 A
```

```
        MOV  A,@R0
        ACALL  SQR         ;计算 a*a 并送到 R1
        MOV  R1,A
        INC  R0
        MOV  A,@R0         ;取出数 b 并送到 A
        ACALL  SQR         ;计算 b*b 并置于 A 中
        ADD  A,R1          ;计算 a*a+b*b,结果放在 A 中
        INC  R0
        MOV  @R0,A         ;存放结果到指定单元 42H
        SJMP  $            ;等待
```

子程序：

```
    ORG  3000H
    SQR:INC  A             ;偏移量调整(RET 下一字符)
        MOVC  A,@A+PC      ;查平方值表
        RET
    TAB  DB  0,1,4,9,16,25
        DB  36,49,64,81,…
        END
```

子程序的调用地址（标号）为 SQR；入口参数为待求其平方值的数，在累加器 A 中；出口参数为查出的数据平均值，在累加器 A 中。

（2）参数传递

1）用工作寄存器或累加器传递参数。这种方法是指将入口参数或出口参数放在工作寄存器或累加器中。使用这种方法的优点是程序简单，运算速度高。其缺点是工作寄存器数量有限，不能传递大量数据；主程序必须先将数据送到工作寄存器中；参数个数固定，不能由主程序任意设置。

【例 2.10】将累加器 A 中的一个十六进制数的 ASCII 码字符转换为十六进制数并存放于 A 中。

解：根据十六进制数和它的 ASCII 码字符之间的关系，可得到如下程序。

```
    ;调用地址 ASCH
    ;入口参数:ASCII 码字符在累加器中
    ;出口参数:转换所得十六进制数在累加器 A 中
    ASCH:CLR  C
         SUBB  A,#30H       ;(A)←ASCII 码-30H
         CJNE  A,#10,AH9
    AH9:JC  AH10            ;若(A)<10(为数字),则返回
        SUBB A,#07H         ;若(A)>10(为字母),(A)←(A)-07H,得到字母的顺序
    AH10:RET
```

2）用指针寄存器来传递参数。由于数据一般存放在存储器中，而不是存放在工作

寄存器中，因此可用地址指针来表示数据的位置，以节省传递数据的工作量，并可实现可变长度计算，一般如果参数在片内 RAM 中，可用 R0 或 R1 作为指针；如果参数在片外 RAM 中，可用 DPTR 作为指针。可变长度运算时，可用一个寄存器来指出数据长度，也可在数据中指出其长度。

【例 2.11】 在 R2、R3 中输入源地址（如 0000H），R4、R5 中输入目的地址（如 2000H），R6、R7 中输入字节数（1FFFH），检查 0000H～1FFFH 中的内容是否和 2000H～3FFFH 中的内容完全一致。

解： 程序如下。

```
ORG  0000H
SUB1:MOV  DPL,R3
     MOV  DPH,R2          ;建立源程序首地址
     MOVX  A,@DPTR        ;取数
     MOV  DPL,R5
     MOV  DPH,R4          ;目的地首地址
     MOVX  @DPTR,A        ;传送
     CJNE  R3,#0FFH,MARK1
     INC  R2
MARK1:INC  R3             ;源地址加 1
      CJNE  R5,#0FFH,MARK2
      INC  R4
MARK2:INC  R5             ;目的地址加 1
      CJNE  R7,#00H,MARK3
      CJNE  R6,#00H,MARK4;字节数减 1
LOOP:SJMP  LOOP
     NOP
MARK3:DEC  R7
      SJMP  SUB1
MARK4:DEC  R7
      DEC  R6
      SJMP  SUB1          ;未完继续
      RET
```

3）利用堆栈传递参数。堆栈也可用于传递参数，调用时，主程序可用 PUSH 指令将参数压入堆栈中，之后子程序可按栈指针来间接访问堆栈中的参数，同时可将结果参数送回堆栈，返回主程序后，可用 POP 指令得到这些结果参数。这种方法的优点是程序简单，能传递大量参数，不必为特定的参数分配存储单元。

【例 2.12】 利用子程序 SUBASH 将十六进制数的 ASCII 码转换成相应的十六进制数。

解： 由 ASCII 码表可知，0～9 的 ASCII 码为 30H～39H，此时只要将 ASCII 码值减去 30H 即可得相应的十六进制数；而 0AH～0FH 的 ASCII 码为 41H～46H，此时要将 ASCII 码值减去 37H 才是相应的十六进制数。由于本程序是子程序，因此(SP)及(SP)−1 所指示的是返回地址，而(SP)−2 所指示的才是要转换的 ASCII 码。

子程序如下。

```
;子程序名称:SUBASH
;入口参数:被转换的十六进制数的ASCII码存放在(SP)-2所指单元中
;出口参数:转换后的十六进制数仍存放于原单元中
;所用寄存器:A,R0
SUBASH:MOV  R0,SP            ;SP值不能改变,否则不能正确返回
       DEC  R0
       DEC  R0
       XCH  A,@R0            ;从堆栈取出被转换的数送A
       CLR  C
       SUBB  A,#3AH          ;判断是否为0～9的ASCII码
       JC  ASCDTG            ;若是,则转ASCDIG
       SUBB  A,#07H          ;若否,则再减去7
       ASCDIG:ADD  A,#0AH    ;转换成十六进制数
       XCH  A,@R0            ;转换后的十六进制数压入堆栈
       RET
```

【例 2.13】设有 50 个十六进制数的 ASCII 码存放于 8031 单片机片内 RAM 以 30H 为首地址的连续单元中，要求将其转换成相应的十六进制数并存放到片外 RAM 以 100H 为首地址的 25 个连续单元中。根据上述要求，试编写 SUBASH 子程序的调用程序。

解：程序如下。

```
ORG  1000H
MAIN:MOV  R0,#2FH           ;取数指针R0赋初值
     MOV  DPTR,#0FFH        ;存数指针DPTR
     MOV  SP,#20H           ;SP赋初值
     MOV  B,#19H            ;循环计数器B赋初值
NELOOP:INC  R0              ;修改R0
      INC  DPTR             ;修改DPTR
      MOV  A,@R0            ;取被转换的ASCII码并压入堆栈
      PUSH  ACC
      ACALL  SUBASH         ;调用SUBASH子程序
      POP  1FH              ;相应的十六进制数送入1FH单元
      INC  R0               ;修改R0
      MOV  A,@R0            ;取被转换的ASCII码并压入堆栈
      PUSH  ACC
      ACALL  SUBASH         ;调用SUBASH子程序
      POP  ACC              ;相应的十六进制数送入A
      SWAP  A               ;装配成两个十六进制数
      ORL  A,1FH
      MOVX  @DPTR,A         ;送存储单元
      DJNZ  B,NELOOP        ;判断转换是否结束,若未完,则继续
      SJMP  $
```

4. 查表程序设计

查表程序是一种常用程序，它广泛应用于 LED 显示控制、打印机打印、计算、转换等功能程序中，具有程序简单、执行速度快等优点。

查表法是指将事先计算或测得的数据按一定顺序编制成数据表，并存放于计算机的程序存储中；而查表程序的任务是根据给定的条件或被测参数的值，从表中查出所需要的结果。

一般情况下，数据表格有两种排列方式：一种是无序表格（表中的元素随机存放），另一种是有序表格（表中的元素按其值大小顺序存放）。由于表的排列不同，查表的方法也可不同，如顺序查表、对分查表等。

（1）顺序查表法的程序设计

顺序查表法也称为线性查表法，是最基本和最简单的一种查表法。其表格的排列一般是无序的，查找的方法是从表格中的第一个元素开始比较，直到找到所要查找的关键字为止。在进行顺序查表时，应做好以下工作：表的首地址送入 PC 或 DPTR；表格的长度存放于某寄存器中；要查找的关键字存放于某一个内存单元中；用“CJNE A, direct,rel”指令进行。

【例 2.14】 输入一个 ASCII 码字符，要求按照输入的命令字符转去执行相应的处理程序。设命令字符为'A'、'B'、'C'、'E'、'G'、'I'、'Q'、'P'。对应的处理程序入口地址标号分别为 TAC、TBC、TCC、TEC、TGC、TIC、TQC 和 TPC。以 0 作为结束标志，同时也作为出错标志，将 SBUF 置 FFH，并且已知待查找的命令字符在 A 中。

解： 程序如下。

```
ORG  8000H
FIND1:MOV  DPTR,#FTAB1 ;取表头地址
       MOV  B,A
LOP1:CLR  A
      MOVC  A,@A+DPTR
      JZ  ERR1
      INC  DPTR
      CJNE A,B,FLN1
      CLR  A
      MOVC  A,@A+DPTR
      MOV  B,A            ;处理程序入口地址高 8 位暂存于 B
      INC  DPTR
      CLR  A
      MOVC  A,@A+DPTR     ;处理程序入口地址低 8 位暂存于 A
      MOV  DPL,A
      MOV  DPH,A
      CLR  A
      JMP  @A+DPTR
```

```
FLN1:INC  DPTR
     INC  DPTR
     SJMP  LOP1
ERR1:MOV  SBUF,#0FFH    ;出错处理
FTAB1:DB  'A'           ;ASCII 码 A
      DW  TAC
DB  'B'                 ;ASCII 码 B
      DW  TBC
DB  'C'                 ;ASCII 码 C
      DW  TCC
DB  'E'                 ;ASCII 码 E
      DW  TEC
DB  'G'                 ;ASCII 码 G
      DW  TGC
DB  'I'                 ;ASCII 码 I
      DW  TIC
DB  'P'                 ;ASCII 码 P
      DW  TPC
DB  'Q'                 ;ASCII 码 Q
      DW  TQC
DB    0                 ;表格结束标志
END
```

本例程序采用顺序查表法，将事先存放于 A 中的待查值称为关键字。表中存放的字符按 ASCII 码的大小顺序排序。表尾用 0 作为结束标志，因此表的前面部分为有序表，末尾为无序表。

（2）对分查表法的程序设计

对于有序表，可以用顺序查表法，也可以用对分查表法。

【例 2.15】设有一个数列 2，15，23，65，78，85，98 共 7 个数，n=7，数列序号为 0～6（n-1=6），要查找的数值为 65，存于 A 中，R2 为查找次数，开始时置 FFH。设 DPTR 为数列地址指针，R4 为区间上限，R5 为区间下限。

解：程序如下。

```
OGR  1000H
FNID2:MOV  R4,#0
      MOV  R5,#7
      MOV  R2,#01
      MOV  R3,A         ;关键字暂存于 R3
LOOP:MOV  DPTR,#TABLE
     MOV  A,R4
     ADD  A,R5
     CLR  C
     RRC  A             ;I=(R4+R5)/2
```

```
        MOV  R1,A
        CLR  C
        SUBB  A,R4          ;I与区间上限比较
        JZ  ERR             ;相等,未找到转出错
        MOV  A,R1
        DEC  A
        MOVC  A,@A+DPTR     ;取x1
        CLR C
        SUBB  A,R3          ;x1和关键字相比
        JZ  FNSH            ;相等,关键字找到
        JNC  BIG            ;x1>x;转移
        MOV  A,R1           ;x1<x,修改区间上限值
        MOV  R4,A
        INC  R2
        AJMP  LOOP
BIG:MOV  A,R1               ;修改区间下限值
    MOV  R5,A
    INC R2
    AJMP  LOOP
ERR:MOV  R2,#0FFH           ;置出错标志
FNSH:RET
TABLE:DB  2,15,23,65,78,85,98
END
```

5. 码制转换

在实际应用中人们习惯使用十进制数进行各种运算。计算机中常用的是二进制码、BCD码和ASCII码，在计算机内部只能用二进制数进行运算和处理，而输入/输出设备（如显示器、打印机等）常用ASCII码或BCD码。因此，在计算机应用系统中经常需要通过软件进行进制间的转换。

（1）二进制码与ASCII码的转换

【例2.16】 试编写一个将4位二进制数转换为ASCII码的子程序。

解： 对于小于或等于9的4位二进制数加30H即可得到相应的ASCII码，对于大于9的4位二进制数则应该加37H。设4位二进制数存放于R2中，转换后仍存放于R2中，其子程序如下。

```
BINASC:MOV  A,R2          ;取二进制数
       ADD  A,30H         ;加30H
       MOV  R2,A          ;暂存
       CLR  C
       SUBB  A,3AH        ;与3AH比较
       JC  NN             ;有借位,转移
       XCH  A,R2          ;无借位,说明原数大于9
       ADD  A,#07H        ;再加7
```

```
        MOV  R2,A          ;保存
NN:RET                     ;返回
```

【例 2.17】将一个 ASCII 码转换成二进制数。

解：待转换的 ASCII 码在 R2 中，转换后的结果也在 R2 中。对于小于或等于 9 的 ASCII 码减去 30H 即得 4 位二进制数，对于大于 9 的 ASCII 码再减去 7 即可。程序如下。

```
ASCBIN:MOV  A,R2           ;取ASCII码
        CLR  C
        SUBB  A,#30H       ;用ASCII码减去30H
        MOV  R2,A          ;存入R2
        SUBB  A,#0AH       ;再减去0AH,即与0AH比较
        JC  NN             ;有借位转移
        XCH  A,R2          ;无借位则恢复,即数在A~F范围内
        SUBB  A,#07        ;再减去7
        MOV  R2,A          ;存结果
NN:RET                     ;返回
```

（2）十六进制码与 ASCII 码的转换

二进制数与十六进制数有着直接的对应关系。此处仅介绍十六进制与 ASCII 码的转换。十六进制数与 ASCII 码的对应关系如表 2.2 所示。

表 2.2　十六进制数与 ASCII 码的对应关系

十六进制数	ASCII 码	十六进制数	ASCII 码	十六进制数	ASCII 码	十六进制数	ASCII 码
0	30H	4	34H	8	38H	C	43H
1	31H	5	35H	9	39H	D	44H
2	32H	6	36H	A	41H	E	45H
3	33H	7	37H	B	42H	F	46H

【例 2.18】将一位十六进制数转换成 ASCII 码。

解：设十六进制数存放于 R0 中，转换后的 ASCII 码存放于 R2 中。程序如下。

```
HTASC1:MOV  A,R0           ;取出4位二进制数
        ANL  A,#0FH
        PUSH  A            ;入栈
        CLR  C
        SUBB  A,0AH        ;4位二进制数减10
        POP  A             ;弹出原4位二进制数
        JC  LOOP           ;该数小于10,加30H
        ADD  A,#07H        ;大于等于10,加37H
LOOP:ADD  A,#30H
      MOV  R2,A            ;ASCII码存放于R2
      RET
```

【例 2.19】将多位十六进制数转换成 ASCII 码。

解：设地址指针 R0 指向十六进制数低位，R2 中存放字节数，转换后地址指针 R0 指向 ASCII 码的高位。程序如下。

```
HTASC:MOV  A,@R0        ;取出低 4 位二进制数
      ANL  A,#0FH
      ADD  A,#15
      MOVC  A,@A+PC     ;偏移量修正
      MOV  @R1,A        ;存 ASCII 码
      INC  R1
      MOV  A,@R0        ;取十六进制数的高 4 位
      SWAP  A
      ANL  A,#0FH
      ADD  A,#06H       ;偏移值修正
      MOVC  A,@A+PC
      MOV  @R1,A
      INC  R0           ;指向下一单元
      INC  R1
      DJNZ  R2,HTASC    ;ASCII 码放存于 R2
      RET
ASCTAB:DB  30H,31H,32H,33H,34H,35H,36H,37H
       DB 38H,39H,41H,42H,43H,44H,45H,46H
```

（3）二进制码与 BCD 码的转换

在计算机中，十进制数用 BCD 码表示。通常，用 4 位二进制数表示一位 BCD 码，用 1B 表示两位 BCD 码（称为压缩型 BCD 码）。

【例 2.20】 双字节二进制数转换成 BCD 码。

解：设（R2R3）为双字节二进制数，（R4R5R6）为转换完的压缩型 BCD 码。

十进制数 B 与一个 n 位的二进制数的关系可以表示为

$$B = b_{n-1} \times 2^{n-1} + b_{n-2} \times 2^{n-2} + \cdots + b_1 \times 2^1 + b_0$$

只要依十进制运算法则，将 $b_i (i = n-1, n-2, \cdots, 1, 0)$ 按权相加，即可得到对应的十进制数 B。程序如下。

```
DCDTH:CLR  A
      MOV  R4,A         ;R4 清 0
      MOV  R5,A         ;R5 清 0
      MOV  R6,A         ;R6 清 0
      MOV  R7,#16       ;计数初值
LOOP:CLR  C
     MOV  A,R3
     RLC  A
     MOV  R3,A          ;R3 左移一位并送回
     MOV  A,R2
     RLC  A
     MOV  R2,A          ;R2 左移一位并送回
```

```
        MOV  A,R6
        ADDC  A,R6
        DA  A
        MOV  R6,A            ;(R6)乘 2 并调整后送回
        MOV  A,R5
        ADDC  A,R5
        DA  A
        MOV  R5,A            ;(R5)乘 2 并调整后送回
        MOV  A,R4
        ADDC  A,R4
        DA  A
        MOV  R4,A            ;(R4)乘 2 并调整后送回
        DJNZ  R7,LOOP
        END
```

【例 2.21】将压缩的 4 位 BCD 码转换成二进制数。

解：由高位到低位逐位检查 BCD 码的数值，累加各十进制数对应的二进制数来实现。其中，1000D=03E8H，100D=0064H，依次类推。入口地址 R2R1 中是 4 位 BCD 码，其分配如下。

高位字节：千位数百位数　R2。

低位字节：十位数个位数　R1。

出口地址：高位字节为 21H，低位字节为 20H。程序如下。

```
BCDB2:MOV  20H,#00H     ;结果单元清 0
      MOV  21H,#00H
      MOV  R3,#0E8H     ;1000D 的二进制数 R4R3
      MOV  R4,#03H
      MOV  A,R2
      ANL  A,#0F0H      ;取千位数
      SWAP  A           ;将千位数移至低 4 位
      JZ  BRAN1         ;千位数为 0 则转移
LOOP1:DEC A
      ACALL  ADDT       ;千位数不为 0,加千位数的二进制码
      JNZ  LOOP1
BRAN1:MOV  R3,#64H      ;100 的二进制数送入 R4R3
      MOV  R4,#00H
      MOV  A,R2         ;取百位数
      ANL  A,#0FH
      JZ  BRAN2         ;百位数为 0 则转移
LOOP2:DEC  A
      ACALL  ADDT       ;百位数不为 0,加千位数的二进制码
      JNZ  LOOP2
BRAN2:MOV  R3,#0AH      ;10 的二进制数
      MOV  A,R1         ;取十位数
      ANL  A,#0F0H
```

```
        SWAP  A             ;将十位数移至低 4 位
        JZ  BRAN3           ;十位数为 0 则转移
  LOOP3:DEC  A
        ACALL  ADDT         ;加十位数的二进制码
        JNZ  LOOP3
  BRAN3:MOV  A,R1
        ANL  A,#0FH
        MOV  R3,A
        ACALL  ADDT         ;加个位数的二进制码
        RET
  ADDT:PUSH  PSW
       CLR  C
       MOV  A,20H           ;在 20H、21H 单元中累加转换结果
       ADD  A,R3
       MOV  20H,A
       MOV  A,21H
       ADDC  A,R4
       MOV  21H,A
       POP  PSW
       RET
```

任务分析

由图 2.6 可知，各 LED 在相应 P1 口引脚输出为 0 时发光，各阶段状态对应如表 2.3 所示。

表 2.3　各阶段状态对应表

接口	P1.7	P1.6	P1.5	P1.4	P1.3	P1.2	P1.1	P1.0	P1
状态	未用	未用	东西黄	东西绿	东西红	南北黄	南北绿	南北红	码值
ST0	1	1	1	1	0	1	1	0	0F6H
ST1	1	1	1	1	0	1	0	1	0F5H
ST2	1	1	1	1	0	0	1	1	0F3H
ST3	1	1	1	0	1	1	1	0	0EEH
ST4	1	1	0	1	1	1	1	0	0DEH

参考程序如下。

```
ORG  0000H
LJMP  START
ORG  0015H
START:MOV  SP,#50
ST0:MOV  A,#0F6H
     MOV  P1,A
     MOV  R2,#1
     LCALL  DELAY
```

```
ST1:MOV  A,#0F5H
    MOV  P1,A
    MOV  R2,#20
    LCALL  DELAY
ST2:MOV  A,#0F3H
    MOV  P1,A
    MOV  R2,#5
    LCALL  DELAY
ST3:MOV  A,#0EEH
    MOV  P1,A
    MOV  R2,#20
    LCALL  DELAY
ST4:MOV  A,#0DEH
    MOV  P1,A
    MOV  R2,#5
    LCALL  DELAY
    LJMP  ST1
DELAY:MOV  R7,#20
   D1:MOV  R6,#200
   D2:MOV  R5,#124
   DJNZ  R5,$
   DJNZ  R6,D2
   DJNZ  R7,D1
   DJNZ  R2,DELAY
RET
END
```

任务准备

计算机、Proteus 软件、Keil 软件等。

任务实施

1. 熟悉任务

根据任务分析，掌握相关知识，了解任务的相关要求。

2. 软件编程及编译

在计算机中打开编程软件（如 Proteus 或 Keil C51），输入参考程序，并将输入的程序编译至没有错误，生成.hex 文件。

3. 仿真验证

使用 Proteus 软件运行生成的.hex 文件，验证程序效果，观察运行情况。

结论

利用 MCS-51 单片机及 6 个 LED 等器件，构成一个简单交通灯模拟控制系统，可以进一步熟悉 MCS-51 单片机外部引脚线路的连接，学习 3 种基本结构程序的编程方法及子程序的设计方法，掌握单片机系统调试的过程及方法。

练　习　题

1．若有两个无符号数 x，y 分别存放在内部存储器 50H、51H 单元中，试编写一个程序实现 $10x+y$，结果存入 52H、53H 两个单元中。

2．若 8051 的晶振频率为 6MHz，试计算延时子程序的延时时间。

```
DELAY:MOV R7,#0F6H
LP:MOV R6,#0FAH
   DJNZ R6,$
   DJNZ R7,LP
   RET
```

3．试编程将片内 40H～60H 单元中的内容传送到以 2100H 为首地址的存储区。

4．片外 RAM 区从 3000H 单元开始存有 100B 的无符号数，找出最大的值并存入 3100H 单元，试编写程序。

5．从内部存储器 20H 单元开始，有 30 个数据。试编写一个程序，将其中的正数、负数分别送入 51H 和 71H 开始的存储单元，并分别记下正数、负数的个数送入 50H 和 70H 单元。

6．有一字符串存放于片内 RAM 以 20H 为首地址的连续单元中，字符串以“$”作为结束标志，要求统计出字符串中字符 B（'B'=42H）的个数，并送入片外 RAM 40H 单元中。

7．编程将片外 RAM 中以 2000H 为首地址的连续的 50 个单元中的无符号数，按照从大到小的顺序进行排序，排序后仍存放在以 2000H 为首地址的连续单元中。

8．若晶振频率为 6MHz，试编写延时 50ms 的延时程序。

9．设计一个循环灯系统。要求利用单片机的 P1 口驱动 8 个 LED。试编写程序，使这些 LED 每次只点亮一个，循环左移，一个接一个地点亮，循环不止。

10．设在片内 RAM 的 20H 单元中存放一数码，其值范围为 0～20，要求利用查表法求此数的平方值并将结果存入片外 RAM 的 20H、21H 单元中，试编写相应的程序。

项 目 小 结

本项目主要介绍了 MCS-51 系列单片机的寻址方式、指令系统、基本程序结构及汇编语言程序的编写。通过具体任务的实施，掌握 MCS-51 系列单片机汇编语言的基本指令，并能够完成不同程序结构的汇编程序的编写和调试。

项目 3　中断和定时/计数器的应用

学习目标

1. 熟悉 MCS-51 单片机中断和定时/计数器的基本概念。
2. 理解中断和定时/计数器的作用。
3. 了解中断响应的过程。
4. 熟悉 MCS-51 单片机中断系统和定时/计数器的组成。
5. 掌握 MCS-51 单片机中断系统和定时/计数器的编程方法。

任务 3.1　设计 3 人抢答器

微课：3 人抢答器的设计

任务目标

通过 3 人抢答器任务的具体实施，掌握 MCS-51 系列单片机中断系统的构成及中断相关的基本概念；理解中断响应的过程和中断控制相关寄存器的作用；掌握 MCS-51 系列单片机中断系统的程序设计及注意事项。

任务描述

抢答器是一种应用非常广泛的电子产品，在各种竞赛、抢答场合中，它能迅速、客观公正地选择出最先获得发言权的选手。本任务使用 MCS-51 系列单片机采用中断系统设计一个可供 3 人实现抢答功能的抢答器。抢答器设计以 MCS-51 系列单片机为核心，采用按键来实现抢答。系统主要包括 4 个按键（1 个主持按键和 3 个选手抢答按键）、1 个 LED、1 个数码管。在 Proteus 中绘制电路图，如图 3.1 所示。

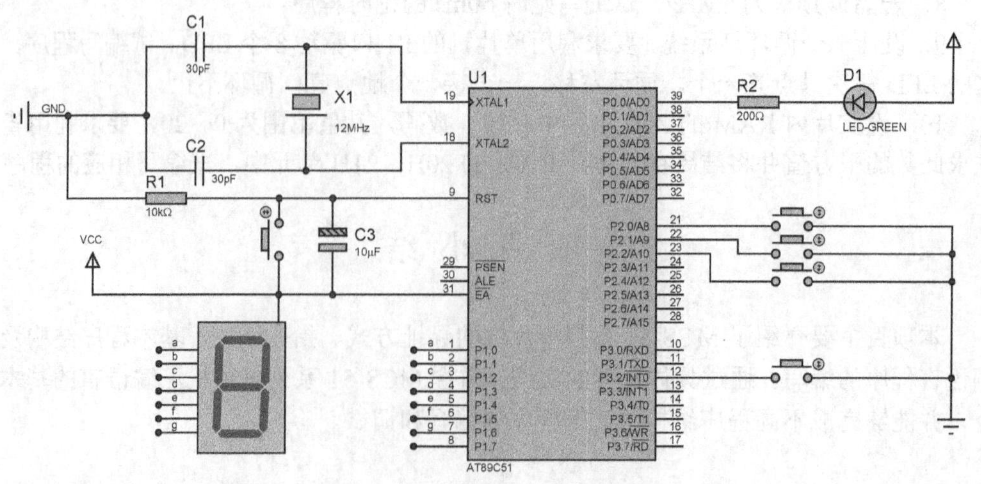

图 3.1　3 人抢答器电路原理图

具体实现功能如下。

1）系统加电工作后，LED 不断闪烁，代表已进入准备抢答阶段。

2）主持人没有按下“开始”键，不可抢答，即使抢答也无效。

3）主持人按下“开始”键后，LED 保持常亮，数码管显示“0”。

4）3 名选手可以按键抢答，当有选手先按键后，数码管显示选手编码（1～3）。

5）数码管显示 5s 后，系统恢复准备抢答状态，LED 继续闪烁，数码管显示“0”。

相关知识

1. 中断系统概述

微课：中断的过程

当 CPU 与外设交换信息时，高速的 CPU 和低速的外设之间存在速度矛盾。若采用软件查询的方式，CPU 会浪费较多的时间去等待外设。此外，对 CPU 外部随机或定时（如定时器发出的信号）出现的紧急事件，也常常需要 CPU 能立即响应。为解决上述问题，在计算机中采用了中断技术。

（1）中断的概念

当计算机执行正常程序时，若系统中出现了某些急需处理的异常情况或特殊请求，CPU 暂时中止现在正在执行的程序，转而去对随机发生的紧迫事件进行处理（执行中断服务程序），待该事件处理完毕，CPU 自动回到原来被中断的程序继续执行，这个过程称为中断。

我们生活中有很多中断的实例。例如，某同学正在图书馆中看书，突然电话响了，则该同学会在书上做个记号再出去接电话，接完电话后回到座位，找到原记号处继续往下看书。若有多个中断发生，则按照中断源的优先级别处理中断，中断还具有嵌套特性。例如，某同学看书时，突然电话响了，该同学在书上做个记号后去接电话，而当他拿起电话和对方通话时，门铃响了，则让对方稍等一下，然后去开门，并在门旁与来访者交谈，谈话结束，回到电话旁，拿起电话继续通话，通话完毕，挂断电话，从做记号的地方开始继续往下看书。其中，敲门的中断源比电话的中断源优先级别高，因此，出现了中断嵌套，即高级中断源可以打断低级中断源的中断服务程序，使 CPU 执行高级中断源的中断处理程序，直至该处理程序完毕，再返回继续执行低级中断源的中断服务程序，直至这个处理程序完毕，最后返回主程序。

中断之后所执行的处理程序通常称为中断服务程序或中断处理子程序，原来执行的程序称为主程序，主程序被中断的位置（地址）称为断点，引起中断的原因或能够发出中断申请的来源称为中断源，中断源要求服务的请求称为中断请求。中断请求通常是一种电信号，CPU 一旦对此信号进行检测和响应，便可自动转入该中断源的中断服务程序执行，并在执行完后自动返回原程序继续执行。由于中断源不同，中断服务程序的功能也不同，因此，中断又可看作 CPU 自动执行中断服务程序并返回原程序执行的过程。中断过程示意图如图 3.2 所示。

（2）中断的作用

中断的作用主要有以下几个方面。

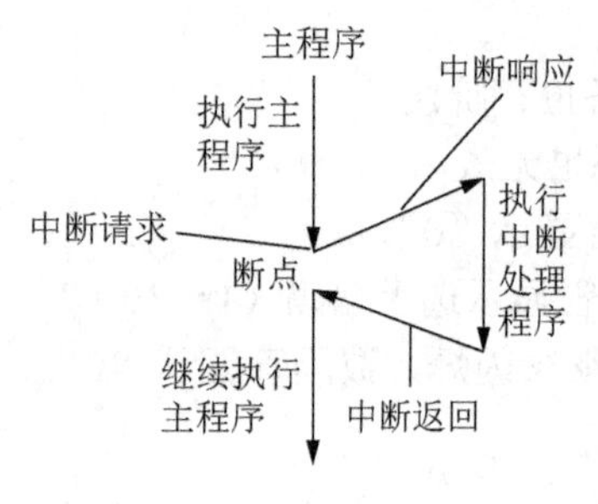

图 3.2　中断过程示意图

1）实现同步并行工作。

计算机具有中断功能后，该功能解决了快速 CPU 与低速外设之间的矛盾，可以使 CPU 和外设同时工作。CPU 启动外设后，继续执行主程序，同时外设也在工作。当外设将数据准备好后，就发出中断请求，请求 CPU 中断正在执行的程序，转去执行中断服务程序（如输入/输出处理），中断服务程序执行完后，CPU 恢复执行主程序，外设也继续工作。因此，CPU 可以指挥多个外设同时工作，从而大大提高了 CPU 的效率。

2）实现实时处理。

在实时控制系统中，为使控制系统保持在最佳工作状态，被控系统的各种控制参量可随时向计算机发出中断请求，要求 CPU 处理。对此，CPU 必须快速响应和及时处理，这种实时处理功能只有靠中断技术才能实现。

3）实现故障处理。

引入中断，便于及时发现突发故障（如硬件故障、运算错误、电源掉电、程序故障等），从而提高系统可靠性。若在运行过程中出现了事先无法预料的情况或故障，如电源掉电、存储出错、运算溢出、传输错误等，可以利用中断系统自行处理，而不必停机。

（3）中断源

在 MCS-51 系列单片机中，中断源主要有以下几种。

1）外设中断源。

外设主要为计算机输入和输出数据，所以它是最原始和最广泛的中断源。在作为中断源时，通常要求外设在输入或输出一个数据时能自动产生一个中断请求信号（如 TTL 高电平或 TTL 低电平），送到 CPU 的中断请求输入线 $\overline{\text{INT0}}$ 或 $\overline{\text{INT1}}$，以供 CPU 检测和响应。输入/输出设备（如键盘、打印机）都可以用作中断源。

2）被控对象中断源。

当计算机用于实时控制时，被控对象常常用作中断源，用于产生中断请求信号。例如，电压、电流、温度、压力、流量和流速等超越上限和下限，以及开关和继电器的闭合或断开等都可以作为中断源来产生中断请求信号，要求 CPU 通过执行中断服务程序来加以处理。因此，被控对象常常用作实时控制计算机的中断源。

3）故障中断源。

故障源是产生故障信息的来源，将它作为中断源可以使 CPU 以中断的方式对已发生的故障进行及时处理。计算机故障中断源有内部和外部之分：CPU 内部故障源引起内部中断，如除法中除数为零中断等；CPU 外部故障源引起外部中断，如掉电中断等。在掉电时，当电压降低到一定值，就发出中断申请，由计算机的中断系统响应中断并执行中断服务程序，保护现场和启用备用电源，以保存存储器中的信息。待电压恢复后继续执行掉电前的用户程序。

和上述 CPU 故障中断源相似，被控对象的故障源也可用作故障中断源，以便对被控对象进行应急处理，从而减少系统发生故障时的损失。

4）定时/计数脉冲中断源。

定时/计数脉冲中断源也有内部和外部之分。内部定时/计数脉冲中断是由单片机内部的定时/计数器溢出（全“1”变全“0”）时自动产生的；外部定时/计数脉冲中断是由外部定时脉冲通过CPU的中断请求输入线或定时/计数器的输入线引起的。

（4）中断系统的功能

中断系统是指能够实现中断功能的硬件电路和软件程序。对于MCS-51系列单片机，大部分中断电路集成在芯片内部，只有$\overline{INT0}$或$\overline{INT1}$中断输入线上的中断请求信号产生电路分散在各中断源电路和接口芯片里。MCS-51系列单片机中断系统如图3.3所示。

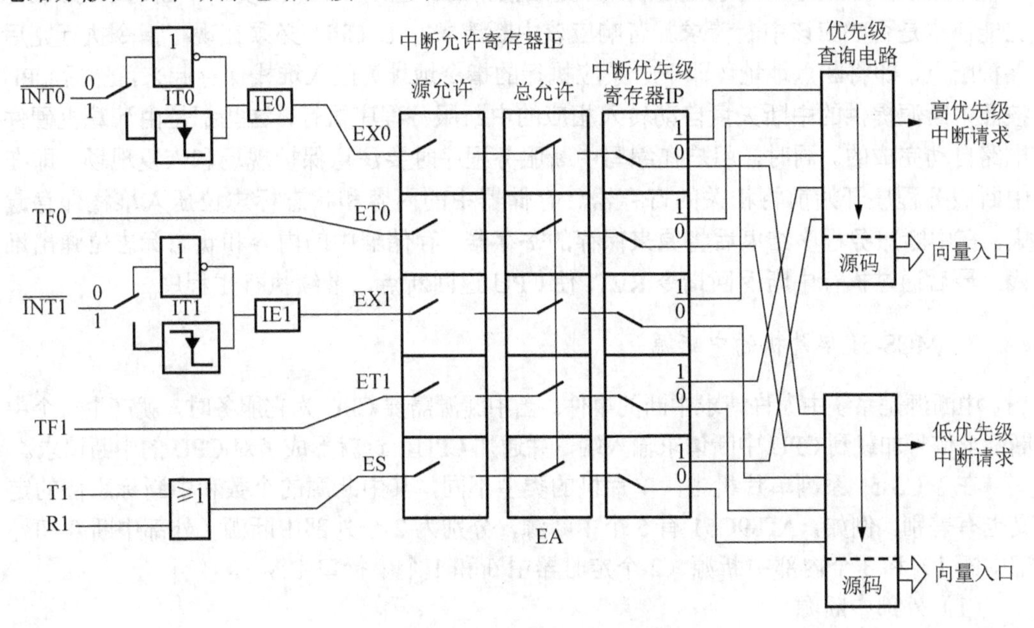

图3.3　MCS-51系列单片机中断系统

为满足上述各种情况下的中断要求，中断系统一般具有以下功能。

1）进行中断优先权排队。

通常请求下，在单片机应用系统中有多个中断源，可能会出现多个中断源同时提出中断请求的情况，CPU应能找到优先级别最高的中断源，首先响应它的中断请求，在优先级别最高的中断源处理完之后，再去响应优先级别较低的中断请求。计算机按中断源优先级别高低逐次响应中断的过程称为优先权排队，这个过程可以通过硬件电路来实现，也可以通过软件查询来实现。

2）实现中断嵌套。

当CPU响应某一中断源的中断请求进行中断处理时，若有优先级别更高的中断源发出中断请求，则CPU中断正在执行的中断服务程序，并保留这个程序的断点，然后响应高级中断，待处理完高级中断后，再继续执行被中断的中断服务程序，这个过程称为中断嵌套。如果发出新中断请求的中断源的优先级别与正在处理的中断源同级或更低，则CPU暂时不响应该中断请求，直至正在处理的中断服务程序执行完后，才去处理新的中断请求。

MCS-51 系列单片机对中断优先级的处理原则如下。

① 不同级的中断源同时申请中断时，先处理高优先级后，处理低优先级。

② 正在处理低级中断却收到高级中断请求时，停止处理低级中断转而处理高级中断。

③ 正在处理高级中断却收到低级中断请求时，不响应低级中断请求。

④ 同一级的中断源同时申请中断时，通过内部查询按自然优先级顺序确定应响应哪个中断请求。

3）自动响应中断并返回。

中断源产生的中断请求是随机的、无法预料的。当某一中断源发出中断请求时，CPU 应能决定是否响应该中断请求。若响应该中断请求，则 CPU 必须在现行指令执行完后保护断点，即将断点地址（即下一条应执行的指令地址）压入堆栈保存起来，然后 CPU 按照中断源提供的中断矢量自动转入相应的中断服务程序执行，这些都是由计算机硬件电路自动完成的。同时，用户在编写中断服务程序时要注意保护现场和恢复现场，即在中断服务程序开始前将相关的寄存器、存储器中的内容和状态标志位压入堆栈保存起来，在中断服务程序结束后将原来保存的寄存器、存储器中的内容和状态标志位弹出堆栈。最后通过执行中断返回指令 RETI 使 CPU 返回断点，继续执行主程序。

2. MCS-51 单片机的中断源

中断源是系统中允许请求中断的事件。当中断源需要 CPU 为它服务时，就产生一个中断请求信号加载到 CPU 中断请求输入端，并通知 CPU，这就形成了对 CPU 的中断请求。

在 MCS-51 系列单片机中，单片机的类型不同，其中断源的个数和中断标志位的定义也有差别。例如，AT89C51 有 5 个中断源，分别为 2 个外部中断源（外部中断 0 和外部中断 1）和 3 个内部中断源（2 个定时器中断和 1 个串行口中断）。

（1）外部中断源

AT89C51 的外部中断 0 和外部中断 1 的中断请求信号分别由引脚 $\overline{\text{INT0}}$ (P3.2)和 $\overline{\text{INT1}}$ (P3.3)引入。

外部中断请求有电平触发方式和边沿触发方式两种信号方式，可以通过有关寄存器控制位的定义进行设定。电平触发方式是低电平有效。在此方式下，单片机在中断请求输入端（$\overline{\text{INT0}}$ 和 $\overline{\text{INT1}}$）上采样到有效的低电平时，激活外部中断。边沿触发方式是脉冲的负跳变有效。在此方式下，CPU 在两个相邻机器周期对中断请求引入端进行采样，如果前一次检测为高电平，后一次检测为低电平，即为有效的中断请求。

（2）定时器中断源

定时器中断是一种内部中断，是为满足定时或计数的需要而设置的。AT89C51 内部有两个 16 位的定时/计数器，可以实现定时和计数功能。这两个定时/计数器在内部定时脉冲或从 T0/T1 引脚输入的计数脉冲作用下发生溢出（从全“1”变为全“0”）时，即向 CPU 提出溢出中断请求，以表明定时时间到或计数值已满。定时器中断常用于需要定时控制的场合。

（3）串行口中断源

串行口中断也是一种内部中断，它是为满足数据的串行传送需要而设置的。串行口中断分为串行口发送中断和串行口接收中断两种。当串行口发送或接收完一组数据时，它会自动向CPU发出串行口中断请求。

当某中断源的中断请求被CPU响应之后，CPU会将此中断源的入口地址装入程序计数器PC中，中断服务程序即从此地址开始执行。此地址称为中断入口地址，也称为中断矢量。在AT89C51单片机中，各中断源与中断入口的对应关系如表3.1所示。

表3.1　中断向量表

中断源	入口地址
外部中断0	0003H
定时/计数器T0溢出	000BH
外部中断1	0013H
定时/计数器T1溢出	001BH
串行口中断	0023H

3. MCS-51系列单片机的中断控制

MCS-51系列单片机设置了一些寄存器供用户使用和控制中断系统。与中断有关的寄存器共有4个，分别为定时器控制寄存器TCON、串行口控制寄存器SCON、中断允许控制寄存器IE和中断优先级控制寄存器IP。这4个控制寄存器均属于专用寄存器。

（1）定时器控制寄存器

定时器控制寄存器的单元地址为88H，位地址为88H～8FH，其内容及位地址如表3.2所示。

表3.2　定时器控制寄存器的内容及位地址

位地址	8FH	8EH	8DH	8CH	8BH	8AH	89H	88H
位符号	TF1	TR1	TF0	TR0	IE1	IT1	IE0	IT0

定时器控制寄存器具有定时/计数器的控制功能和中断控制功能，其中与中断有关的控制位共有以下6位。

1）TF1：定时/计数器T1溢出中断标志。当定时器T1产生溢出中断时，该位由硬件自动置位（即TF1=1）；当定时器T1的溢出中断被CPU响应后，该位由硬件自动复位（即TF1=0）。定时器溢出中断标志位的使用有两种情况：采用中断方式时，该位作为中断请求标志位来使用；采用查询方式时，该位作为查询状态位来使用。

2）TF0：定时/计数器T0溢出中断标志。其功能与TF1类似。

3）IE1：外部中断1中断请求标志。当CPU检测到$\overline{\text{INT1}}$上中断请求有效时，IE1由硬件自动置位；当CPU响应中断请求后转向相应中断服务程序执行时，该位由硬件自动复位。

4）IT1：外部中断1触发方式标志。若(IT1)=1，则边沿触发方式（负跳变有效）；若(IT1)=0，则电平触发方式（低电平有效）。该位可由软件置位或复位。

5）IE0：外部中断0中断请求标志。其功能与IE1类似。

6）IT0：外部中断 0 触发方式标志。其功能与 IT1 类似。

（2）串行口控制寄存器

串行口控制寄存器的单元地址为 98H，位地址为 98H～9FH，其内容及位地址如表 3.3 所示。

表 3.3 串行口控制寄存器的内容及位地址

位地址	9FH	9EH	9DH	9CH	9BH	9AH	99H	98H
位符号	SM0	SM1	SM2	REN	TB8	RB8	TI	RI

串行口控制寄存器中与中断有关的控制位共有以下 2 位。

1）TI：串行口发送中断标志。当串行口发送完一帧串行数据后，该位由硬件自动置位，但当 CPU 响应串行口中断后转向中断服务程序执行时，该位不能由硬件自动复位，因此用户应在串行口中断服务程序中通过指令来使它复位。

2）RI：串行口接收中断标志。当串行口接收完一帧串行数据后，该位由硬件自动置位，同样该位也不能由硬件自动复位，应由用户在中断服务程序中将其复位。

（3）中断允许控制寄存器

中断允许控制寄存器的单元地址为 A8H，位地址为 A8H～AFH，其内容及位地址如表 3.4 所示。

表 3.4 中断允许控制寄存器的内容及位地址

位地址	AFH	AEH	ADH	ACH	ABH	AAH	A9H	A8H
位符号	EA	—	—	ES	ET1	EX1	ET0	EX0

中断允许控制寄存器中与中断有关的控制位共有以下 6 位。

1）EA：CPU 中断总允许位。该位的状态可由用户通过程序设置，当(EA)=0 时，CPU 禁止所有中断源的中断请求，称为关中断；当(EA)=1 时，CPU 开放所有中断源的中断请求，但这些中断请求最终能否被 CPU 响应还取决于中断允许控制寄存器中相应中断源的中断允许位状态。

2）ES：串行口中断允许位。若(ES)=0，则禁止串行口中断；若(ES)=1，则允许串行口中断。

3）ET1：定时/计数器 T1 中断允许位。若(ET1)=0，则禁止定时/计数器 T1 中断；若(ET1)=1，则允许定时/计数器 T1 中断。

4）EX1：外部中断 1 中断允许位。若(EX1)=0，则禁止外部中断 1 中断；若(EX1)=1，则允许外部中断 1 中断。

5）ET0：定时/计数器 T0 中断允许位。若(ET0)=0，则禁止定时/计数器 T0 中断；若(ET0)=1，则允许定时/计数器 T0 中断。

6）EX0：外部中断 0 中断允许位。若(EX0)=0，则禁止外部中断 0 中断；若(EX0)=1，则允许外部中断 0 中断。

MCS-51 系列单片机复位以后，中断允许控制寄存器中各中断允许位均被清 0，禁止所有中断。

（4）中断优先级控制寄存器

MCS-51 系列单片机的中断优先级控制比较简单，系统只定义了高、低两个优先级。用户可利用软件将每个中断源设置为高优先级中断或低优先级中断，并可实现两级中断嵌套。

除非在执行低优先级中断服务程序时设置了 CPU 关中断或禁止某些高优先级中断源的中断，否则高优先级中断源可以中断正在执行的低优先级中断服务程序。同级或低优先级中断源不能中断正在执行的中断服务程序。

中断优先级控制寄存器的单元地址为 B8H，位地址为 B8H～BFH，其内容及位地址如表 3.5 所示。

表 3.5　中断优先级控制寄存器的内容及位地址

位地址	BFH	BEH	BDH	BCH	BBH	BAH	B9H	B8H
位符号	—	—	—	PS	PT1	PX1	PT0	PX0

中断优先级寄存器中与中断有关的控制位共有以下 5 位。

1）PS：串行口中断优先级控制位。若(PS)=0，则设定串行口中断为低优先级中断；若(PS)=1，则设定串行口中断为高优先级中断。

2）PT1：定时/计数器 T1 中断优先级控制位。若(PT1)=0，则设定定时/计数器 T1 为低优先级中断；若(PT1)=1，则设定定时/计数器 T1 为高优先级中断。

3）PX1：外部中断 1 中断优先级控制位。若(PX1)=0，则设定外部中断 1 为低优先级中断；若(PX1)=1，则设定外部中断 1 为高优先级中断。

4）PT0：定时/计数器 T0 中断优先级控制位。若(PT0)=0，则设定定时/计数器 T0 为低优先级中断；若(PT0)=1，则设定定时/计数器 T0 为高优先级中断。

5）PX0：外部中断 0 中断优先级控制位。若(PX0)=0，则设定外部中断 0 为低优先级中断，若(PX0)=1，则设定外部中断 0 为高优先级中断。

系统复位后，中断优先级寄存器中各优先级控制位均被清 0，即将所有中断源设置为低优先级中断。

由于 MCS-51 系列单片机只有 2 个中断优先级，在工作过程中如果遇到几个同一优先级的中断源同时向 CPU 发出中断请求，CPU 将通过内部硬件查询逻辑按优先级顺序决定应该响应哪个中断请求，其优先级顺序由硬件电路形成，如表 3.6 所示。

表 3.6　MCS-51 系列单片机中断源优先级顺序

中断源	优先级
外部中断 0	高
定时器 T0	↓
外部中断 1	↓
定时器 T1	↓
串行口中断	低

（5）中断响应过程

中断源发出的中断请求在满足中断响应条件时才会得到 CPU 的响应。中断响应条件主要包括以下几条。

1）有中断源发出中断请求。

2）CPU 中断总允许位置 1，即(EA)=1。

3）申请中断的中断源中断允许，即相应的中断允许标志位为 1。

满足以上条件时，CPU 一般会响应中断。中断响应的主要内容是由硬件自动执行一条长调用指令 LCALL，其格式为

```
LCALL  addr16
```

其中，addr16 是指相应的中断入口地址。这些中断入口地址已由系统设定。例如，对于定时/计数器 T0 的中断响应，自动调用的长调用指令为

```
LCALL  000BH
```

生成 LCALL 指令后，CPU 先保护断点，再将中断入口地址装入 PC 中使程序执行，即转向相应的中断入口地址。但每个中断源的中断区只有 8 个单元，一般难以安排一个完整的中断服务程序。因此，通常在各中断区入口地址处放置一条无条件转移指令，使程序转向存放于其他地址的中断服务程序执行。

如果有下列情况之一，则中断响应被暂时搁置。

1）CPU 正在执行一个同级或高优先级别的中断服务程序。

2）当前的机器周期不是正在执行的指令的最后一个机器周期，即只有在当前指令执行完毕后，才能进行中断响应。

3）当前正在执行的指令是返回指令（RET、RETI）或访问 IE、IP 的指令。按 MCS-51 系列单片机中断系统的特性规定，在执行完这些指令后，还应再执行一条指令，才能响应中断。

（6）中断请求的撤除

CPU 响应某中断请求后，在中断返回前，应撤除该中断请求，否则将引起再次中断。

对于定时/计数器溢出中断，CPU 在响应中断后由硬件电路自动撤除该中断请求，用户可不必考虑。

对于串行口中断，CPU 在响应中断后不能由硬件电路自动撤除该中断，应由用户利用软件撤除该中断请求。例如：

```
CLR    TI                    ;撤除发送中断
CLR    RI                    ;撤除接收中断
```

对于外部中断请求，有以下两种情况。

1）当外部中断请求的触发方式为边沿触发时，CPU 在响应中断后会由硬件电路自动撤除该中断请求，用户可不必考虑。

2）当外部中断请求的触发方式为电平触发时，外部中断标志 IE0 或 IE1 依靠检测 $\overline{\text{INT0}}$(P3.2)或 $\overline{\text{INT1}}$(P3.3)引脚上的低电平而置位。尽管 CPU 在响应中断时相应中断标志 IE0 或 IEl 也能被硬件自动复位为“0”状态，但如果外部中断源不能及时撤除它在

$\overline{\text{INT0}}$(P3.2)或$\overline{\text{INT1}}$(P3.3)引脚上的低电平，就会再次使已经变成“0”的中断标志 IE0 或 IE1 置位为 1，这是绝对不允许的。因此，电平触发方式外部中断请求的撤除需要硬件、软件的配合来实现。图 3.4 所示为电平触发方式外部中断请求的撤除电路。由图 3.4 可见，当外部中断源产生中断请求时，D 触发器的 Q 端被复位为“0”状态，Q 端的低电平被送到$\overline{\text{INT0}}$引脚，该低电平被 MCS-51 系列单片机检测到后就使中断标志 IE0 置 1。MCS-51 单片机响应$\overline{\text{INT0}}$上中断请求后便可转入$\overline{\text{INT0}}$中断服务程序执行，因此，可以在中断服务程序开始前安排指令来撤除$\overline{\text{INT0}}$上的低电平。

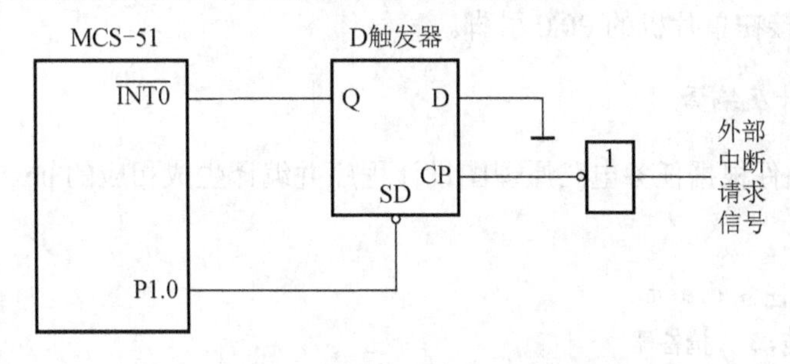

图 3.4　电平触发方式外部中断请求的撤除电路

利用 P1 口的 P1.0 端口作为应答线，当 CPU 响应中断后，可在中断服务程序中采用如下指令。

```
ANL  P1,#0FEH           ;或 SETB  P1.0
ORL  P1,#01H            ;或 CLR  P1.0
CLR  IE0
```

执行第 1 条指令使 P1.0 输出为“0”，使 D 触发器置位，从而撤除中断请求。执行第 2 条指令使 P1.0 变为“1”，否则 D 触发器的 SD 端始终有效，$\overline{\text{INT0}}$引脚始终为“1”，无法再次申请中断。

任务分析

要求使用单片机的中断系统，根据中断的响应过程对任务做相应分析。LED 的闪烁动作可以作为 CPU 正在执行的当前主程序，按键输入信号可以作为单片机中断系统的外部中断请求信号，但主持人和选手共有 4 个按键，如果全部作为外部中断信号则要求对应 4 个单片机外部中断信号输入端，但 MCS-51 系列单片机只有 2 个外部中断信号输入端，所以在这种情况下可以将主持人按键信号作为外部中断信号输入来处理，3 个选手按键则可以在中断服务子程序中通过查询的方式来实现，再通过 LED 和数码管的配合动作，从而达到主持人控制抢答的效果。

任务准备

计算机、Proteus 软件、Keil 软件等。

任务实施

1. 绘制仿真原理图

使用 Proteus 软件设计并绘制任务所需电路原理图，本任务的参考电路原理图如图 3.1 所示。主持人按键接在单片机的 P3.2 引脚（外部中断 0 输入引脚），1 号、2 号和 3 号抢答选手按键分别接在单片机的 P2.0、P2.1 和 P2.2 引脚。共阳极数码管接在单片机的 P1 口，LED 接在单片机的 P0.0 引脚。

2. 程序设计及编译

使用 Keil 软件根据任务电路原理图设计程序并编译生成相应的.hex 文件。本任务参考程序如下。

```
;程序名:任务 1.asm
;程序功能:3 人抢答器
;------------------------主程序------------------------
ORG  0000H
LJMP  MAIN                ;设置主程序入口
ORG  0003H                ;外部中断 INT0
LJMP  INTO
ORG   0030H
MAIN:SETB  IT0            ;设置边沿触发方式
     SETB  EX0            ;允许中断
     SETB  EA
LOOP:CLR  P0.0            ;点亮 LED
     LCALL  DELAY1        ;调用延时函数 1
     SETB  P0.0           ;熄灭 LED
     LCALL  DELAY1
     SJMP  LOOP
;------------------中断服务程序--------------------------
INTO:CLR  EA              ;关闭中断
     MOV  30H,#1          ;延时 50ms
     LCALL  DELAY2
     JB  P3.2,INT_RE      ;按键去干扰
     JNB  P3.2,$
     MOV  P1,#0C0H        ;主持人键已按下,显示"0"
INT0_1:MOV  A,P2          ;读 P2 口内容
      JNB  ACC.0,STU1     ;选手按键查询
      JNB  ACC.1,STU2
```

```
        JNB  ACC.2,STU3
        SJMP  INT0_1        ;继续等待抢答
STU1:MOV  P1,#0F9H          ;显示"1"
      SJMP  RES
STU2:MOV  P1,#0A4H          ;显示"2"
      SJMP  RES
STU3:MOV  P1,#0B0H          ;显示"3"
RES:CLR  P0.0               ;LED 点亮
     MOV  30H,#150
     LCALL  DELAY2          ;设置扬声器响的时间
     MOV  P1,#0FFH          ;数码管全黑
INT_RE:SETB  EA             ;关中断
        MOV   30H,#20
        RETI
;-------------------延时子程序 1--------------------
DELAY1:MOV R1,#20           ;延时子程序，延时时间=20*50ms
DEL0:MOV R2,#50
DEL1:MOV R3,#250
DEL2:NOP
      NOP
      DJNZ R3,DEL2
      DJNZ R2,DEL1
      DJNZ R1,DEL0
      RET
;-------------------延时子程序 2-----------------------
DELAY2:MOV R4, 30H          ;延时子程序,延时时间=(30H)*50ms
DEL3:MOV R5,#50
DEL4:MOV R6,#250
DEL5:NOP
      NOP
      DJNZ R6,DEL5
      DJNZ R5,DEL4
      DJNZ R4,DEL3
      RET
      END
```

3. 仿真验证

使用 Proteus 软件运行生成的.hex 文件，观察程序运行情况。3 人抢答器仿真效果图如图 3.5 所示。

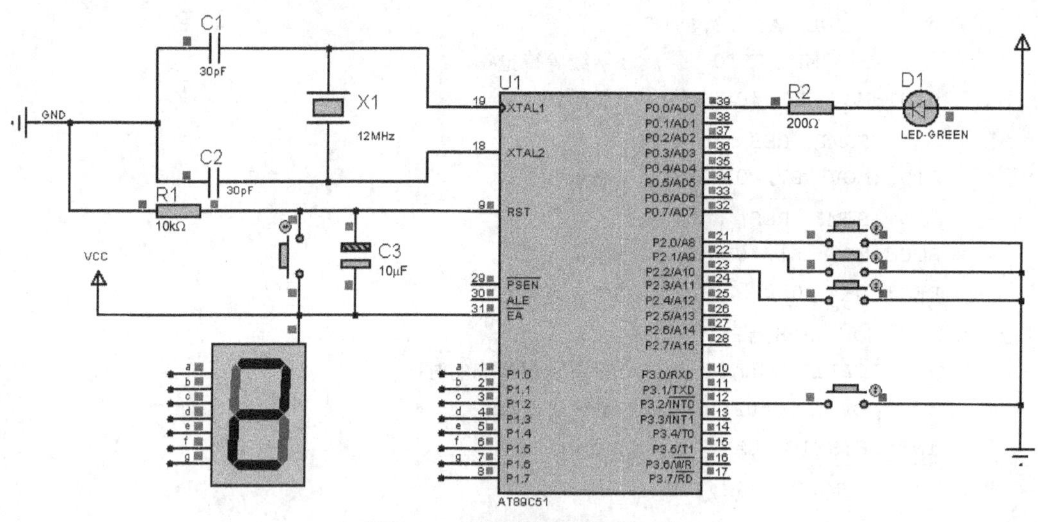

图 3.5　3 人抢答器仿真效果图

结论

采用单片机的中断方式可以很好地实现事件的实时处理和紧急情况的响应，与单片机的查询方式相比，可以大大提高单片机的 CPU 效率。通过单片机的中断系统可以提高单片机编程的灵活性。

练　习　题

一、选择题

1．MCS-51 系列单片机中断源的个数是（　　）。

A．3　　B．4　　C．5　　D．6

2．若将 MCS-51 系列单片机中断源都编程为同级，则当它们同时申请中断时 CPU 首先响应（　　）。

A．$\overline{\text{INT1}}$　　B．$\overline{\text{INT0}}$　　C．T1　　D．T0

3．MCS-51 系列单片机系统复位后，中断请求标志 TCON 和 SCON 中各位均为（　　）。

A．0　　B．1　　C．2　　D．不定

4．MCS-51 系列单片机的外部中断 1 的中断请求标志是（　　）。

A．ET1　　B．TF1　　C．IT1　　D．IE1

5．中断允许控制寄存器 IE 中和中断相关的位有（　　）。

A．2 位　　B．4 位　　C．5 位　　D．6 位

6．下列说法中正确的是（　　）。

A．同一级别的中断请求按时间的先后顺序顺序响应

B．同一时间、同一级别的多中断请求将形成阻塞，系统无法响应

C．低优先级中断请求不能中断高优先级中断请求，但是高优先级中断请求能中断低优先级中断请求

D．同级中断不能嵌套

7．在中断服务程序中，至少应有一条（　　）。

A．传送指令　　B．转移指令　　C．加法指令　　D．中断返回指令

8．若要使 MCS-51 系列单片机能够响应定时器 T1 中断、串行口中断，则它的中断允许控制寄存器 IE 中的内容应是（　　）。

A．98H　　B．84H　　C．42H　　D．22H

9．MCS-51 系列单片机响应中断时，下列操作中不会发生的是（　　）。

A．保护现场　　B．保护 PC

C．找到中断入口　　D．保护 PC 转入中断入口

10．MCS-51 系列单片机的中断允许控制寄存器中的内容为 83H，CPU 将响应的中断请求是（　　）。

A．INT0，INT1　B．T0，T1　C．T1，串行口　D．INT0，T0

二、填空题

1.MCS-51 系列单片机有________个中断源，其中________个内部中断源，________个外部中断源。

2．串行口中断标志 RI/TI 由________置位，________清零。

3．外部中断 1 的中断入口地址为________H。

4．MCS-51 系列单片机外部中断请求信号有电平触发方式和________，在电平触发方式下，当采集到 INT0、INT1 的有效信号为________时，激活外部中断。

5．外部中断请求有________触发和________触发两种触发方式。

6．MCS-51 系列单片机中断的允许是由________寄存器决定的，中断源的优先级别是由________寄存器决定的。

7．MCS-51 系列单片机上电复位时，________中断源的优先级别最高。

8．当 CPU 响应外部中断 0（INT0）的中断请求后，程序计数器（PC）中的内容是________。

9．当外部中断 0 发出中断请求后，中断响应的设置指令是________。

10．MCS-51 系列单片机外部中断 0 开中断的指令是________。

三、简答题

1．什么是中断和中断系统？其主要功能是什么？

2．8051 单片机提供了几个中断源？包括几个中断优先级？各中断标志是如何产生的？如何清除这些中断标志？各中断源所对应的中断向量地址分别是多少？

3．说明中断优先级的处理原则。

4．说明中断响应时，什么情况下需要保护现场？如何保护？

5．外中断有几种触发方式？如何选择？在何种触发方式下，需要在外部设置中断请求触发器？原因是什么？

四、程序设计题

1．设有一个显示器用查询方式接口与 CPU 相连，其数据端口地址为 0030H，状态端口地址为 0031H，PSW 中的 D7 位为 1 时表示可以接收新的数据。试编写一个程序，将从 BUFFER 开始存放的 50B 的字符送至显示器输出。

2．试编写一个程序，对中断系统进行初始化，使其允许 INT0 中断、INT1 中断、T0 中断、串行口中断，且使 T0 中断为高优先级中断。

3．设外部中断 1 为边沿触发方式，低优先级，中断服务程序将寄存器 B 的内容左循环一位，B 的初值为 02H，试编写主程序与中断服务程序。

任务 3.2　设计汽车倒车声光报警蜂鸣器

任务目标

通过单片机音频蜂鸣器的设计，理解定时/计数器定时和计数的工作原理；掌握 MCS-51 系列单片机的定时/计数器的内部结构、相关控制寄存器的作用及定时/计数器的工作方式；掌握定时程序和发音程序的编写方法。

任务描述

蜂鸣器是一种基于音频发生的电子器件，广泛应用于计算机、报警器、电子玩具、汽车电子设备、电话机、定时器等电子产品中作为发声器件。在 Proteus 中绘制电路图，如图 3.6 所示。本任务使用 MCS-51 系列单片机、定时/计数器设计一种汽车倒车声光报警蜂鸣器。汽车倒车声光报警蜂鸣器设计以 MCS-51 系列单片机为核心，采用按键来模拟倒车信号输入单片机，使用扬声器发出报警声并用 2 个 LED 来模拟倒车警示灯。要求实现倒车时蜂鸣器在 250Hz 方波信号的作用下发出响 0.5s、停 0.5s 的周期性“嘀嘀”报警声，同时 2 个 LED 以 2s 为周期不断闪烁，起到警示作用。

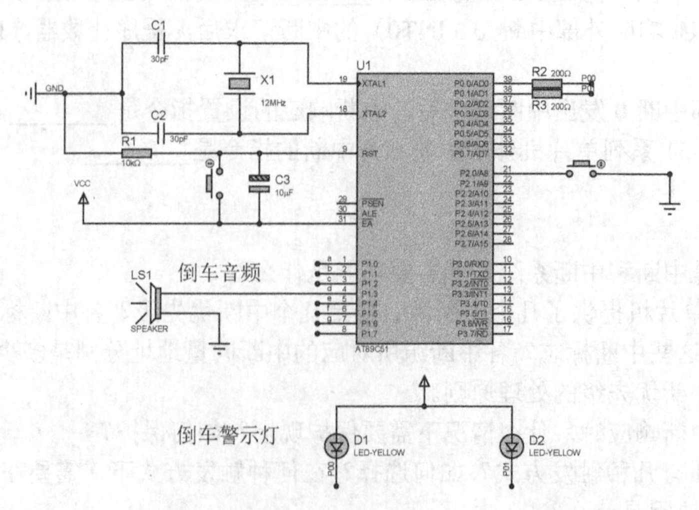

图 3.6　倒车声光报警蜂鸣器参考电路原理图

相关知识

1. 定时/计数器工作原理

单片机作为一种控制器件，很多情况下 CPU 的控制功能需要依托特定的时间节点来实现相对精确的控制，各个部件之间的配合也需要从时间上协调，因此定时功能对于单片机来说很有必要。

对于单片机，定时可以分为软件定时（延时）和硬件定时。

1）软件定时。软件定时主要是指编写单片机延时程序，通常采用循环结构来设计。当 CPU 执行此延时程序时，执行每一条指令都需要消耗相应的时间，所以执行完整个程序 CPU 所消耗的时间是可以确定的数值。

软件定时的特点是灵活、调整方便、不需要硬件，但定时不够精确，占用 CPU 的资源，降低 CPU 的效率。它主要用于短时间的定时。

如果所用单片机的晶振频率 f_{osc}=12MHz，分析以下软件定时程序所定时的时间大小。

```
DELAY:MOV  R1,#VALUE    ;该条指令执行一次消耗 1 个机器周期
LOOP:NOP                ;该条指令执行一次消耗 1 个机器周期
     NOP                ;该条指令执行一次消耗 1 个机器周期
     DJNZ  R1,LOOP      ;该条指令执行一次消耗 2 个机器周期
     RET                ;该条指令执行一次消耗 2 个机器周期
```

该段程序是一个单层循环结构程序段，因为单片机晶振频率为 12MHz，所以 1 个机器周期为 1μs，第 2～4 条指令构成循环体，总共被执行的次数由 VALUE 的数值来决定。第 1 条和第 5 条指令各被执行一次，CPU 执行完该程序段消耗的时间为

$$T=\text{VALUE}\times(1\mu s+1\mu s+2\mu s)+1\mu s+2\mu s$$

其中，VALUE 代表的是送入寄存器 R1 中的数值，主要是控制循环体的循环次数，取值范围为 1～255，所以该段程序所消耗的时间最小为

$$T_1=1\times(1\mu s+1\mu s+2\mu s)+1\mu s+2\mu s=7\mu s$$

该段程序所消耗的时间最大为

$$T_2=255\times(1\mu s+1\mu s+2\mu s)+1\mu s+2\mu s=1020\mu s+1\mu s+2\mu s=1023\mu s\approx 1ms$$

由此可见，当 VALUE 的数值设为 255 时，该段程序即可作为定时 1ms 的软件定时程序。但很多情况下需要定时的时间不止 1ms，那么单层循环就无法实现，可以通过设置双层、3 层循环的方式来实现，可认为定时的时间近似内层的循环体执行所消耗的时间。

软件定时需要综合考虑单片机的晶振频率、循环结构参数、定时时间的大小等因素。

2）硬件定时。硬件定时对于单片机而言主要是利用单片机内部的定时/计数器来实现定时，通常配合中断系统完成定时作用。

硬件定时的特点是不占用 CPU 的时间，可提高 CPU 的利用效率，定时时间精确，可实现长时间定时。

定时/计数器的定时功能本质上依托计数功能来完成。如若周期为 T 的脉冲计数器，

计数个数为 N，则定时的时间 $t=N\times T$。

MCS-51 系列单片机定时所采用的计数方式为加 1 计数方式，即对单片机内部振荡器经 12 分频后产生的脉冲信号进行计数，每检测到一个脉冲，计数值加 1。定时/计数器内部有相应的计数存储单元，当存储的初值在不断加 1 的情况下出现溢出时，该信息会以中断的方式送给 CPU，从而使 CPU 以中断响应的方式在定时时间到的情况下做出给定动作。因此 MCS-51 系列单片机定时/计数器的定时大小和存储初值密切相关。

这种计数方式可以和生活中的一个例子类比：一个容量一定的水杯在未关紧的水龙头下，水从水龙头一滴一滴地滴入水杯中。随着水滴不断落下，一段时间后，水杯中的水会接满。若此时再有水滴滴入，水杯中的水就会溢出，这就代表水杯已经接满水，即已经接了一定数量的水滴。水杯的容量相当于定时/计数器的计数存储单元，周期性滴落的水滴相当于定时/计数器的计数脉冲，水杯溢出信号相当于计数存储单元的溢出中断信号。

2. MCS-51 系列单片机的定时/计数器结构

在单片机应用中，定时与计数的需求较多，因此将定时电路集成在芯片中，称为定时/计数器。MCS-51 系列单片机内部设有两个 16 位可编程的定时/计数器 T0 和 T1，可以用于计数或定时，并可通过设置特殊功能寄存器 TMOD 中的控制位来确定 T0 或 T1 为定时器还是计数器。T0 或 T1 状态字在相应的特殊功能寄存器中，通过对控制寄存器的设置，用户可以方便地选择 T0 或 T1 的工作模式。MCS-51 系列单片机定时/计数器的结构如图 3.7 所示。

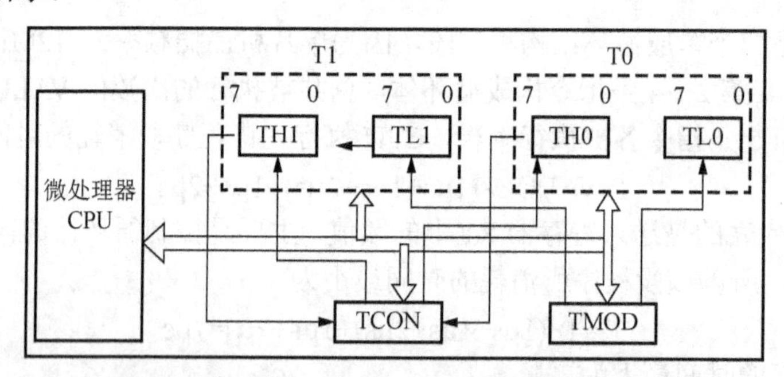

图 3.7 MCS-51 系列单片机定时/计数器的结构

图 3.7 中，TMOD 用于控制和确定各定时/计数器的功能和工作模式；TCON 不但用于控制定时/计数器 T0、T1 的启动和停止计数，同时还用于设置定时/计数器的状态。它们的内容由软件设置，系统复位时，寄存器的所有位都被清 0。

（1）工作方式控制寄存器 TMOD

TMOD 用于设定定时/计数器的工作方式及工作模式，其内容及地址如表 3.7 所示。

表 3.7 TMOD 的内容及地址

项目	定时/计数器 T1				定时/计数器 T0			
位序	D7	D6	D5	D4	D3	D2	D1	D0
位符号	GATE	$C/\overline{T}$	M1	M0	GATE	$C/\overline{T}$	M1	M0

TMOD 地址为 89H，高 4 位为定时器 T1 的方式控制字段，低 4 位为定时器 T0 的方式控制字段。

1）GATE：门控位。当 GATE=0 时，定时/计数器只由定时器控制寄存器 TCON 中的软件控制位 TR0 或 TR1 来控制启停。TRi（i=0 或 1）=1 时，定时器启动开始工作；TRi=0 时，定时器停止工作。当 GATE=1 时，定时/计数器的启动要由外部中断引脚和 TRi 来共同控制。只有当中断引脚 $\overline{INT0}$ 或 $\overline{INT1}$ 为高时，TR0 或 TR1 置 1 才能启动定时器工作。

2）C/$\overline{T}$：若 C/$\overline{T}$=0，则为定时器方式。采用晶振脉冲的 12 分频信号作为计数器的计数脉冲，即对机器周期进行计数。若选择 12MHz 晶振，则定时器的计数频率为 1MHz，从定时器的计数值便可求得计数时间，因此称为定时器方式。

若 C/$\overline{T}$=1，则为计数器方式。采用外部引脚（T0 为 P3.4，T1 为 P3.5）的输入脉冲作为计数脉冲。当 T0（或 T1）输入发生从高到低的负跳变时，计数器加 1，最高计数频率为晶振频率的 1/24。

3）M1、M0：定时器的工作方式由 M1、M0 两位的状态确定，如表 3.8 所示。

表 3.8　定时器的工作方式选择

M1	M0	工作方式	功能说明
0	0	方式 0	13 位计数器
0	1	方式 1	16 位计数器
1	0	方式 2	自动重新装入初值的 8 位计数器
1	1	方式 3	T0 分成两个 8 位计数器，T1 停止计数

（2）定时器控制寄存器 TCON

TCON 既参与中断控制又参与定时控制，其单元地址为 88H，其内容及位地址如表 3.2 所示。有关中断的控制内容已在前面介绍过，在此只介绍其与定时控制有关的各位。

1）TF1：定时/计数器 T1 的溢出标志位。当定时/计数器 T1 溢出时，由硬件将 TF1 置 1，并申请中断。当进入中断服务程序时，硬件又自动将 TF1 清 0（也可以用软件清 0）。

2）TR1：定时/计数器 T1 的运行控制位。该位由软件置位和复位。当 GATE(TMOD.7)=0，TR1 为 1 时允许 T1 计数，TR1 为 0 时禁止 T1 计数；当 GATE=1，TR1 为 1 而且 $\overline{INT1}$ 输入高电平时，允许 T1 计数，TR1 为 0 或 $\overline{INT1}$ 输入为低电平时，禁止 T1 计数。

3）TF0：定时/计数器 T0 的溢出标志位。当定时/计数器 T0 溢出时，由硬件将 TF0 置 1，并申请中断。当进入中断服务程序时，硬件又自动将 TF0 清 0（也可以用软件清 0）。

4）TR0：定时/计数器 T0 的运行控制位。该位由软件置位和复位。当 GATE(TMOD.3)=0，TR0 为 1 时允许 T0 计数，TR0 为 0 时禁止 T0 计数；当 GATE=1，TR0 为 1 且 $\overline{INT0}$ 输入高电平时，允许 T0 计数，TR0 为 0 或 $\overline{INT0}$ 输入低电平时，禁止 T0 计数。

3. 定时/计数器的工作方式

定时/计数器 T0 和 T1 有 4 种工作方式，即方式 0、方式 1、方式 2 和方式 3。在方式 0、方式 1、方式 2 下工作时，定时/计数器 T0 和 T1 的用法完全一致，仅在方式 3 时有所区别。各种方式的选择是通过对 TMOD 的 M1、M0 两位进行编码来实现的。

（1）方式 0

当 TMOD 中的 M1M0 位为 00 时，定时/计数器工作于方式 0，图 3.8 所示为定时/计数器 T0（T1）工作于方式 0 的逻辑结构。

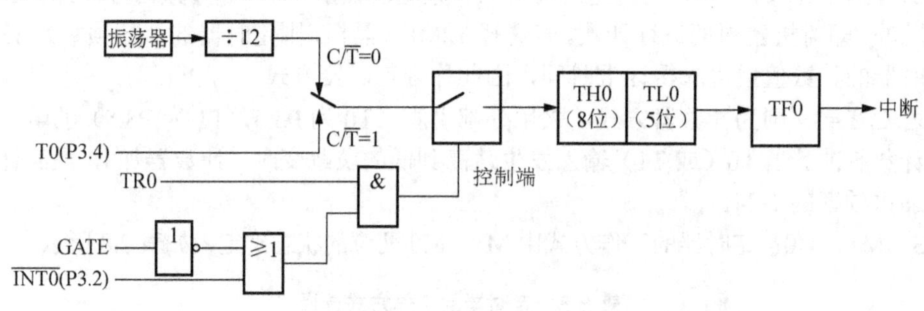

图 3.8　定时/计数器 T0（T1）工作于方式 0 的逻辑结构

方式 0 实质上是对定时/计数器 T0 或 T1 的两个 8 位计数器 TH0、TL0（或 TH1、TL1）进行计数操作。其中，高位计数器 TH0 的 8 位全部使用，而低位计数器 TL0 只用其低 5 位，从而构成了一个 13 位的计数器。计数时 TL0 低 5 位计数满后向 TH0 进位，TH0 计数满后向 TCON 中的中断标志位 TF0 进位，由硬件置位 TF0，申请中断。

13 位计数器的启动和停止是受某些逻辑门控制的，选择定时方式还是计数方式则由逻辑软开关 $C/\overline{T}$ 控制。

作为定时器使用时，计数时钟是由 CPU 的振荡器经 12 分频产生的。此时 $C/\overline{T}=0$，软开关拨向定时器，T0 对机器周期计数。其定时时间的计算公式为

$$定时时间=(2^{13}-X)\times振荡周期/12$$

式中，X 为 T0 的初值。

作为外部事件计数器使用时，设定 $C/\overline{T}=1$，使软开关接通定时/计数器 T0 的 P3.4 引脚。外部时钟通过 P3.4 引脚供 13 位计数器计数用。

控制计数器启动、停止的信号主要是门控位 GATE 和运行控制位 TR0。GATE=0 时，计数器运行条件只取决于 TR0；当 GATE=1 时，计数器运行条件则由 TR0 和 $\overline{INT0}$ 共同决定。

如图 3.8 所示，GATE=0 时，或门输出总是 1（与 $\overline{INT0}$ 无关）。若 TR0=1，则与门输出为 1，控制开关接通计数器，允许 T0 在原值上做加法计数，直到溢出。溢出时计数器恢复为 0，TF0=1（申请中断），T0 仍从 0 开始计数。若 TR0=0，则封锁与门，软开关断开，停止计数。

当 GATE=1 且 TR0=1 时，或门只受 $\overline{INT0}$ 控制，与门也间接受 $\overline{INT0}$ 控制，于是外部中断信号电平通过 P3.2 引脚直接启动或关闭计数通道。这种控制方法常用于测量外部信号的脉冲宽度（如 $\overline{INT0}$=1 启动计数、$\overline{INT0}$=0 停止计数，就记录了一个脉冲宽度，

对应的计数值亦能算出一个脉冲宽度对应的时间。软件设定 IT0=1 则 IE0=1，申请中断。应注意与溢出中断的区别）。

【例 3.1】 选用 T0 工作方式 0，用于定时，由 P1.0 输出周期为 4ms 的方波，设晶振频率 f_{osc}=12MHz。

解： 要在 P1.0 引脚输出周期为 4ms 的方波，只需每隔 2ms 将 P1.0 取反一次即可。因此选用 T0 的定时时间为 2ms。先以 16 位计数器计算，初始值为

$$X_0 = 2^{13} - f_{osc}t/12 = 8192 - 12\times 2000/12 = 8192 - 2000 = 6192 = 1830H$$

由于采用方式 0，计数器为 13 位，TL0 的高 3 位未用，应补 0，TH0 占高 8 位，因此 X_0 的实际值应为

$$X_0 = 1100000100010000B = C110H$$

根据题意设置方式控制字为

TMOD=00000000B=00H

程序如下。

```
ORG  0010H
MOV  TMOD,#00H
MOV  TH0,#0DFH              ;T0 的计数初值 X0
MOV  TL0,#11H
SETB  TR0                   ;启动 T0
LOOP1:JBC  TF0,LOOP2        ;查询 T0 计数是否溢出,同时清除 TF0
      AJMP  LOOP1           ;没有溢出则继续等待
LOOP2:MOV  TH0,#0DFH        ;若溢出,则重置计数初值
      MOV  TL0,#11H
      CPL  P1.0             ;输出取反
      SJMP  LOOP1           ;重复循环
```

（2）方式 1

当 TMOD 中的 M1M0 为 01 时，定时/计数器工作于方式 1，此时定时/计数器的结构和工作过程与方式 0 类似，唯一的区别是计数器的长度为 16 位。定时/计数器 T0（T1）工作于方式 1 的逻辑结构如图 3.9 所示。

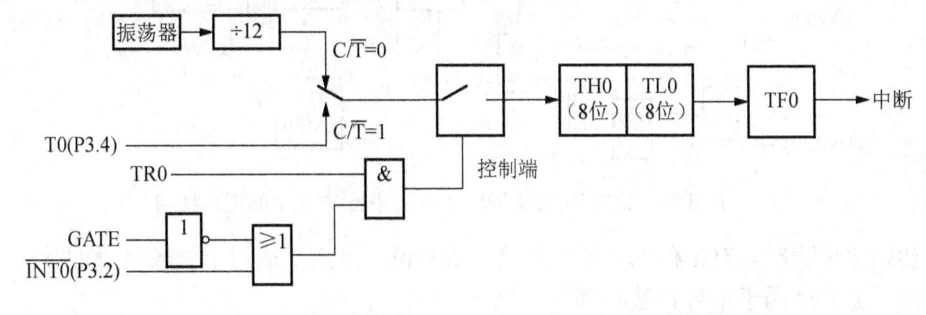

图 3.9　定时/计数器 T0（T1）工作于方式 1 的逻辑结构

1）定时时间 $=(2^{16}-X)\times$ 振荡周期/12，X 为 T0 的初值。

2）计数初值 $=2^{16}-tf_{osc}/12$。

【例 3.2】用定时/计数器 T0 产生一个 50Hz 的等宽方波脉冲，由 P1.1 引脚输出，仍用程序查询方式，晶振频率为 12MHz。

解：方波周期 T=1/50=0.02s=20000μs，定时值只需 10000μs，所以可用 T0 定时 10000μs。计数初值 X_1 为

$$X_1=2^{16}-10000\times12/12=65536-10000=55536=\text{D8F0H}$$

程序如下。

```
ORG  0010H
MOV  TMOD,#01H          ;T0 工作在方式 1,定时模式
SETB  TR0               ;启动 T0
LOOP:MOV  TH0,#0D8H     ;T0 计数初值
     MOV  TL0,#0F0H
     JNB  TF0,$         ;T0 没有溢出则原地等待,$为地址计数器
     CLR  TF0           ;产生溢出,清标志位
     CPL  P1.1          ;P1.1 取反输出,输出方波
     SJMP  LOOP         ;继续循环
```

（3）方式 2

当 TMOD 中的 M1M0 为 10 时，定时/计数器工作于方式 2。方式 0、方式 1 用于循环重复定时计数，每次计满溢出时，寄存器全部为 0，下一次计数还需要重新装入计数初值。这样不仅编程复杂，还影响定时时间精度，方式 2 克服了方式 0、方式 1 的缺点，可以自动重装计数初值。

方式 2 中将 16 位的计数器拆成两个 8 位计数器，低 8 位做计数器用，高 8 位保存计数初值。当低 8 位计数产生溢出时，将 TFi（i=0 或 1）位置 1，同时又将保存在高 8 位中的计数初值重新自动装入低 8 位计数器中，再继续计数，循环重复。定时/计数器工作于方式 2 的逻辑结构如图 3.10 所示。

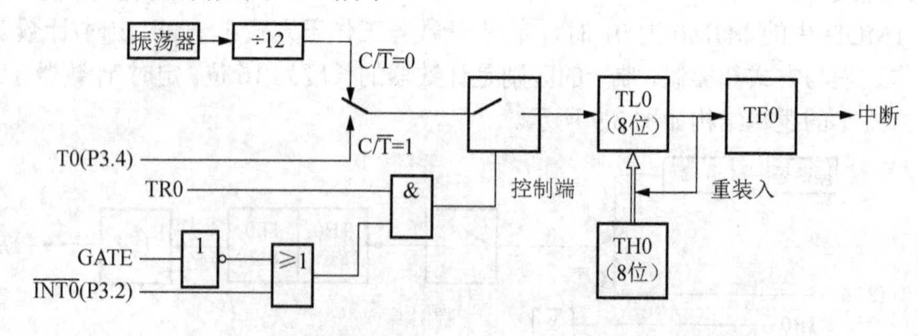

图 3.10　定时/计数器 T0（T1）工作于方式 2 的逻辑结构

初始化编程时，THi 和 TLi 都装入该计数初值。方式 2 适用于做较精确的脉冲信号发生器，尤其适用于串行口波特率发生器。

【例 3.3】用定时/计数器 T0，方式 2 计数，要求每计满 200 次，将 P1.1 端取反。

解：T0 工作于计数方式，外部计数脉冲由 T0(P3.5)引脚引入，每来一个由 1 至 0 的跳变计数器加 1，由程序查询 TF0 的状态。

计数初值 $X=2^8-200=56=38H$，所以 TH0=TL0=38H，TMOD=06H（T0 计数模式：方式 2）。

程序如下。

```
ORG    0010H
MOV  TMOD,06H
MOV  TH0,#38H              ;T0 计数初值
MOV  TL0,#38H
SETB  TR0                  ;启动 T0
LOOP1:JBC  TF0,LOOP2       ;如果 TF0=1,则转到 LOOP2
      SJMP  LOOP1          ;否则一直等待
LOOP2:CPL  P1.1            ;P1.1 取反输出
      SJMP  LOOP1
```

（4）方式 3

方式 3 是为了增加一个附加的 8 位定时/计数器而提供的，使 MCS-51 系列单片机具有 3 个定时/计数器。方式 3 只适用于定时/计数器 T0，定时/计数器 T1 处于方式 3 时相当于 TR1=0，停止计数。当 TMOD 的低 2 位 M1M0 为 11 时，定时/计数器 T0 工作在方式 3 下。定时/计数器工作于方式 3 的逻辑结构如图 3.11 所示。

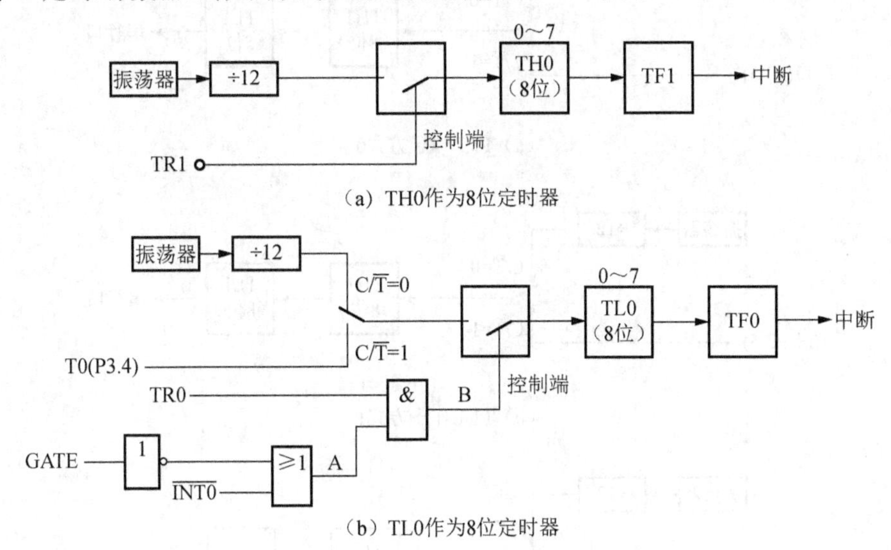

图 3.11　T0 工作于方式 3 的逻辑结构

T0 在该方式下被拆成两个独立的 8 位计数器 TH0 和 TL0，其中 TL0 使用原来 T0 的一些控制位和引脚，如 $C/\overline{T}$、GATE、TR0、TF0 和 T0(P3.4)及 $\overline{INT0}$(P3.2)引脚。此方式下的 TL0 除作为 8 位计数器外，其功能和操作与方式 0、方式 1 完全相同。

该方式下的 TH0 此时只可用作简单的内部定时器，它借用原定时器 T1 的控制位和溢出标志位 TR1 和 TF1，同时占用了 T1 的中断源。TH0 的启动和关闭仅受 TR1 的控制，当 TR1=1 时，TH0 启动定时；当 TR1=0 时，TH0 停止定时工作。

当 T0 工作于方式 3 时，TH0 占用了 T1 的 TR1（运行控制位）和 TF1（溢出标志位），此情况下定时器 T1 仍可工作于方式 0、方式 1 和方式 2，作为串行口波特率发生器或用于任何不需要中断的场合。

上面主要介绍了定时/计数器 T0 的使用，T1 的使用方法与 T0 基本相同。下面对 T1 的工作方式进行简要介绍。

1）定时/计数器 T1 的控制字 TMOD 的 M1M0 为 00 时，定时/计数器 T1 工作于方式 0，工作示意图如图 3.12（a）所示。

2）定时/计数器 T1 的控制字 TMOD 的 M1M0 为 01 时，定时/计数器 T1 工作于方式 1，工作示意图如图 3.12（b）所示。

3）定时/计数器 T1 的控制字 TMOD 的 M1M0 为 10 时，定时/计数器 T1 工作于方式 2，工作示意图如图 3.12（c）所示。

4）定时器 T1 的控制字 TMOD 的 M1M0 为 11 时，定时/计数器 T1 停止计数。设置 T1 中的 C/$\overline{T}$ 位可对内部时钟进行定时或对外部引脚脉冲进行计数。当 T1 被设置成工作于方式 3 时，由于 T1 的 TR1 和 TF1 被 TH0 占用，因此 T1 溢出产生中断时不能由 TF1 发出，只能从串行口输出 T1 的溢出信号。

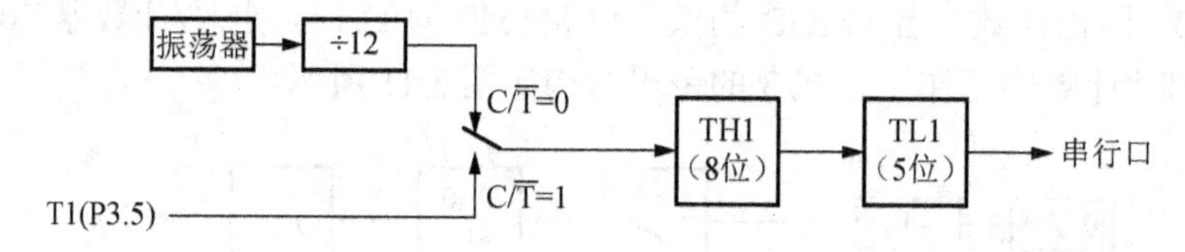

（a）T1工作于方式0

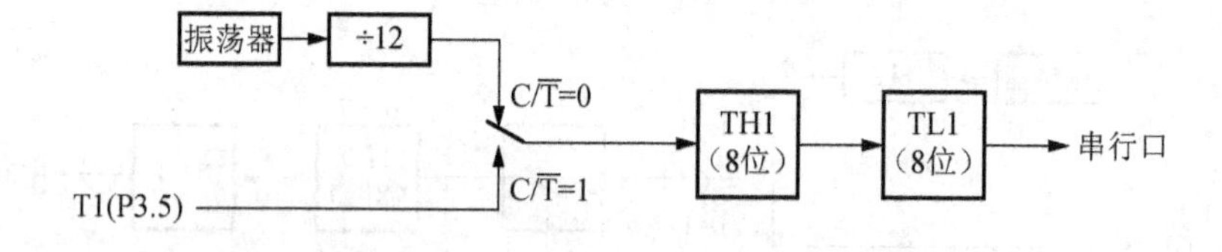

（b）T1工作于方式1

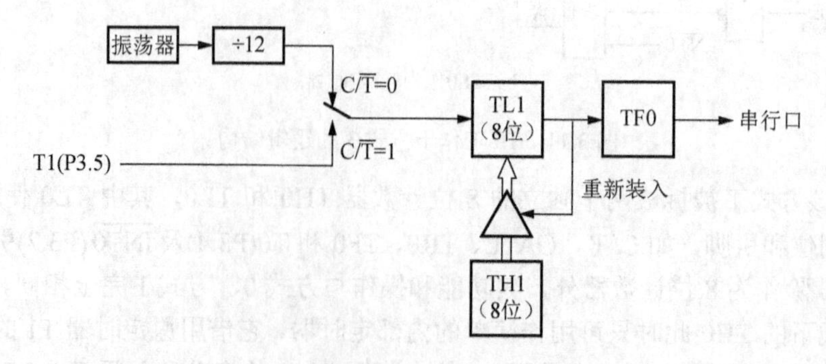

（c）T1工作于方式2

图 3.12　T0 工作于方式 3 时 T1 各种工作方式示意图

由此可见，当 T0 工作于方式 3 时，T1 一般用作串行口波特率发生器。当设置好工作方式后，T1 自动开始运行，若要停止操作，只需送入一个设置 T1 为方式 3 的模式控制字。

【例 3.4】设某用户系统中已使用了两个外部中断源，并置定时/计数器 T1 工作于方式 2，用作串行口波特率发生器。现要求再增加一个外部中断源并由 P1.0 输出一个 10kHz 的方波。单片机晶振频率为 12MHz。

解：为了不增加其他硬件开销，可设置 T0 工作于方式 3 计数方式，把 T0 的引脚作为附加的外部中断输入端，TL0 的计数初值为 FFH；当检测到 T0 引脚由 1 至 0 的负跳变时，TL0 立即产生溢出，申请中断，相当于边沿触发的外部中断源。

T0 在方式 3 下，TL0 作计数用，而 TH0 可用作 8 位的定时器，定时控制 P1.0 输出的 10kHz 的方波信号。

因为 P1.0 的方波频率为 10kHz，故周期为

$$T = 1/(10\text{kHz}) = 0.1\text{ms} = 100\mu\text{s}$$

所以用 TH0 定时 50μs，TL0 的计数初值为 FFH；TH0 的计数初值为

$$X = 256 - 50 \times 12/12 = 206 = \text{CEH}$$

程序如下。

```
ORG  0010H
MOV  TMOD,#27H          ;T0 工作于方式 3,计数;T1 工作于方式 2,定时
MOV  TL0,#0FFH          ;TL0 的计数初值
MOV  TH0,#0CEH          ;TH0 的计数初值
MOV  TH1,#data [H]      ;data 是根据波特率要求设置的常数
MOV  TL1,#data[L]
MOV  TCON,#55H          ;外中断 0、1 边沿触发,启动 T0,T1
MOV  B,#9FH             ;开放全部中断
```

TL0 溢出中断服务程序（由 000BH 转来）：

```
TL0OF:MOV  TL0,#0FFH   ;TL0 重装初值
RETI
```

TH0 溢出中断服务程序（由 001BH 转来）：

```
TH0OV:MOV  TH0,#0D8H   ;TH0 重装初值
CPL  P1.0              ;P1.0 取反输出
```

串行口及外部中断 0、1 的服务程序在此不再一一列出。

4. 定时/计数器编程

定时/计数器是单片机应用系统中经常使用的部件之一。定时/计数器的使用方法对程序编制、硬件电路及 CPU 的工作都有直接影响。下面介绍定时/计数器的具体应用方法。

（1）定时/计数器的初始化

定时器的功能是由软件设置的，一般在使用定时/计数器前均要对其进行初始化。初

始化的步骤如下：

1）确定工作模式（是计数还是定时）、工作方式和启动控制方式，并将其写入 TMOD 寄存器。

2）设置定时或计数器的初值：可直接将初值写入 TH0、TL0 或 TH1、TL1 中。16 位计数初值必须分两次写入对应的计数器。

3）根据要求决定是否采用中断方式：直接对 IE 位赋值。开放中断时，对应位置 1；采用程序查询方式时，IE 位应清 0 以进行中断屏蔽。

4）启动定时/计数器工作。可使用“SETB　Tri”启动。

若第一步设置为软启动，即 GATE 设置为 0 时，以上指令执行后定时器即可开始工作。

若 GATE 设置为 1 时，还必须由外部中断引脚 $\overline{\text{INT0}}$ 和 $\overline{\text{INT1}}$ 共同控制，只有当 $\overline{\text{INT0}}$ 和 $\overline{\text{INT1}}$ 引脚电平为高时，以上指令执行后定时/计数器方可启动工作。定时/计数器一旦启动就按规定的方式定时或计数。

（2）计数初值的计算

定时器选择不同的定时或计数模式、不同的工作方式，其计数初值均不相同。若设最大计数值为 M，则各工作方式下的 M 值为

1）方式 0，$M=2^{13}=8192$。

2）方式 1，$M=2^{16}=65536$。

3）方式 2，$M=2^{8}=256$。

4）方式 3，$M=256$，定时/计数器 T0 分成两个独立的 8 位计数器，所以 TH0、TL0 的 M 均为 256。

MCS-51 系列单片机的两个定时/计数器均为加 1 计数器，当加到最大值（00H 或 0000H）时产生溢出，将 TF 位置 1，可引发溢出中断。因此计数器初值 X 的计算公式为

$$X = M - \text{计数值}$$

式中，M 由操作模式确定，不同的操作模式计数器的长度不相同，故 M 值也不相同。式中的计数值与定时器的工作方式有关。

1）计数工作模式时，计数脉冲由外部引入，对外部脉冲进行计数，因此计数值根据要求确定。其计数器初值 $X = M - \text{计数值}$。例如，某工序要求对外部脉冲信号计 100 次，则 $X=M-100$。

2）定时工作模式时，计数脉冲由内部供给，对机器周期进行计数，因此计数脉冲频率为 $f_{cout}=f_{osc}/12$，计数周期 $T=1/f_{cout}=12/f_{osc}$，定时工作方式的计数初值 X 为

$$X = M - \text{计数值} = M - t/T = M - (f_{osc}t)/12$$

式中，f_{osc} 为晶体振荡器的振荡频率；t 为要求定时的时间。

例如，MCS-51 系列单片机的主频为 6MHz，要求产生 1ms 的定时，试计算计数初值 X。若设置定时器工作于工作方式 1，定时 1ms，则计数初值 X 为

$$X = 2^{16} - (6\times10^{6}\times1\times10^{-3})/12 = 65536 - 500 = 65036 = \text{FE0CH}$$

（3）定时/计数器初始化举例

【例 3.5】 T0 为计数方式，对外部脉冲计数 100 次，硬启动，禁止中断，选工作方式 2。设置 T1 为定时工作方式，定时 25ms，选择工作方式 1，允许中断，软启动；编写其初始化程序，设 f_{osc}=12MHz。

解：初始化如下。

T0 设为计数模式的工作方式 2，硬启动，计数初值 X_0 为

$$X_0 = 256 - 100 = 156 = 9\text{CH}$$

T1 设为定时方式，定时 25ms，工作方式 1，软启动，其计数初值 X_1 为

$$X_1 = 65536 - (12 \times 25 \times 1000) / 12 = 65536 - 25000 = 40536 = 9\text{E}58\text{H}$$

方式控制字：0001110H。

初始化程序如下。

```
MOV  TMOD,#1EH          ;写工作模式字
MOV  TH0,#9CH           ;T0 计数初值,TH0 中的数自动重新装入 TL0
MOV  TL0,#9CH
MOV  TH1,#9EH           ;T1 计数初值
MOV  TL1,#58H
MOV  IE,#10001000B      ;CPU、T1 开中断
SETB  TR0               ;启动 T0,但要等到 INT0=1 时方可真正启动
SETB  TR1               ;启动 T1
```

任务分析

任务设计要求使用 MCS-51 系列单片机利用定时/计数器设计一种汽车倒车声光报警蜂鸣器。汽车倒车声光报警蜂鸣器设计以 MCS-51 系列单片机为核心，采用按键来模拟倒车信号输入单片机，使用扬声器发出报警声并用 2 个 LED 来模拟倒车警示灯。要求实现倒车时蜂鸣器在 250Hz 方波信号的作用下发出响 0.5s、停 0.5s 的周期性“嘀嘀”报警声，同时 2 个 LED 以 2s 为周期不断闪烁实现警示作用。任务的实施关键在于定时的应用及定时参数的计算。

1. 方波信号的定时

任务中有 250Hz 方波所要求的定时，要产生频率为 250Hz 的方波信号，方波信号的周期为 4ms。设计采用的单片机使用 12MHz 的晶振，可以利用定时/计时器 T0 的方式 1，产生 2ms 的定时，控制单片机 P1.3 引脚每隔 2ms 取反一次，从而输出周期为 4ms 的方波，使该引脚上所连接的扬声器发出声音。

根据要求，可以得出 T0 的方式控制字 TMOD 的取值为 M1M0=01，GATE=0，C/T=0，可取方式控制字为 01H。

由于晶振频率为 12MHz，机器周期 T=11μs，要产生 2ms 的定时，计数初值为

$$X = 65536 - 2000 = 63536 = \text{F}830\text{H}$$

将 F8H、30H 分别预置给 TH0、TL0。

2. 扬声器 0.5s 的定时

任务要求倒车时蜂鸣器在 250Hz 方波信号的作用下发出响 0.5s、停 0.5s 的周期性动作，0.5s 的定时也可以借助于 T0 的中断来实现，T0 每中断一次的时间为 2ms，当 T0 中断 250 次的时候，所用的时间正好是 0.5s。

3. 倒车 LED 闪烁周期定时

任务要求倒车时 2 个 LED 以 2s 为周期不断闪烁实现警示作用，也就是要求 LED 的亮灭时间各为 1s。为了和硬件延时加以对比分析，该定时拟采用软件延时来实现，在软件延时的时间设置为 1s 的情况下，实际执行时，LED 的闪烁周期会受到中断执行的影响，定时不太精准，此处对软件定时和硬件定时的使用同时做一个对比，以加深对二者特点的理解。

任务准备

计算机、Proteus 软件、Keil 软件等。

任务实施

1. 绘制仿真原理图

使用 Proteus 软件设计并绘制任务所需电路原理图，本任务的参考电路原理图如图 3.6 所示。倒车按键接在单片机的 P2.0 引脚，扬声器接在单片机的 P1.3 引脚。倒车警示灯采用的 2 个 LED 分别接在单片机的 P0.0 和 P0.1 引脚。

2. 程序设计及编译

使用 Keil 软件根据任务电路原理图设计程序并编译生成相应的.hex 文件。本任务参考程序如下。

```
;程序名:任务 2.asm
;程序功能:汽车倒车声光报警蜂鸣器
TCOUNT  EQU  40H
FLAG  BIT  00H
ORG  0000H
SJMP START                   ;跳转到主程序
ORG  000BH                   ;T0 的中断入口地址
LJMP INT_T0                  ;转向中断服务程序
;-------------------主程序---------------------
START:CLR  FLAG              ;标志位清 0
      CLR  P1.3
      MOV  TCOUNT,#00H       ;计时计数值清 0
```

```
        MOV  TMOD,#01H        ;置T0工作于方式1
        MOV  TH0,#0F8H        ;装入计数初值
        MOV  TL0,#30H
        MOV  IE,#82H          ;开中断
        JB  P2.0,$            ;等待倒车信号
        SETB  TR0             ;启动T0定时器
LED:CLR  P0.0                 ;启动倒车警示灯
      CLR  P0.1
      LCALL  DELAY
      SETB  P0.0
      SETB  P0.1
      LCALL  DELAY
      SJMP  LED;
;----------------T0中断服务程序-----------------
INT_T0:MOV  TH0,#0F8H         ;重新装入计数值
        MOV  TL0, #30H
        INC  TCOUNT           ;计时计数值加1
        MOV  A,TCOUNT
        CJNE  A,#250,I1       ;是否计满0.5s
        CPL  FLAG             ;计时计数值取反
        MOV  TCOUNT,#00H      ;计时计数值清0
I1:JB FLAG,I2                 ;检查标志位
   CPL  P1.3                  ;声音输出
   SJMP  RETUNE
I2:CLR  P1.3                  ;关声音
RETUNE:RETI                   ;中断返回

;-----------------软件延时子程序---------------------
DELAY:MOV  R1,#20             ;延时子程序，延时时间=20*50ms
DEL0:MOV  R2,#50
DEL1:MOV  R3,#250
DEL2:NOP
      NOP
      DJNZ  R3,DEL2
      DJNZ  R2,DEL1
      DJNZ  R1,DEL0
      RET
END
```

3. 仿真验证

使用 Proteus 软件运行生成的.hex 文件，验证程序效果，观察运行情况。倒车声光

报警蜂鸣器仿真效果图如图 3.13 所示。

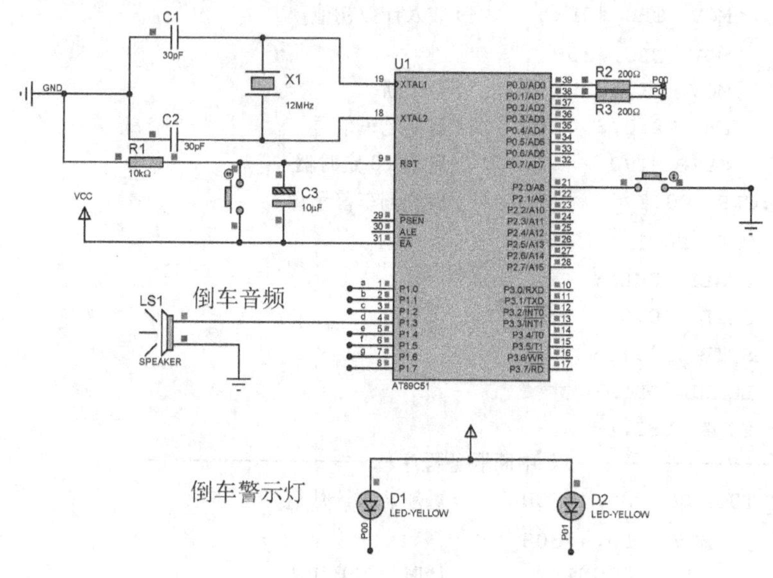

图 3.13　倒车声光报警蜂鸣器仿真效果图

结论

定时/计数器给定时提供了比较精确的方式，并且结合中断方式可以有效减少 CPU 的负担。在单片机项目开发中经常用到定时/计数器，因此，掌握定时/计数器的使用方法非常必要。定时/计数器定时和软件定时相比各有特点，在实际使用定时时可根据不同情况灵活选择。

练　习　题

一、选择题

1．AT89C51 单片机的定时/计数器工作在方式 0 时，最大计数值是（　　）。

A．8192　　B．256　　C．65536　　D．128

2．AT89C51 单片机外接频率为 11.0592MHz 晶振，定时/计数器工作在方式 1，需要计时 50ms，定时器的初值应设置为（　　）。

A．19456　　B．46080　　C．50000　　D．15536

3．用 8051 的定时/计数器 T1 作计数方式，用方式 2，则工作方式控制字为（　　）。

A．60H　　B．02H　　C．06H　　D．20H

4．用 8051 的定时/计数器 T1 作定时方式，用方式 1，则初始化编程为（　　）。

A．MOV　TOMD,#01H　　B．MOV　TOMD,#50H

C．MOV　TOMD,#10H　　D．MOV　TCON,#02H

5．启动定时/计数器 0 开始计数的指令是使 TCON 的（　　）。

A．TF0 位置 1　　B．TR0 位置 1

C．TR0 位置 0　　　　　　　　　　D．TR1 位置 0

6．下列指令判断若定时/计数器 T0 计满数就转 LP 的是（　　）。

A．JB　T0,LP　　　　　　　　　　B．JNB　TF0,LP

C．JNB　TR0,LP　　　　　　　　　D．JB　TF0,LP

7．如果以查询方式进行定时应用，则应用程序中的初始化内容应包括（　　）。

A．系统复位，设置工作方式，设置计数初值

B．设置计数初值，设置中断方式，启动定时

C．设置工作方式，设置计数初值，打开中断

D．设置工作方式，设置计数初值，禁止中断

8．与定时工作方式 1 和 0 比较，定时工作方式 2 不具备的特点是（　　）。

A．计数溢出后能自动重新加载计数初值

B．增加计数器位数

C．提高定时精度

D．适于循环定时和循环计数应用

9．MCS-51 系列单片机定时/计数器 T0 的溢出标志 TF0，若计满数在 CPU 响应中断后（　　）。

A．由硬件清 0　　　　　　　　　　B．由软件清 0

C．A 和 B 都可以　　　　　　　　D．随机状态

10．MCS-51 系列单片机计数初值的计算中，若设最大计数值为 M，对于方式 1 下的 M 值为（　　）。

A．M=213=8192　　　　　　　　B．M=28=256

C．M=24=16　　　　　　　　　D．M=216=65536

二、填空题

1．MCS-51 系列单片机内部设有两个 16 位定时/计数器，即________和________。

2．T0 由两个 8 位特殊功能寄存器________和________组成，T1 由________和________组成。

3．当定时/计数器 T0 工作在方式 3 时，要占用定时/计数器 T1 的________和________两个控制位。

4．在定时/计数器 T0 工作方式 3 下，TH0 溢出时，________标志将被硬件置 1 去请求中断。

5．MCS-51 系列单片机的定时/计数器作为计数器时，计数脉冲由外部信号通过引脚________和________提供。

6．MCS-51 系列单片机的定时/计数器 T0 的门控信号 GATE 设置为 1 时，只有________引脚为高电平且由软件使 TR0 置 1 时，才能启动定时/计数器 T0 工作。

7．使用定时/计数器 1 设置串行通信的波特率时，应把定时/计数器 1 设定作方式 2，即________方式。

8．MCS-51 系列单片机两个定时/计数器，定时/计数器的工作方式由________寄存

器决定，定时/计数器的启动与溢出由________寄存器控制。

9．用 MCS-51 系列单片机的定时/计数器 T1 作定时方式，用方式 1，则工作方式控制字为________。

10．用定时/计数器 T1 方式 1 计数，要求每计满 10 次产生溢出标志，则 TH1、TL1 的初始值是________和________。

三、简答题

1．定时/计数器用作定时器时，其定时时间与哪些因素有关？用作计数器时，对外部计数脉冲有何要求？

2．当定时/计数器 T0 工作在方式 3 时，由于 TR1 被 T0 占用，如何控制定时/计数器 T1 的开启和关闭。

3．定时工作方式 2 有什么特点？适用于什么场合？

4．定时/计数器工作在方式 0 时，其计数初值如何计算？

四、程序设计题

1．设单片机的晶振频率为 6MHz，使用定时/计数器 T0 产生一个 50Hz 的方波，由 P1.0 输出，编程实现。

2．设晶振频率为 6MHz，定时/计数器 T0 工作在定时方式，方式 1 定时时间为 2ms。每当定时时间到，申请中断，在中断服务程序中将累加器 A 的内容左环移一次，送 P1.0 输出，设 A 的初始值为 01H。编程实现。

3．利用定时/计数器来测量单次正脉冲宽度，采用哪种工作方式才能获得最大量程？设 f_{osc}=6MHz，求允许测量的最大脉冲宽度是多少？编写测量程序。

4．设计一电子钟，要求满 1s 则秒位 32H 单元内容加 1，满 60s 则分位 31H 单元内容加 1，满 60min 则时位 30H 单元内容加 1，满 24h 则将 30H、31H、32H 的内容全部清 0。

5．MCS-51 系列单片机晶振频率为 12MHz，编写一段程序，使其功能：对定时器 T0 初始化，使其工作在方式 2，产生 200μs 定时，并用查询 T0 溢出标志的方法，控制 P1.1 输出周期为 2ms 的方波。

项目小结

中断系统和定时/计数器是 MCS-51 系列单片机知识体系中比较重要的两部分内容，本项目以 3 人抢答器和汽车倒车声光报警蜂鸣器两个具体任务为依托分别介绍了 MCS-51 系列单片机中断系统和定时/计数器相关知识。通过学习能够理解中断的功能、中断系统的组成与功能、中断优先级别管理、中断响应过程、定时/计数器的计数原理等概念；掌握中断系统和定时/计数器的工作方式，以及各种方式的应用；掌握 TCON、SCON、IE、IP、TMOD 等特殊功能寄存器的功能与应用。

项目 4 单片机串行通信的应用

学习目标

理解串行通信的概念、特点及其与并行通信的区别；掌握串行通信相关的基本概念；熟悉 MCS-51 系列单片机串行口的结构、工作方式、波特率及相关的控制寄存器；掌握串行口不同工作方式的特点；熟悉单片机串行口的基本使用方法；掌握双机通信、多机通信等串口通信的实现方法。

任务 4.1 设计单片机串口控制数码管电路

任务目标

通过单片机串口控制数码管电路的设计任务的具体实施，理解串行通信的基本概念；了解串行口通信的同步方式和接口标准；掌握 MCS-51 系列单片机串行口的构成、工作方式及传输波特率的设定方法；掌握串行口的基本扩展方法。

微课：串口控制数码管的设计

任务描述

本任务要求设计一种单片机串口控制数码管显示电路。在 Proteus 中绘制电路图，如图 4.1 所示。任务设计以 MCS-51 系列单片机为核心，利用单片机的串行口和 74LS164 串入并出移位寄存器，通过按键中断的方式用串行口输出的数据控制数码管顺序显示十六进制字符。每按下一次按键，数码管显示的十六进制字符增加一位，连续按键，数码管则顺序循环显示十六进制的 0～F。

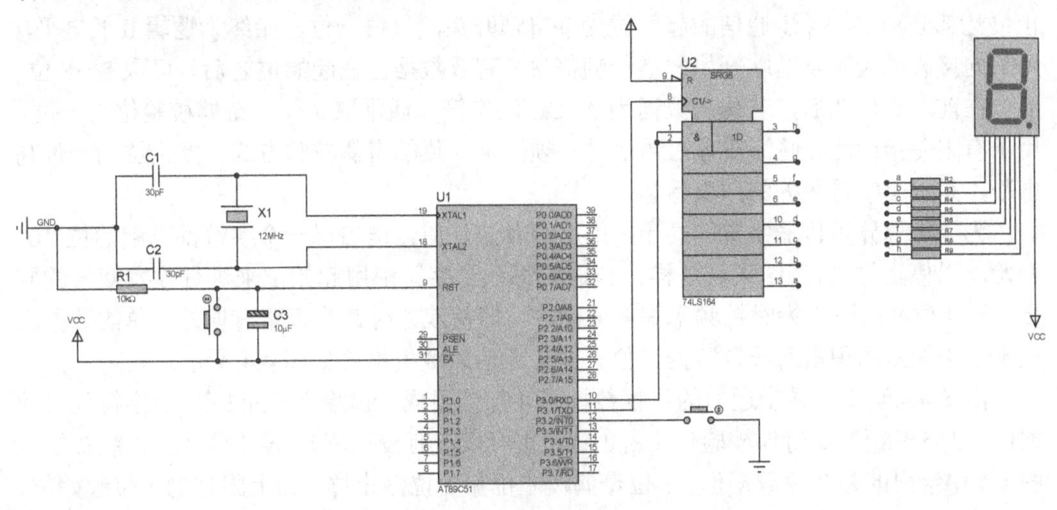

图 4.1 单片机串口控制数码管电路原理图

相关知识

微课：串行通信和并行通信

1. 串行通信基础

（1）串行通信的基本方式

在微机系统中，通信是指微机与外设或微机与微机之间的信息交换。

CPU 与外设的通信有两种基本方式：并行通信和串行通信。并行通信和串行通信原理如图 4.2 和图 4.3 所示。并行通信是指被传送数据信息的各位同时出现在数据传送端口上，信息的各位同时进行传送；串行通信是指将被传送的数据按组成数据各位的相对位置一位一位顺序传送，而接收时再将顺序传送的数据位按原数据形式恢复。

并行通信控制简单、传输速度快，但其传输线较多，长距离传送时成本高且接收方同时接收各位存在困难。串行通信传输线少，长距离传送时成本低，且可以利用电话网等现成的设备，但数据的传送控制比并行通信复杂。

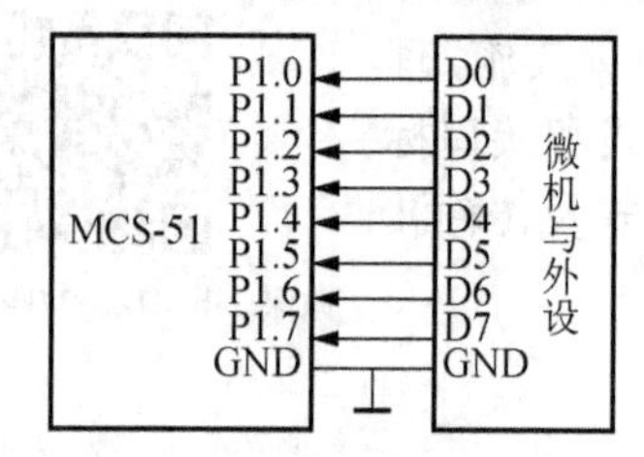

图 4.2　并行通信原理

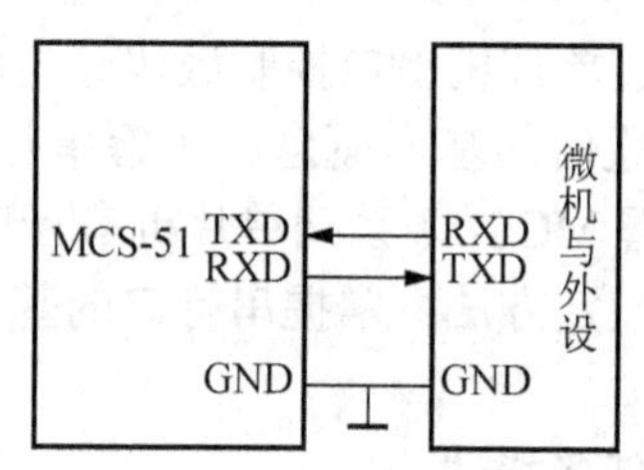

图 4.3　串行通信原理

（2）串行通信的同步方式

在串行通信方式中，按串行数据的同步方式，可以分为同步通信和异步通信两类。

1）异步通信（asynchronous communication）。异步通信规定了字符数据的传送格式，即每个数据以相同的帧格式传送。每一帧信息由起始位、有效数据位、奇偶校验位和停止位几部分构成。异步通信的起始位为字符帧开头，只占一位，始终为逻辑 0 低电平，用来向接收端表示发送端开始发送一帧信息；有效数据位在起始位之后，可取 5～8 位，低位在前，高位在后，若传送数据为 ASCII 码字符，通常取 7 位；奇偶校验位为一位，用于有限差错检测，通信双方在通信时必须约定一致的奇偶校验方式；停止位为一位高电平，是一个字符数据的结束标志。

为了实现异步传输字符的同步，采用的办法是使传送的每一个字符都以起始位“0”开始，以停止位“1”结束。这样，传送的每一个字符都用起始位来进行收发双方的同步。停止位和间隙作为时钟频率偏差的缓冲，即使双方时钟频率略有偏差，总的数据流也不会因偏差的积累而导致数据错位。异步通信的数据格式如图 4.4 所示。

由图 4.4 可见，异步通信的每帧数据由 4 部分组成：起始位（占 1 位）、字符代码数据位（占 5～8 位）、奇偶校验位（占 1 位，也可以没有校验位）、停止位（占 1 或 2 位）。图 4.4 中给出的是 7 位数据位、1 位奇偶校验位和 1 位停止位，加上固定的 1 位起始位，共 10 位，组成一个传输帧。传送时数据的低位在前，高位在后。字符之间允许有不定长度的空闲位。起始位“0”作为联络信号，它告诉接收方传送的开始，接下来的是数据位和奇偶校验位，停止位“1”表示一个字符的结束。

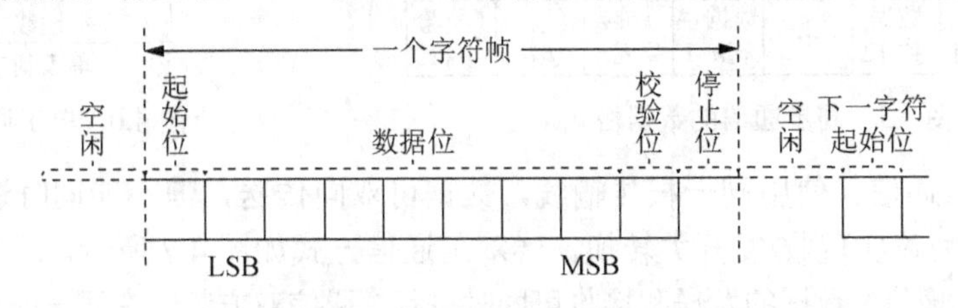

图 4.4　异步通信的数据格式

传送开始后，接收端不断检测传输线，看是否有起始位到来。当收到一系列的“1”（空闲位或停止位）后，检测到一个“0”，说明起始位出现，就开始接收所规定的数据位和奇偶校验位及停止位。经过处理将停止位去掉，将数据位拼成一个并行字节，并且经校验无误才算正确地接收到一个字符。一个字符接收完毕后，接收设备又继续检测传输线，监视“0”电平的到来（下一个字符开始），直到全部数据接收完毕。

异步通信的特点：不要求收发双方的时钟严格一致，易于实现、设备开销较小，但每个字符要附加 2 或 3 位用于起止位，各帧之间还有间隔，因此传输效率不高。

在串行通信中，发送端一帧一帧发送信息，接收端一帧一帧接收信息。相邻帧间可以无空闲位，也可以有空闲位。当有时，空闲位必须为 1。

2）同步通信（synchronous communication）。在异步通信中有起始位和停止位，占用了时间。为提高通信速度，常去掉这些标志，而采用同步传送。同步通信指发送端与接收端在同步时钟频率一致的情况下，以同步字符在每个数据块开始时使收/发双方同步，以同步字符开始，每位占用的时间相等，字符间不允许有间隙，当线路空闲或没有字符可发时，发送同步字符。同步通信的数据格式如图 4.5 所示。

3）同步通信与异步通信的区别如下。

异步通信的优点是不需要传送同步脉冲，字符帧长度也不受限制，故所需设备简单；其缺点是字符中因包含起始位和停止位而降低了有效数据的传输速率。

在同步通信中，同步字符可以采用统一标准格式，也可由用户约定。同步通信的优点是数据传输速率较高；其缺点是要求发送时钟和接收时钟保持严格同步，要求发送时钟和发送波特率保持一致外，还要求将它同时传送到接收端去。

同步通信一次传送的数据量大，但对通信设备要求较严格。在信息量很大、传输速度要求较高的场合，常采用同步通信；异步通信传送数据较慢，但在通信过程中发送与接收设备较容易协同一致，在实际应用中应用较广泛，常用于传输信息量不太大、传输速度比较低的场合。

（3）串行通信的数据传送方向

串行通信中，数据通常是在两个端点（点对点）之间进行传送，按照数据流动的方向可分成 3 种传送模式：单工、半双工、全双工。

1）单工通信。数据仅按一个固定方向传送。因此，这种传输方式的用途有限，常用于串行口的打印数据传输与简单系统间的数据采集。单工通信方式如图 4.6 所示。

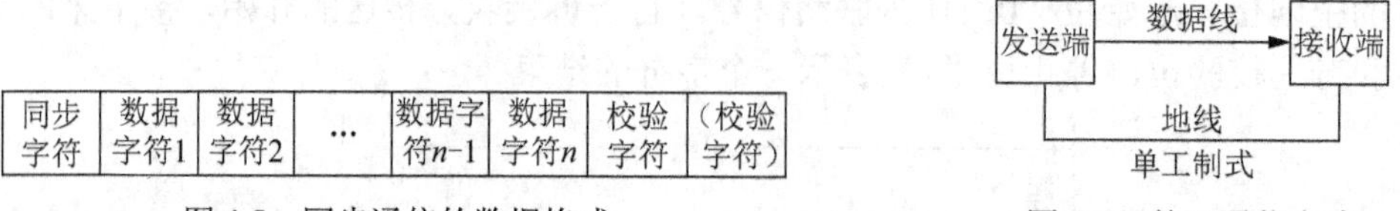

图 4.5　同步通信的数据格式　　　　图 4.6　单工通信方式

2）半双工通信。使用同一根传输线，数据可双向传送，但不能同时进行。实际应用中采用某种协议实现收/发开关转换。半双工通信方式如图 4.7 所示。

3）全双工通信。数据的发送和接收可同时进行，通信双方都能在同一时刻进行发送和接收操作，但一般全双工传输方式的线路和设备比较复杂。全双工通信方式如图 4.8 所示。

图 4.7　半双工通信方式　　　　图 4.8　全双工通信方式

（4）串行通信的波特率

比特率即数据传送速率的定义为串行口每秒传送（或接收）二进制数码的位数，其单位为位/秒。波特率是指传输码元的速率，单位为 Bd。因为单片机码元只有 0 和 1 两种状态，所以单片机的波特率与其比特率在数值上一致，即 1 波特=1 位/秒（1bit/s）。假设发送一位数据所需要的时间为 T_d，则波特率为 $1/T_d$。例如，波特率为 2400bit/s 的通信系统，其每位的传输时间应为 T_d=1/2400=0.417ms。波特率是衡量串行异步通信传送数据速度的一个指标。波特率越高，数据传输速度越快，但和字符帧格式有关。

在串行通信中，收发双方对发送或接收数据的速率要有约定。通过软件可对单片机串行口编程为 4 种工作方式，其中方式 0 和方式 2 的波特率是固定的，而方式 1 和方式 3 的波特率是可变的，由定时器 T1 的溢出率来决定。

（5）串行通信的校验

1）奇偶校验。在发送数据时，数据位尾随的 1 位为奇偶校验位（1 或 0）。当约定为奇校验时，数据中“1”的个数与校验位“1”的个数之和应为奇数；当约定为偶校验时，数据中“1”的个数与校验位“1”的个数之和应为偶数。接收方与发送方的校验方式应一致。接收字符时，对“1”的个数进行校验，若发现不一致，则说明传输数据过程中出现了差错。

2）代码和校验。代码和校验是发送方将所发数据块求和（或各字节异或），产生 1B 的校验字符（校验和）附加到数据块末尾。接收方接收数据的同时对数据块（除校验字节外）求和（或各字节异或），将所得的结果与发送方的“校验和”进行比较，相符则无差错，否则即认为传送过程中出现了差错。

3）循环冗余校验。循环冗余校验是通过某种数学运算实现有效信息与校验位之间的循环校验，常用于对磁盘信息的传输、存储区的完整性校验等。这种校验方法纠错能力强，广泛应用于同步通信中。

（6）串行通信接口标准

根据串行通信在同步方式、通信速率、数据块格式、信号电平等方面的不同，形成了多种串行通信的协议与接口标准。在这里主要讲解 RS-232 标准，RS-232 标准主要规定了信号的用途、通信接口及信号的电平标准。

RS-232C 是电子工业协会（Electronic Industries Association，EIA）1969 年修订的 RS-232 标准。RS-232C 定义了数据终端设备（data terminal equipment，DTE）与数据通信设备（data communication equipment，DCE）之间的物理接口标准。

1）机械特性。RS-232C 接口规定使用 25 针连接器，连接器的尺寸及每个插针的排列位置都有明确的定义。为了简化通信过程，减少设备间连线的复杂程度，目前最常用的是 9 针 D 型连接头，如图 4.9 所示。公头、母头的 2 引脚、3 引脚功能分别为串行输入/串行输出和串行输出/串行输入。

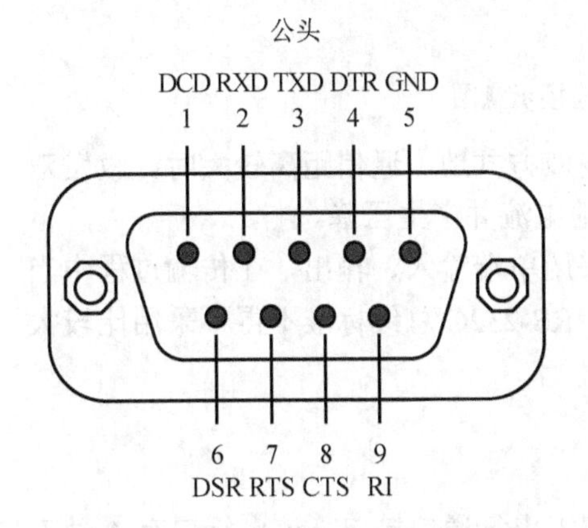

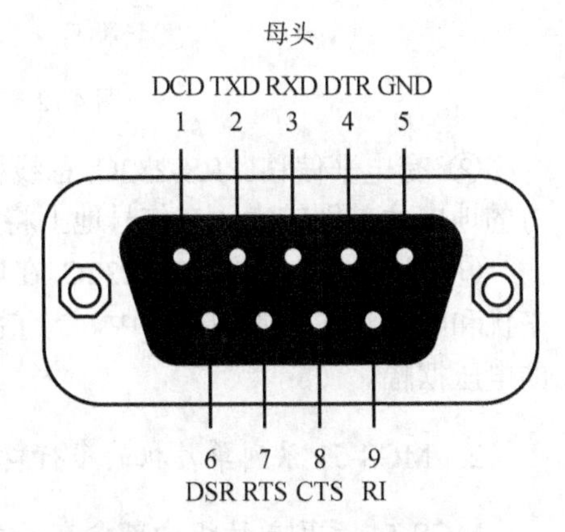

图 4.9　DB9 标准的公头及母头示意图

2）过程特性。过程特性规定了信号之间的时序关系，以便正确地接收和发送数据。RS-232C 接口的远程通信连接和近程通信连接分别如图 4.10 和图 4.11 所示。

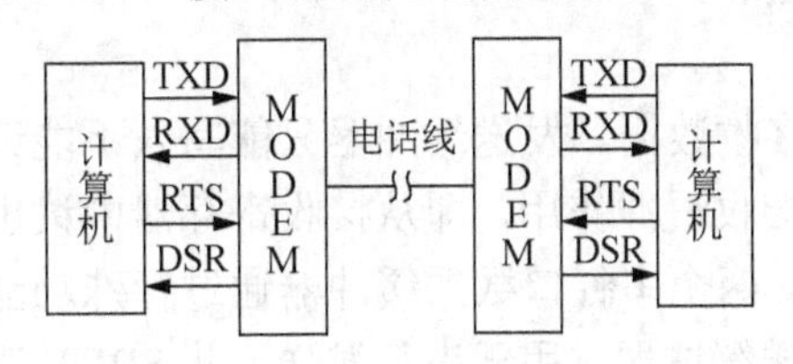

图 4.10　RS-232C 接口的远程通信连接

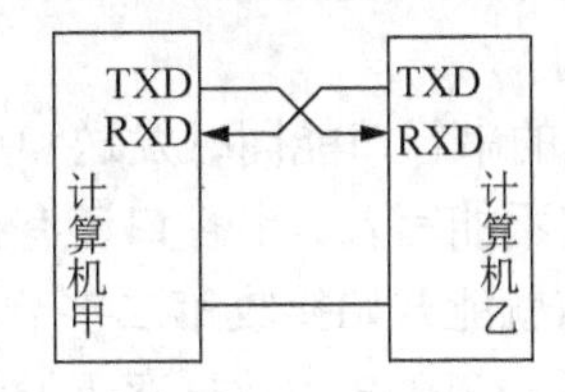

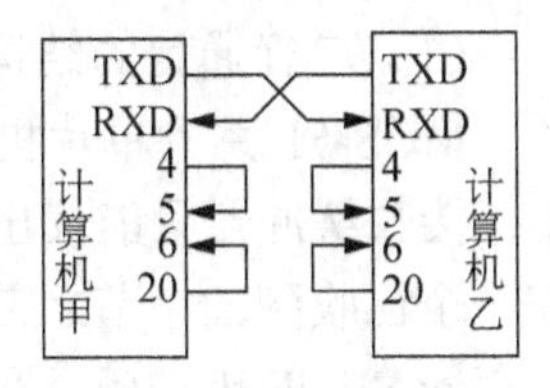

图 4.11　RS-232C 接口的近程通信连接

3）RS-232C 电平与 TTL 电平转换驱动电路。RS-232C 引脚 2、3 上的数据线使用负逻辑，与 TTL 使用正逻辑状态的规定不同。因此，为了能够与计算机接口或终端的 TTL 器件连接，必须在 RS-232C 与 TTL 电路之间进行电平和逻辑关系的变换。最常用芯片是 MAX232，只需要+5V 电源即可同时实现 TTL 电平与 RS-232C 电平的双向转换。MAX232 串口连接示意图如图 4.12 所示。

4）RS-232C 接口缺点。

① 传输距离短，传输速率低。RS-232C 总线标准受电容允许值的约束，使用时传输距离一般不要超过 15m（线路条件好时也不超过几十米），最高传送速率为 20kb/s。

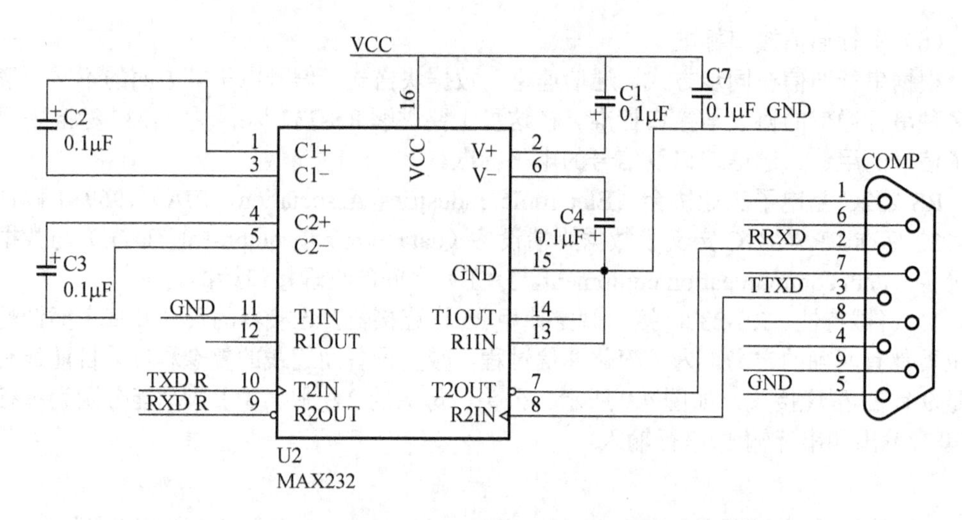

图 4.12 MAX232 串口连接示意图

② 有电平偏移。RS-232C 总线标准要求收发双方共地。通信距离较大时，收发双方的地电位差别较大，在信号地上将有比较大的地电流并产生压降。

③ 抗干扰能力差。RS-232C 在电平转换时采用单端输入、输出，在传输过程中当干扰和噪声混在正常的信号中。为了提高信噪比，RS-232C 总线标准不得不采用比较大的电压摆幅。

2. MCS-51 系列单片机的串行口

MCS-51 系列单片机内部含有一个可编程全双工串行通信接口，该串行口有 4 种工作方式。波特率可由软件自行设置，由片内的定时/计数器产生，接收、发送均可工作在查询方式或中断方式。串行口除用于数据通信外，还可以作为并行 I/O 的输入口，作为串到并的转换，也可以用来驱动键盘或显示器件等。

（1）串行通信的结构

MCS-51 系列单片机的串行口能同时发送和接收数据。发送缓冲器只能写入不能读出；接收缓冲器只能读出不能写入。串行口还有接收缓冲作用，即从接收寄存器中读出前一个已收到的字节之前就能开始接收第二字节。两个串行口数据缓冲器通过行殊功能寄存器 SBUF 来访问。写入 SBUF 的数据存于发送缓冲器，用于串行发送；从 SBUF 读出的数据来自接收缓冲器。两个缓冲器共用一个地址 99H。MCS-51 系列单片机对串行口的控制是通过串行口控制寄存器 SCON 实现的，也和电源控制寄存器 PCON 有关。

1）SCON。SCON 用于控制串行口的工作方式和状态，可以位寻址，字节地址为 98H。单片机复位时，所有位全为 0。SCON 的格式如表 4.1 所示。

表 4.1 SCON 的格式

位	D7	D6	D5	D4	D3	D2	D1	D0
位地址	9F	9E	9D	9C	9B	9A	99	98
SCON	SM0	SM1	SM2	REN	TB8	RB8	TI	RI

具体各位的含义如下。

① SM0、SM1：串行方式选择位。两个选择位可选择 4 种工作方式。

② SM2：多机通信控制位，主要用于方式 2 和方式 3。在方式 0 时，SM2 不用，必须设置为 0；在方式 1 中，若 SM2=1，则只有收到有效的停止位时才会激活 RI。若没有接收到有效停止位，则 RI 清 0；在方式 2 或方式 3 中，若 SM2=0，串行口以单机发送或接收方式工作，TI 和 RI 以正常方式补激活，但不会引起中断请求。若 SM2=1、RB8=1 时，RI 不仅被激活而且可以向 CPU 请求中断。

③ REN：允许串行接收控制位。REN=0，禁止串行口接收；REN=1，允许串行口接收。此控制位由软件置位或复位。

④ TB8：发送数据的第 9 位。在方式 2 和方式 3 中，由软件置位或复位，可做奇偶校验位。在多机通信中，可作为区别地址帧或数据帧的标志位。一般约定地址帧时，TB8 为 1；约定数据帧时，TB8 为 0。

⑤ RB8：方式 2 和方式 3 中已接收到的第 9 位数据。在方式 1 中，若 SM2=0，RB8 是接收到的停止位。在方式 0 中，不使用 RB8 位。

⑥ TI：发送中断标志位，用于指示一帧数据是否发送完。在方式 0 中串行发送到第 8 位结束时由硬件置位。在其他方式中，TI 在发送电路开始发送停止位时由硬件置位。当 TI=1 时，申请中断，CPU 响应中断后，发送下一帧数据。在任何方式中，该位都必须由软件清 0。

⑦ RI：接收中断标志位，用于指示一帧信息是否接收完。在方式 0 中串行接收到第 8 位结束时由硬件置位。在其他方式中，在接收到停止位的中间时刻由硬件置位。当 RI=1 时，申请中断，要求 CPU 取走数据。但方式 1 中，当 SM2=1 时，若未接收到有效的停止位，则不会对 RI 置位。在任何工作方式中，该位都必须由软件清 0。

在系统复位时，SCON 中的所有位都被清 0。

2）PCON。PCON 字节地址为 87H，没有位寻址功能。与串行口有关的只有 D7 位（SMOD），此位是波特率选择位，复位时的 SMOD 值为 0。可用 MOV 指令使该位置 1。当 SMOD=1 时，在串行口方式 1、2 下，波特率提高一倍。

PCON 中的其余各位用于 MCS-51 系列单片机的电源控制。PCON 的格式如表 4.2 所示。

表 4.2 PCON 的格式

位地址	D7	D6	D5	D4	D3	D2	D1	D0
PCON	SMOD	SMOD0	LVDF	POF	GF1	GF0	PD	TDL

（2）串行通信的工作方式

串行口的工作方式有 4 种，由 SM0、SM1 定义，串行口的工作方式选择和功能如表 4.3 所示。

表 4.3 串行口的工作方式选择和功能

SM0	SM1	工作方式	功能说明	所用波特率
0	0	方式 0	移位寄存器方式	f_{osc} /12
0	1	方式 1	8 位 UART	由定时器控制
1	0	方式 2	9 位 UART	f_{osc} /32 或 f_{osc} /64

续表

SM0	SM1	工作方式	功能说明	所用波特率
1	1	方式 3	9 位 UART	由定时器控制

注：UART 为通用异步接收器/发送器（universal asynchronous receiver/transmitter）。

现对 4 种工作方式作进一步说明。

1）方式 0。串行口的工作方式 0 为移位寄存器输入/输出方式，波特率固定为$f_{osc}/12$。发送或接收的是 8 位数据，低位在先，由 RXD(P3.0)输出或输入，TXD(P3.1)则输出同步移位时钟。

方式 0 输出（发送）时，SBUF 相当于一个并入串出的移位寄存器，由 MCS-51 系列单片机的内部总线并行接收 8 位数据，并从 RXD 线串行输出。发送操作是在 TI=0 下进行的。当一个数据写入串行口数据缓冲器时，就开始发送。同时，发送控制器送出移位信号，使发送移位寄存器的内容右移一位。直到最高位（D7 位）数字移出后，停止发送数据和移位时钟脉冲。一帧数据发送完毕之后，各控制端均恢复原状态，TI 由硬件置位，就申请中断。若 CPU 响应中断（前提是 CPU 开中断），则从 0023H 单元开始执行串行口中断服务程序。在再次发送数据前，必须用软件将 TI 清 0。

方式 0 输入（接收）时，RXD 端为数据输入端，TXD 端为同步脉冲信号输出端。当允许接收 REN=1 和 RI=0 时，就会启动一次接收过程。串行接收的波特率为振荡频率f_{osc}的 1/12。当接收完一帧数据后，控制信号复位，RI 自动置 1 并发出串行口中断请求。CPU 查询到 RI=1 或响应中断后便可通过指令将 SBUF（接收）到的数据送入累加器 A 中，RI 也由软件复位。

在方式 0 中，SCON 中的 TB8 不使用，SM2（多机通信控制位）置 0。

方式 0 主要用于使用 CMOS 或 TTL 移位寄存器进行 I/O 扩展的场合。

MCS-51 系列单片机的串行口外接串行输入、并行输出移位寄存器作为输出口和外接并行输入、串行输出移位寄存器作为输入口，如图 4.13 所示。

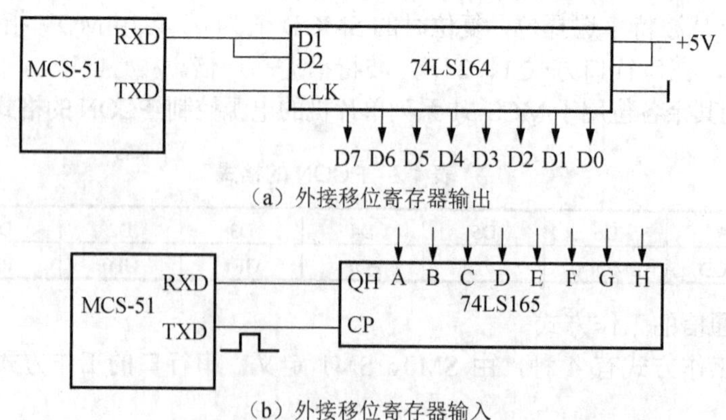

图 4.13　MCS-51 系列单片机外接移位寄存器

2）方式 1。串行口工作于方式 1 时，它被控制为波特率可变的 8 位异步通信接口。方式 1 下，传输的信号有 10 位：起始位 0、8 位数据（低位在先）、停止位 1。由 TXD 发送，RXD 接收。传输的波特率由定时器 1 的溢出率确定。设计数的预置值（初始值）

为 X，此时

$$方式1的波特率=\frac{2^{SMOD}}{32}\times定时器1的溢出率$$

$$方式1的溢出率=\frac{f_{osc}}{12(2^K-X)}$$

式中，SMOD 为 PCON 的最高位的值（0 或 1）。K 为定时器 T1 的位数，它和定时器 T1 的设定方式有关。方式 0 时，K=13；方式 1 时，K=16；方式 2 时，K=8。当 T1 作为波特率发生器时，典型的用法是使 T1 工作在自动再装入的 8 位定时器方式。

方式 1 发送操作是在 TI=0 时，执行一条以 SBUF 为目的寄存器的指令而启动的。然后发送电路自动在 8 位发送字符前后分别添加 1 位起始位和 1 位停止位，并在移位脉冲作用下在 TXD 线上完成一帧数据的发送，使 TXD 线上为高电平，且置位中断标志位 TI。

方式 1 接收过程是在 REN=1 和 RI=0 条件下，从 RXD 端检测到从 1 到 0 的跳变来启动的。接收器以所选波特率的 16 倍速率采样 RXD。当接收电路连续 8 次采样到 RXD 线为低电平时，相应检测器便可确认 RXD 线上有了起始位。若起始位有效，便移入输入移位寄存器，并依次接收本帧数据的剩余部分。接收电路在采样时钟的第 7、8、9 个脉冲采样到的值进行检测，并以三中取二原则来确定所采样数据的值。若接收到的第一位不是 0，即不是一帧数据的起始位，则复位接收电路等待 1 到 0 的负跳变。

在接收到停止位时，接收电路必须同时满足 RI=0 和 SM2=0 或接收到的停止位为“1”，才能将接收的 8 位字符存入 SBUF 中，将停止位送入 RB8 中，并使 RI=1 和发出串行口中断请求。若不满足上述条件，则此次收到的数据被舍去，不装入 SBUF 中。这就相当于丢失了一组接收数据帧。中断标志 RI 必须由用户在中断服务程序中清 0。通常串行口以方式 1 工作时，SM2 置为 0。

3）方式 2 与方式 3。串行口工作于方式 2 和方式 3 时，被定义为 9 位的异步通信接口。发送和接收一帧信息都是 11 位。1 位起始位 0、8 位数据位（低位在先）、1 位可编程位（即第 9 位数据）和 1 位停止位。方式 2 和方式 3 的原理相似，主要区别是两者在通信中波特率有所不同：方式 2 的波特率由 MCS-51 系列单片机主频经 32 或 64 分频后获得；方式 3 的波特率由定时器 T1 或 T2 的溢出率经 32 分频获得，这一点与方式 1 是类似的。

方式 2 和方式 3 发送的过程类似于方式 1，所不同的是方式 2 和方式 3 有 9 位有效数据位。发送时，CPU 除要将发送字符写入 SBUF 外，还要将第 9 位数据预先装入 SCON 的 TB8 中，由软件置位或清 0，可以作为数据的奇偶校验位，也可以作为多机通信中的地址、数据标志位。第 9 位数据位的值装入 TB8 后，用一条以 SBUF 为目的的传送指令把发送数据装入 SBUF 来启动发送过程。一帧数据发送完后，TI=1，请求中断。

方式 2 和方式 3 的接收过程也和方式 1 类似，其区别是方式 1 时 RB8 中存放的是停止位，方式 2 和方式 3 时 RB8 存放的是第 9 位数据位。所接收的停止位的值可用于多机处理（多机通信中的地址/数据标志位），也可作奇偶校验位。

方式 2 和方式 3 必须满足接收有效字符的条件为 RI=0 和 SM2=0 或收到的第 9 位数据位为“1”，只有这两个条件同时满足，接收到的字符才能送入 SBUF 中，第 9 数据位才能装入 RB8 中，并使 RI=1；否则，所收到的数据无效，RI 也不置位。

（3）串行通信的编程

串行口工作之前，应对其进行初始化，主要是设置产生波特率的定时器 1、串行口控制和中断控制。具体步骤如下。

1）确定 T1 的工作方式（编程 TMOD）。

2）计算 T1 的初值，装载 TH1、TL1。

3）启动 T1（编程 TCON 中的 TR1 位）。

4）确定串行口控制（编程 SCON）。

串行口在中断方式工作时，要进行中断设置（编程 IE、IP 寄存器）。

串行通信的编程有两种方式：查询方式和中断方式。

在串行通信的编程中，如果是方式 1 和方式 3，初始化程序中必须对定时计数器 T1 进行初始化编程以选择波特率。发送程序应注意先发送再检查状态 TI，而接收程序应注意先检查状态 RI 再接收，即发送过程是先发后查，而接收过程是先查后收。无论发送前或接收前，都应先清状态 TI 或 RI；无论是查询方式还是中断方式，发送或接收后都不会自动清状态标志，必须使用程序将 TI 和 RI 清 0。

查询方式的发送、接收数据块的子程序流程如图 4.14 所示。

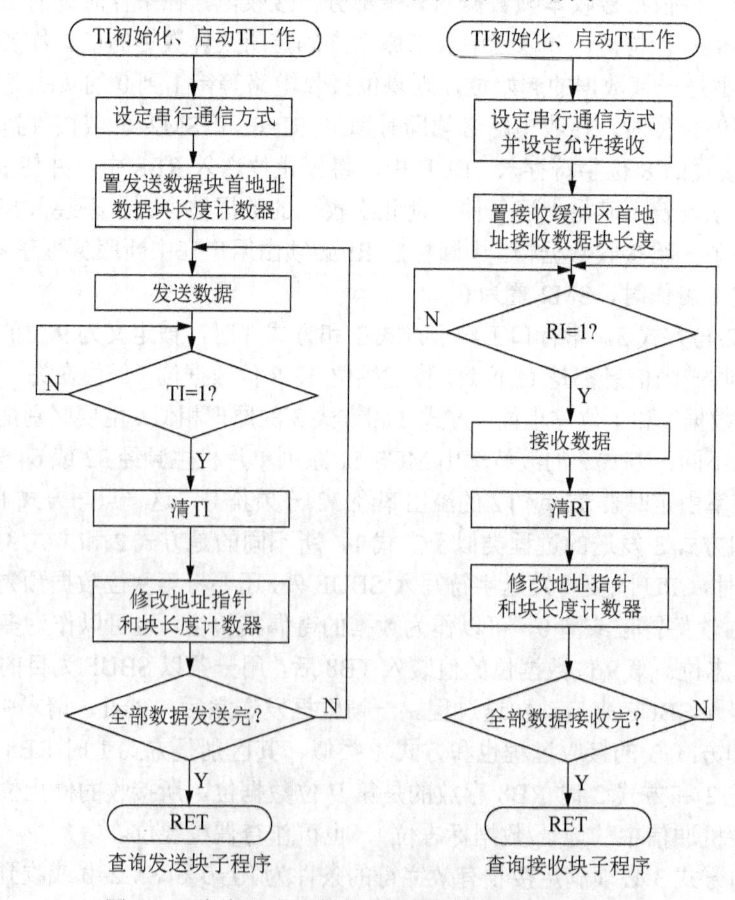

图 4.14　查询方式的发送、接收数据块的子程序流程

中断方式对 TI 和 SCON 的初始化同查询方式，不同的是要置位 EA（中断总开关）

和 ES（允许串行中断）。中断方式的发送和接收的程序流程如图 4.15 所示。

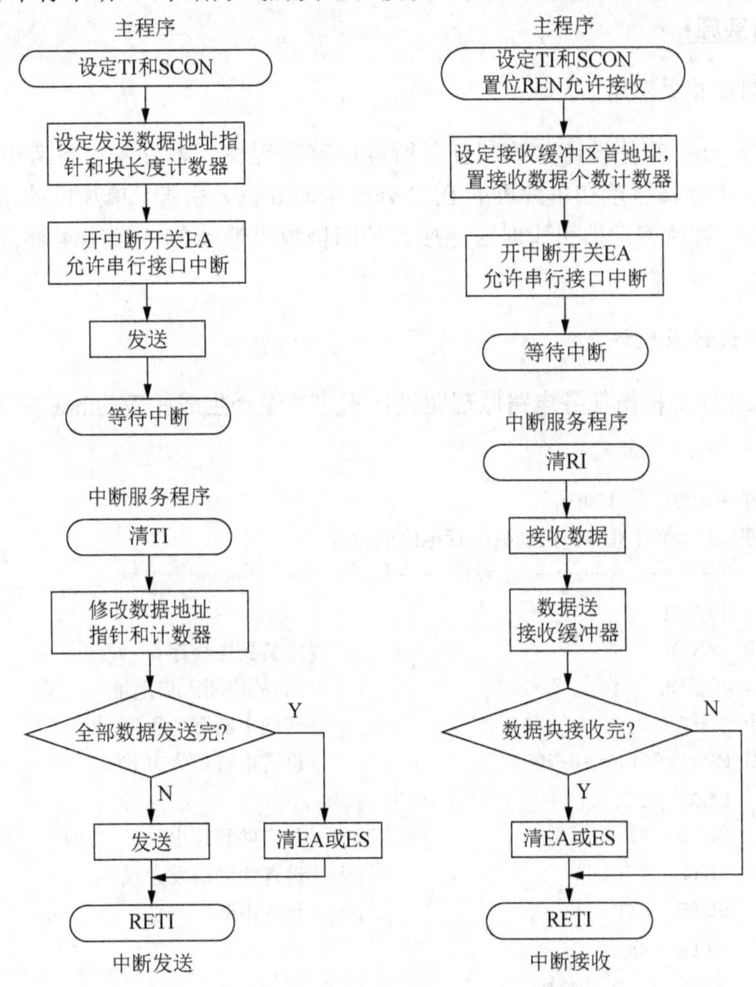

图 4.15 中断方式的发送和接收的程序流程

任务分析

本任务的设计要求是使用单片机的串口通信实现对 LED 数码管显示的控制。通过接在单片机外部中断引脚的按键实现中断信号的输入。每按一次按键，在中断服务子程序中通过单片机的串口向片外以工作方式 0 串行输出数码管显示字形码，以查询方式来确定串行口数据是否发送完毕。同时准备好下一个需要显示的字形码，为下一次按键做好准备。单片机的串行口输出的字形码送给 74LS164 串行输入、并行输出移位寄存器，由 74LS164 将 8 位串行二进制字形码转换为 8 位并行数据送给共阳极 LED 数码管，实现十六进制字形的显示。

任务准备

计算机、Proteus 软件、Keil 软件等。

任务实施

1. 绘制仿真原理图

使用 Proteus 软件设计并绘制任务所需电路原理图，本任务的参考电路原理图如图 4.1 所示。中断按键接在单片机的 P3.2 外部中断 0 输入引脚，单片机的串行口引脚分别和 74LS164 移位寄存器引脚对应连接。共阳极数码管接在 74LS164 移位寄存器的并行口输出端。

2. 程序设计及编译

使用 Keil 软件根据任务电路原理图设计程序并编译生成相应的.hex 文件。本任务参考程序如下。

```
;程序名:任务 1.asm
;程序功能:单片机串口控制数码管电路的设计
;--------------------主程序-------------------
ORG  0000H
SJMP  MAIN                                  ;跳转到主程序
ORG  000BH                                  ;T0 的中断入口地址
LJMP  INT_T0                                ;转向中断服务程序
MAIN:MOV  SCON;#00H                         ;设置串行口为方式 0
     CLR  P1.1
     SETB  P1.1                             ;开启并行输出
     SETB  IT0                              ;设置边沿触发方式
     SETB  EX0                              ;允许中断
     SETB  EA
     MOV  DPTR,#TAB
     MOV  R0,#16
     MOV  R1,#0
     SJMP  $                                ;等待按键中断信号
;--------------- T0 中断服务程序------------------
INT_T0:MOV  A,R1
       MOVC  A,@A+DPTR
       MOV  SBUF,A                          ;串行输出
       JNB  TI,$
       CLR  TI                              ;清发送中断标志
       INC  R1
       DJNZ  R0,LOOP1
       MOV  DPTR,#TAB
       MOV  R0,#16
       MOV  R1,#0
```

```
LOOP1:RETI
TAB:DB  0C0H,0F9H,0A4H,0B0H,99H     ;十六进制显示字形码
    DB  92H,82H,0F8H,80H,90H
    DB  88H,83H,0C6H,0A1H,86H,8EH
    END
```

3. 仿真验证

使用 Proteus 软件运行生成的.hex 文件，验证程序效果，观察运行情况。单片机串口控制数码管电路设计仿真效果图如图 4.16 所示。在按键控制下，数码管顺序循环显示十六进制的 0～F。

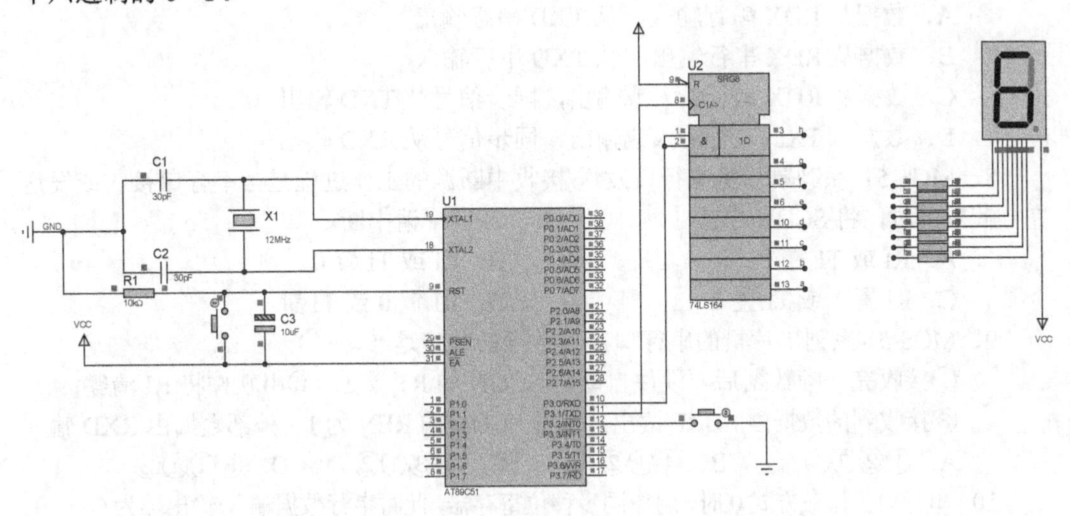

图 4.16　单片机串口控制数码管电路设计仿真效果图

结论

MCS-51 系列单片机的串行口外接串行输入、并行输出移位寄存器作为输出口和外接并行输入、串行输出移位寄存器作为输入口，可以实现单片机串行口的扩展控制功能。在工作方式 0 下，串行口工作于移位寄存器方式，以 $f_{osc}/12$ 的波特率进行数据的串行发送和接收。

练　习　题

一、选择题

1．串行口控制寄存器 SCON 为 40H 时，工作于（　　）。

A．方式 0　　B．方式 1　　C．方式 2　　D．方式 3

2．串行口的工作模式中属于移位寄存器的是（　　）。

A．方式 0　　B．方式 1　　C．方式 2　　D．方式 3

3．在异步通信中每个字符由 9 位组成，串行口每分钟传 25000 个字符，则对应的波特率为（　　）bit/s。

A．2500　　B．2750　　C．3000　　D．3750

4．根据信息的传送方向，MCS-51 系列单片机的串行口属（　　）类。

A．半双工　　B．全双工　　C．半单工　　D．单工

5．用 MCS-51 系列单片机串行扩展并行 I/O 接口时，串行口工作方式选择（　　）。

A．方式 0　　B．方式 1　　C．方式 2　　D．方式 3

6．控制串行口工作方式的寄存器是（　　）。

A．TCON　　B．PCON　　C．SCON　　D．TMOD

7．MCS-51 系列单片机的串行口工作于方式 0 时，（　　）。

A．数据从 RDX 串行输入，从 TXD 串行输出

B．数据从 RDX 串行输出，从 TXD 串行输入

C．数据从 RDX 串行输入或输出，同步信号从 TXD 输出

D．数据从 TXD 串行输入或输出，同步信号从 RXD 输出

8．MCS-51 系列单片机串行口发送/接收中断源的工作过程是当串行口接收或发送完一帧数据时，将 SCON 中的（　　），并向 CPU 申请中断。

A．RI 或 TI 置 1　　B．RI 或 TI 置 0

C．RI 置 1 或 TI 置 0　　D．RI 置 0 或 TI 置 1

9．MCS-51 系列单片机的串行口接收数据的顺序是（　　）。

①接收完一帧数据后，硬件自动将 SCON 的 R1 置 1；②用软件将 RI 清零；

③接收到的数据由 SBUF 读出；④置 SCON 的 REN 为 1，外部数据由 RXD 输入

A．①②③④　　B．④①②③　　C．④③①②　　D．③④①②

10．串行口工作在方式 0 时，用作同步移位寄存器，此时串行数据输入/输出端为（　　）。

A．RXD 引脚　　B．TXD 引脚　　C．T0 引脚　　D．T1 引脚

二、填空题

1．MCS-51 系列单片机串行中断 ES 的中断入口地址为________。

2．在串行通信中，数据传送方向有________、________和________3 种方式。

3．MCS-51 系列单片机串行口方式________适用于波特率可变的多机通信。

4．要使串行口为 10 位 UART，则工作方式应选为________。

5．串行通信按同步方式可分为________通信和________通信。

6．当向 SBUF 发“写”命令时，即执行________指令，即向发送缓冲寄存器 SBUF 装载并开始由________引脚向外发送一帧数据，发送完后便使发送中断标志位________置 1。

7．若异步通信接口按方式 3 传送，已知其每分钟传送 3600 个字符，则其波特率为________。

8．MCS-51 系列单片机的串行数据缓冲器 SBUF 用于________。

9．串行工作方式 1 的波特率是________。

10. 在并行输入、串行输出移位寄存器的配合下，就可以将串行口作为________口使用。

三、简答题

1. 简述串行通信与并行通信的优缺点。
2. 异步串行通信按帧格式进行数据传送，帧格式由哪几部分组成？
3. 串行口有几种工作方式？各种工作方式的波特率如何确定？
4. 简述 MCS-51 系列单片机串行口控制寄存器 SCON 各位的含义。
5. 串行通信的编程有哪些方式？各有什么特点？

四、程序设计题

1. 如果晶振频率为 11.059MHz，串行口工作于方式 1，波特率为 4800bit/s，试给出用 T1 作为波特率发生器的方式控制字和计数初值。

2. 用 89C51 单片机的串口通信实现对 LED 的控制，8 个 LED 接在 74LS164 的并行口输出端。要求实现控制 LED 实现跑马灯的效果，LED 每次亮的时间为 1s。

任务 4.2 设计单片机串行通信电路

任务目标

通过单片机串行通信电路的设计，熟悉 MCS-51 系列单片机串行通信的应用方式；了解串口通信不同方式下的特点和注意事项；掌握串行口双机通信、多机通信的实现方法；熟悉串行通信相关程序的设计及编写。

任务描述

在 Proteus 中绘制电路图，如图 4.17 所示。本任务使用 MCS-51 系列单片机的串行口实现 2 个单片机之间的点对点串行异步通信。在近距离传输情况下，双机采用 TTL 电平传输进行串行口通信。2 个单片机可以完成串口的全双工通信，收发信息可以同时进行。每个单片机分别读取自身并口 P2 所接的 8 个拨码开关的状态信息，并将其通过串口发送到对方单片机，对方单片机用接收到的开关的状态信息去控制自身 P0 口所接的 8 个 LED 的亮灭。

相关知识

1. 双机通信

利用 MCS-51 系列单片机的串行口可以进行两个 MCS-51 系列单片机之间的点对点串行异步通信。在设计双机通信技术中，主要包括双机通信接口设计和双机通信软件设计两部分。

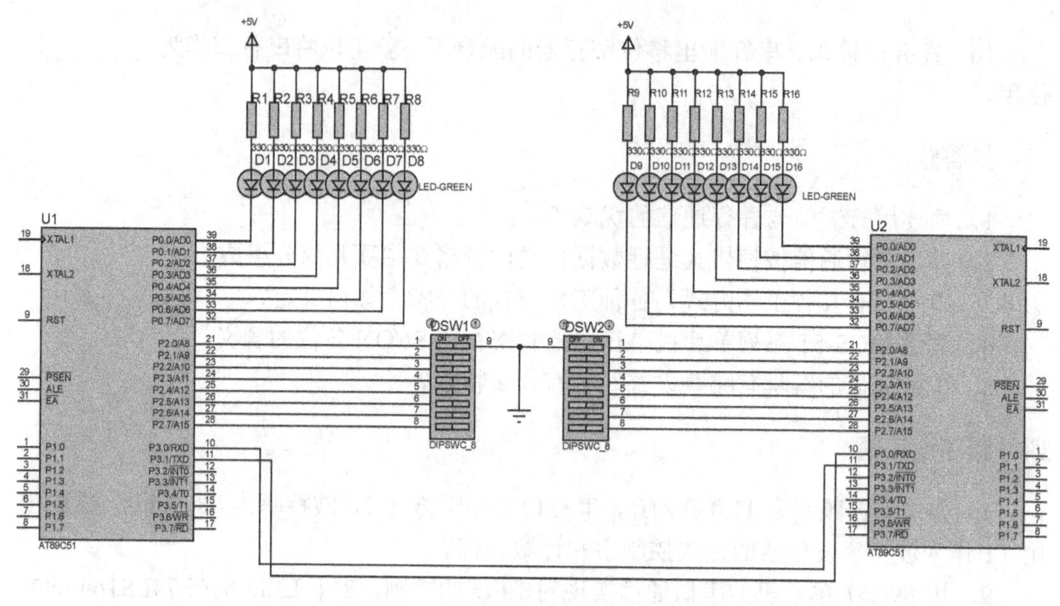

图 4.17 单片机串行通信电路原理图

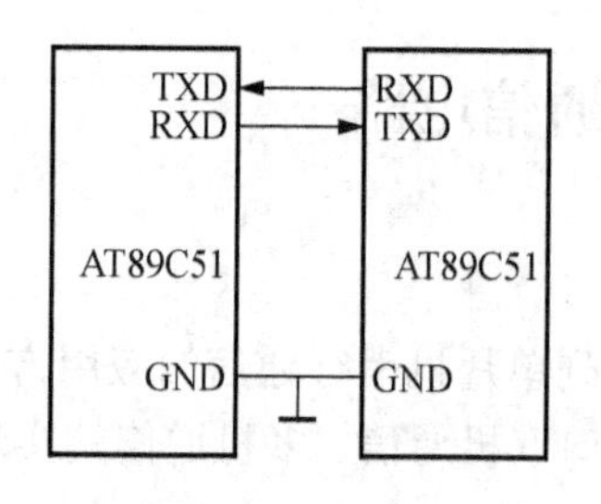

图 4.18 TTL 电平传输双机通信接口电路

（1）单片机双机通信接口设计

根据 MCS-51 系列单片机双机通信距离、抗干扰性等要求，可选择 TTL 电平传输、RS-232C、RS-422A、RS-485 串行接口方法。

1）TTL 电平通信接口。如果两个 51 应用系统相距 1m 之内，它们的串行口可直接相连，从而实现了双机通信。TTL 电平传输双机通信接口电路如图 4.18 所示。

2）RS-232C 双机通信接口。如果双机通信距离在 30m 之内，可利用 RS-232C 标准接口实现双机通信。RS-232C 双机通信接口电路如图 4.19 所示。

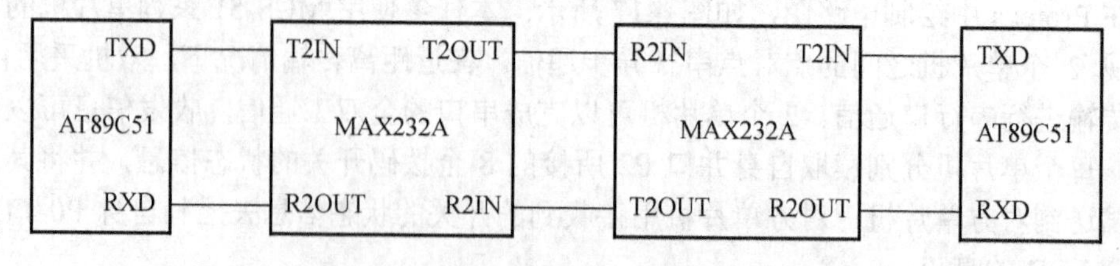

图 4.19 RS-232C 双机通信接口电路

RS-232C 是一种电压型总线标准，可用于设计计算机接口与终端或外设之间的连接，以不同的极性的电压表示逻辑值。−25～−3V 表示逻辑“1”，+3～+25V 表示逻辑“0”。其电平与 TTL 和 CMOS 电平是不同的，所以在通信时必须进行电平转换。常用的电平转换芯片有 MC1488、MC1489、MAX232，其中 MAX232 采用单 5V 电源供电，使用非常方便。

MAX232 系列芯片由 MAXIM 公司生产，内含两路接收器和驱动器。其内部的电源电压变换器可以把输入的+5V 电源电压变换成 RS-232C 输出所需的±10V 电压。该芯片硬件接口简单、价格适中，所以被广泛使用。MAX232 芯片引脚图如图 4.20 所示。

3）RS-422A 双机通信接口。为了增加通信距离，减小通道及电源干扰，可以利用 RS-422A 标准进行双机通信。它具体通过传输线驱动器，将逻辑电平变换成电位差，完成发送端的信息传递；通过传输线接收器，将电位差变换成逻辑电平，完成接收端的信息接收。RS-422A 比 RS-232C 传输距离长、速度快，传输速率最大可达 10Mb/s，在此速率下，电缆的允许长度为 12m；如果采用低速率传输，最大距离可达 1200m。

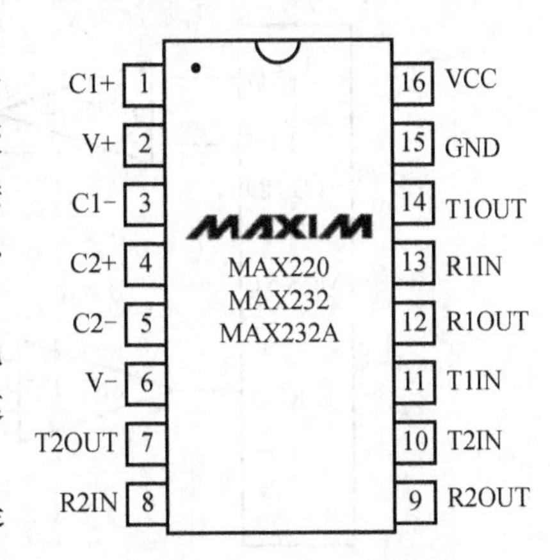

图 4.20　MAX232 芯片引脚图

RS-422A 和 TTL 进行电平转换最常用的芯片是传输线驱动器 SN75174 和传输线接收器 SN75175，这两种芯片的设计都符合 EIA 标准 RS-422A，均采用+5V 电源供电。

RS-422A 双机通信接口电路如图 4.21 所示。每个通道的接收端都接有 3 个电阻 R1、R2、R3，其中，R1 为传输线的匹配电阻，阻值取值范围为 50～1000Ω，其他两个电阻是为了解决第一个数据的误码而设置的匹配电阻，起到隔离、抗干扰的作用。

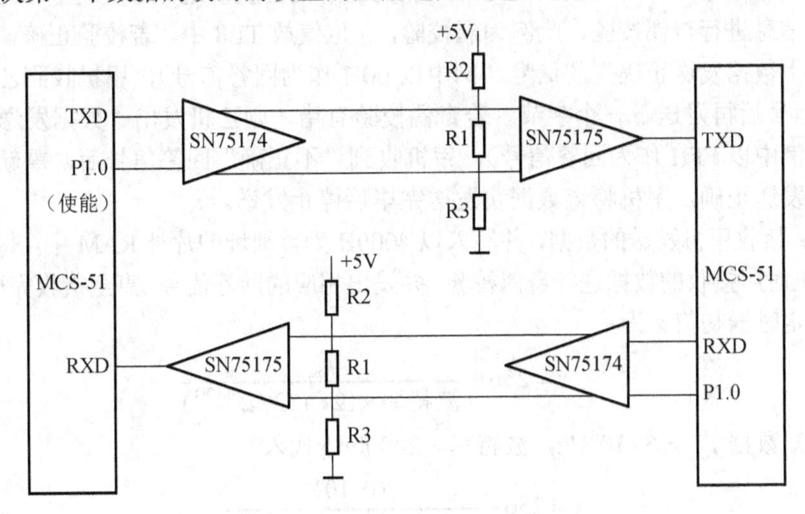

图 4.21　RS-422A 双机通信接口电路

4）RS-485 双机通信接口。RS-485 双机通信接口电路如图 4.22 所示，RS-485 以双向、半双式的方式实现了双机通信。在 51 系统发送或接收数据前，应先将 75174 的发送门或接收门打开，当 P1.0=1 时，发送门打开，接收门关闭；当 P1.0=0 时，接收门打开，发送门关闭。

（2）单片机双机通信软件设计

除 RS-485 串行通信外，TTL、RS-232C、RS422A 双机通信的软件设计方法是一样的。为确保通信成功，通信双方必须在软件上有一系列的约定，通常称为软件协议。可用查询方式或中断方式双机通信软件设计两部分内容。

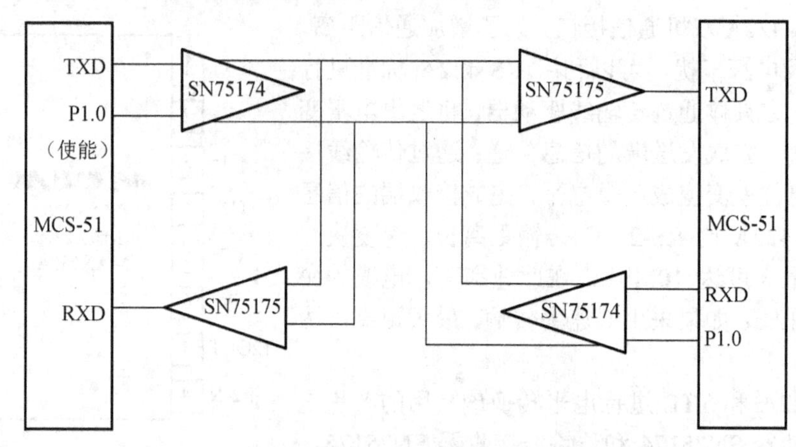

图 4.22　RS-485 双机通信接口电路

下面以双机均用中断方式进行双机通信程序设计举例。

设甲机发送，乙机接收，串行口工作于方式 3（每帧数据为 11 位，第 9 位用于奇偶校验），两机均选用 6MHz 的振荡频率，波特率为 2400bit/s，通信的功能如下。

甲机：将片外 RAM 4000H~407FH 单元的内容向乙机发送，每发送一帧信息，乙机对接收的信息进行奇偶校验，此例为偶校验，P 位值放 TB8 中。若校验正确，则乙机向甲机回发“数据发送正确”的信号（例中以 00H 作为回答信号），甲机收到乙机的回答“正确”信号后再发送下一个字节。若奇偶校验有错，则乙机发出“数据发送不正确”的信号（例中以 FFH 作为回答信号），甲机收到“不正确”回答信号后，重新发送原数据，直至发送正确。甲机将该数据块发送完毕后停止发送。

乙机：接收甲机发送的数据，并写入以 4000H 为首地址的片外 RAM 中，每接收一帧数据，乙机对所接收的数据进行奇偶校验，并发出相应的回答信号，直至接收完所有数据。

计算定时器初值 x 为

$$x = 256 - \frac{f_{\mathrm{osc}}}{\text{波特率} \times 12 \times (32/2^{\mathrm{SMOD}})}$$

将已知数据 $f_{\mathrm{osc}} = 6 \times 10^6\,\mathrm{Hz}$，波特率 = 2400bit/s代入

$$x = 256 - \frac{6 \times 10^6}{2400 \times 12 \times (32/2^{\mathrm{SMOD}})}$$

取 SMOD=0 时，x=249.49，因取整数误差过大，故设 SMOD=1，则 x=242.98≈243=F3H。因此，实际波特率为 2403.85bit/s。甲机、乙机的实现流程如图 4.23 和图 4.24 所示。

源程序清单如下。

甲机：主程序。

```
ORG  0000H
LJMP  MAIN                   ;上电，转向主程序
ORG  0023H                   ;串行口的中断入口地址
LJMP  SERVE1                 ;转向甲机中断服务程序
```

```
ORG  2000H                  ;主程序
MAIN:MOV  TMOD,#20H         ;设 T1 工作在方式 2
     MOV  TH1,#0F3H         ;赋计数初值
     MOV  TL1,#0F3H
     SETB  TR1              ;启动定时器 1
     MOV  PCON,#80H         ;设 SMOD=1
     MOV  SCON,#0D0H        ;串行口工作方式 3,允许接收
     MOV  DPTR,#4000H       ;置数据块首地址
     MOV  R0,#80H           ;置发送字节数初值
     SETB  ES               ;允许串行口中断
SETB EA                     ;开中断
     MOVX  A,@DPTR          ;取第一个数据发送
     MOV  C,P
     MOV  TB8,C             ;奇偶标志送 TB8
     MOV  SBUF,A            ;发送数据
     SJMP  $                ;等待中断
```

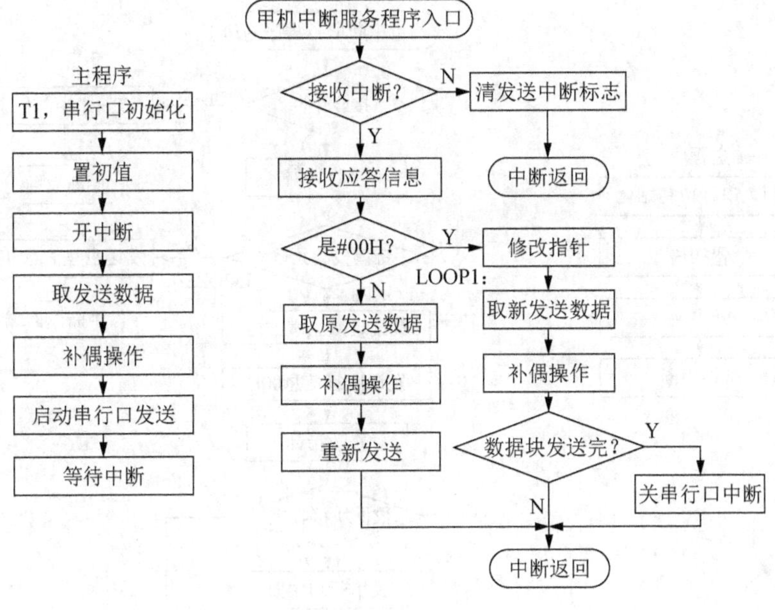

图 4.23　甲机的实现流程

中断服务程序。

```
SERVE1:
        JBC  RI,LOOP        ;是接收中断,清除 RI,转入接收乙机的应答信息
        CLR  TI             ;是发送中断,清除此中断标志
        SJMP  ENDT
LOOP:
      MOV  A,SBUF           ;取乙机的应答信息
      CLR  C
```

```
        SUBB  A,#01H          ;判断应答信号是否为#00H
        JC  LOOP1             ;是#00H,发送正确,C=1,转 LOOP1
        MOVX  A,@DPTR         ;否则甲机重发
        MOV  C,P
        MOV  TB8,C
        MOV  SBUF,A           ;甲机重发原数据
        SJMP  ENDT
LOOP1:
        INC  DPTR             ;修改地址指针,准备发送下一个数据
        MOVX  A,@DPTR
        MOV  C,P
        MOV  TB8,C
        MOV  SUBF,A           ;发送
        DJNZ  R0,ENDT         ;数据块未发送完,返回继续发送
        CLR  ES               ;全部发送完,禁止串行口中断
        ENDT:
        RETI                  ;中断返回
        END
```

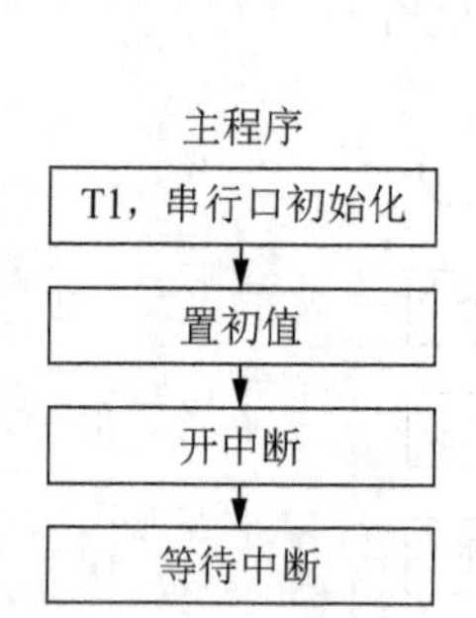

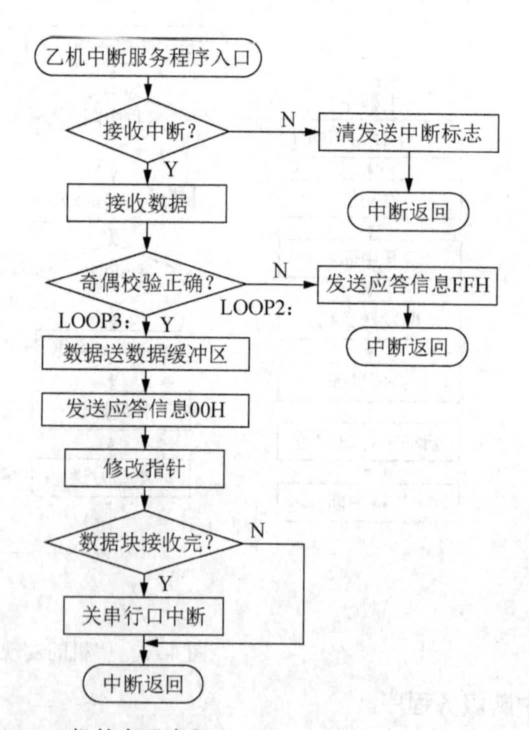

图 4.24　乙机的实现流程

乙机：主程序。

```
ORG  0000H
LJMP  MAIN              ;上电,转向主程序
ORG  0023H              ;串行口的中断入口地址
LJMP  SERVE2            ;转向甲机中断服务程序
```

```
ORG  2000H              ;主程序
MAIN:
     MOV  TMOD,#20H     ;设 T1 工作在方式 2
     MOV  TH1,#0F3H     ;赋计数初值
     MOV  TL1,#0F3H
     SETB  TR1          ;启动定时器 T1
     MOV  PCON,#80H     ;设 SMOD=1
     MOV  SCON,#0D0H    ;串行口工作方式 3,允许接收
     MOV  DPTR,#4000H   ;置数据区首地址
     MOV  R0,#80H       ;置接收字节数初值
     SETB  ES           ;允许串行口中断
     SETB  EA           ;CPU 开中断
     SJMP  $            ;等待中断
```

中断服务程序。

```
SERVE2:JBC  RI,LOOP     ;是接收中断,清除此中断标志,转 LOOP
     CLR  TI            ;是发送中断,清除此中断标志,中断返回
     SJMP  ENDT
LOOP:MOV  A,SBUF        ;接收数据
     MOV  C,P           ;奇偶标志送 C
     JC  LOOP1          ;为奇数,转 LOOP1
     ORL  C,RB8         ;为偶数,检测 RB8
     JC  LOOP2          ;奇偶校验错,转 LOOP2
     SJMP  LOOP3
LOOP1:ANL  C,RB8        ;检测 RB8
     JC  LOOP3          ;奇偶校验正确,转 LOOP3
LOOP2:MOV  A,#0FFH
     MOV  SBUF,A        ;发送"不正确"应答信号
     SJMP  ENDT
LOOP3:MOVX  @DPTR,A     ;存放接收数据
     MOV  A,#00H
     MOV  SBUF,A        ;发送"正确"应答信号
     INC  DPTR          ;修改数据区指针
     DJNZ  R0,ENDT      ;数据块尚未接完,返回
     CLR  ES            ;所有数据接收完毕,禁止串行中断
ENDT: RETI              ;中断返回
     END
```

2. 多机通信

在实际应用系统中，单机及双机通信不能满足实际的需要，而需多台单片机互相配合才能完成某个过程或任务。多台单片机间的相互配合是指按实际需要将它们构成各种分布式系统，使它们之间相互通信，以完成各种功能。串行口的方式 2 和方式 3 具有多机通信功能，可实现一台主单片机和若干台从单片机构成的多机分布式系统，主从式全双工通信方式和主从式半双工通信方式分别如图 4.25 和图 4.26 所示。

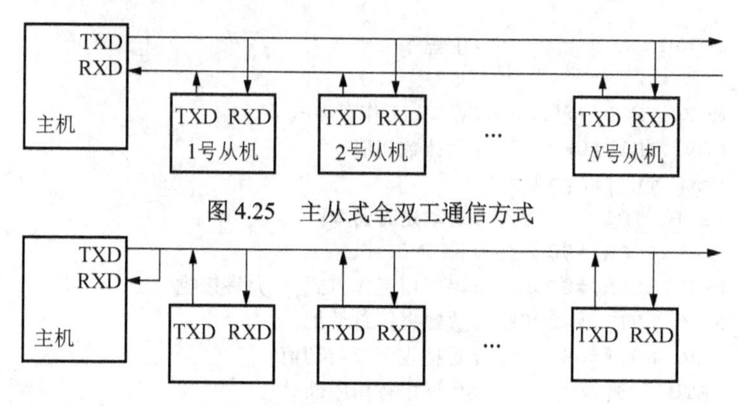

图 4.25　主从式全双工通信方式

图 4.26　主从式半双工通信方式

（1）多机通信原理

MCS-51 系列单片机的全双工串行通信接口具有多机通信功能。在多机通信中，为了在主机与所选择的从机之间实现可靠的通信，必须保证通信接口具有识别功能。可以通过控制 MCS-51 系列单片机的串行口控制寄存器 SCON 中的 SM2 位来实现多机通信的功能，其控制原理如下。

利用 MCS-51 系列单片机串行口工作于方式 2 或方式 3 及串行口控制寄存器 SCON 中的 SM2 和 RB8 的配合可完成主从式多机通信。串行口以方式 2 或方式 3 接收时，若 SM2 为 1，则仅当从机接收到的第 9 位数据（在 RB8 中）为 1 时，数据才装入接收缓冲器 SBUF 中，并置 RI=1，向 CPU 申请中断；如果接收到的第 9 位数据为 0，则不置位中断标志 RI，信息将丢失。当 SM2 为 0 时，接收一个数据字节后，无论第 9 位数据是 1 还是 0 都产生中断标志 RI，接收到的数据装入接收缓冲器 SBUF 中。应用此特点，可实现多个 8031 之间的串行通信。

（2）多机通信协议

多机通信是一个复杂的通信过程，必须由通信协议来保证多机通信的可操作性和操作秩序。这些通信协议中，至少包括从机的地址、主机的控制命令、从机的状态字格式和数据通信格式等的约定。

1）使所有的从机 SM2 位置 1，都处于只接收地址帧的状态。

2）主机向从机发送一帧地址信息，其中包含 8 位地址，第 9 位为 1 表示是地址帧。

3）所有从机接收到地址帧后都进行中断处理，判别主机发来的地址信息是否与自己的地址相符。若地址相符，置 SM2=0，进入正式通信，并将本机的地址发送回主机作为应答信号，然后开始接收主机发送的数据或命令信息。其他从机由于地址不符，它们的 SM2 维持 1，无法与主机通信，从中断返回。

4）主机接收从机发回的应答地址信号后，与其发送的地址信息进行比较。若相符，则清除 TB8，正式发送数据信息；若不相符，则发送错误信息。

5）被寻址的从机通信完毕后，置 SM2=1，恢复多机系统原有的状态。

6）通信的各机之间必须以相同的帧格式及波特率进行通信。

（3）单片机多机通信接口设计

当一台主机与多台从机之间距离较近时，可直接用 TTL 电平进行多机通信，多机全双工通信连接方式如图 4.27 所示。当一台主机与多台从机之间距离较远时，可采用

RS-232 接口、RS-422 接口或 RS-485 接口。

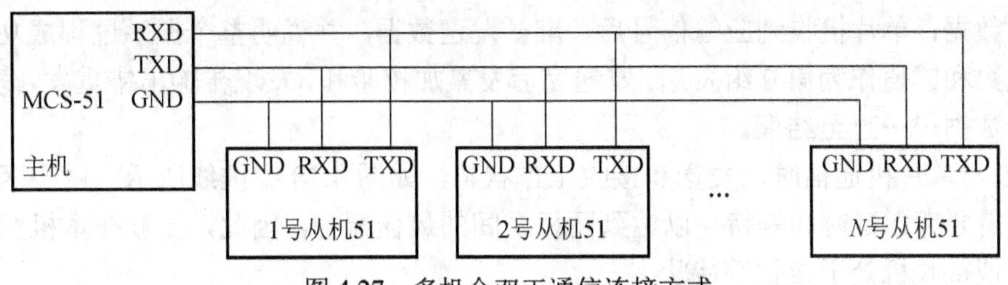

图 4.27　多机全双工通信连接方式

3. 双机通信计算机与单片机的通信

下面主要以 PC 与 MCS-51 系列单片机间的点对点双机通信方式为例，介绍 PC 与单片机的通信。单片机与 PC 的通信流程如图 4.28 所示。

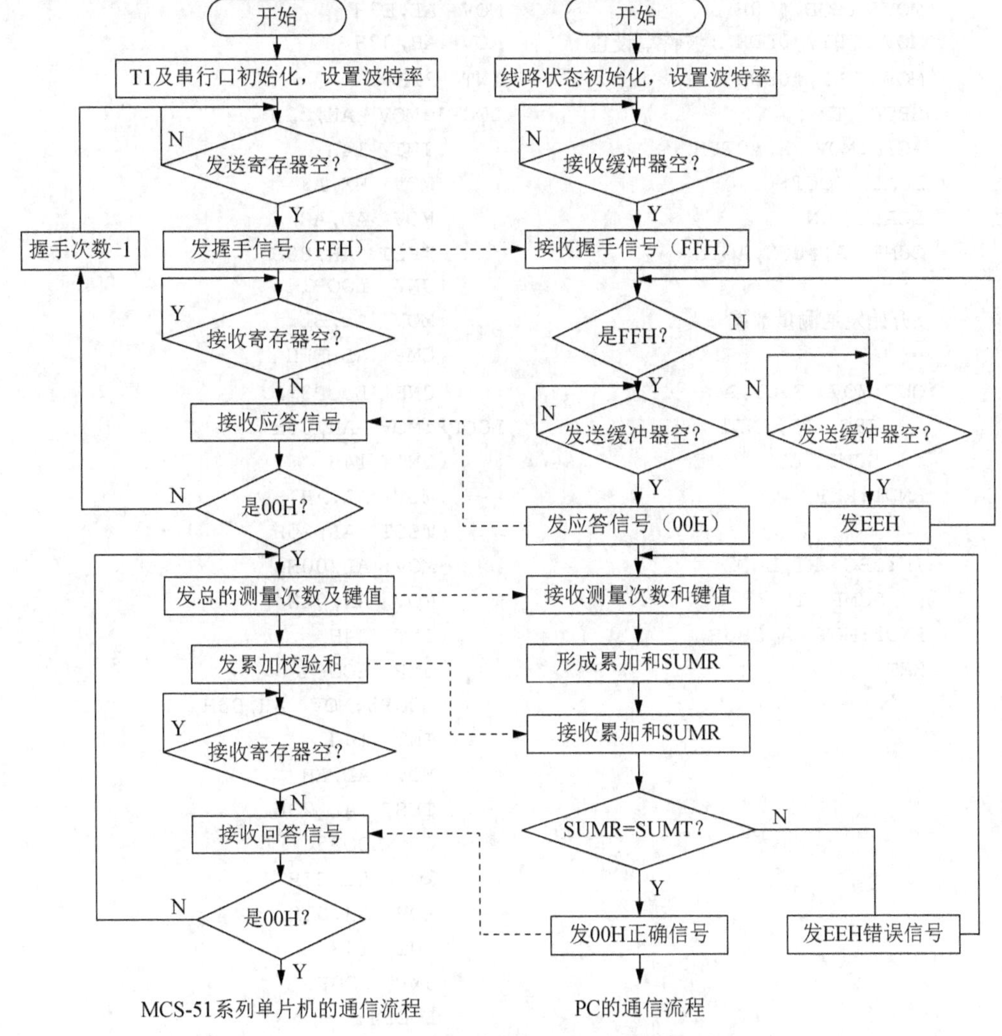

图 4.28　单片机与 PC 的通信流程

整个传输过程是由单片机发握手信号（FFH），PC 收到后发应答信号（00H），并准备接收数据，单片机收到应答信号后，准备发送数据，并说明整个握手过程成功，总的测量次数和键值作为第 0 组发送，发送完后发累加校验和，发现传输出错重发，每组 960 个测量数据……直至结束。

PC 与单片机通信时，发送和接收工作状态，如图 4.28 中虚线所示。由于两机同时工作，需要考虑延时和等待，以达到两机之间的最佳配合，因此，一般在本机发送信号之前，使接收机处于接收等待状态。

下面给出 PC 和 MCS-51 系列单片机通信时挂钩部分的程序清单，PC 用 BIOS 中断调用编写， MCS-51 系列单片机通信程序用汇编语言编写。

MCS-51 系列单片机通信程序如下。

```
MOV  SCON,52H  ;初始化串行口
MOV  TMOD,#20H
MOV  TH1,#0FDH ;波特率设置
MOV  TL1,#0FDH
SETB  TR1
AGIN:MOV  A,#0FFH
LCALL  OUT;
LCALL  IN
CJNE  A,#00H,AGIN
…
;开始发送测量数据
…
OUT:MOV  SBUF,A
    JBC  TI,END1
    SJMP  OUT
END1:RET

IN:JBC  RI,END2
   SJMP  IN
END2:MOV  A,SBUF
RET
```

PC 通信程序如下。

```
MOV  DX,00H ;8250 初始化
MOV  AL,E3H
MOV  AH,00H
INT  21H
LOOP1:MOV  AH,02H
     INT  14H
     MOV  BX,AX
     MOV  AL,AH
     TEST  AH,80H
     JNZ  LOOP1
     MOV  AL,BL
     CMP  AL,FFH
     JNE  LOOP3
LOOP2:MOV  AH,03H
     INT  14H
     MOV  AL,AH
     TEST  AL,20H
     MOV  AL,00H
     MOV  AH,01H
     INT  14H
     JMP  LOOP4
     LOOP3:MOV  AH,03H
     INT  14H
     MOV  AL,AH
     TEST  AL,20H
     JZ  LOOP3
     MOV  AL,EEH
     MOV  AH,01H
     INT  14H
     JMP  LOOP1
     LOOP4:
     …
     开始接收测量数据
```

任务分析

本任务使用 MCS-51 系列单片机的串行口实现 2 个单片机之间的点对点串行异步通信。双机采用 TTL 电平传输进行串行口通信。每个单片机分别读取自身并口 P2 所接的 8 个拨码开关的状态信息，并将其通过串行口发送到对方单片机，对方单片机用接收的开关状态信息去控制自身 P0 口所接的 8 个 LED 的亮灭。由于 2 个单片机的通信任务一致，因此串行口编程程序对单片机来说是一样的。任务实施的关键在于双机通信时串口工作状态、波特率等参数的确定。本任务的实现可采用串行口工作于方式 2。发送和接收一帧信息都是 11 位，即 1 位起始位 0、8 位数据位（低位在先）、1 位可编程位（即第 9 位数据）和 1 位停止位。方式 2 的波特率设置为 MCS-51 系列单片机主频的 32 分频，为了接收数据，串行口控制寄存器的 REN 允许接收位的状态设置为 1。

任务准备

计算机、Proteus 软件、Keil 软件等。

任务实施

1. 绘制仿真原理图

使用 Proteus 软件设计并绘制任务所需电路原理图，本任务参考电路原理图如图 4.17 所示。8 位拨码开关分别接在 2 个单片机的 P2 口，8 个 LED 分别接在 2 个单片机的 P0 口。单片机的串行口 TXD/RXD 引脚分别连接对方单片机的 RXD/TXD 引脚。

2. 程序设计及编译

使用 Keil 软件根据任务电路原理图设计程序并编译生成相应的.hex 文件。本任务参考程序如下。

```
;程序名:任务 2.asm
;程序功能:双机通信
;-------------------主程序------------------
ORG  0000H
MAIN:ORL  PCON,#80H        ;设置 SMOD=1 时,波特率提高一倍
     MOV  SCON,#10010000B;设置串行口工作于方式 2,波特率为 fosc/32,允许串行接收
     MOV  P2,#0FFh
STRN:MOV  A,P2
     MOV  SBUF,A           ;将累加器 A 中的数据送入 SBUF 中,向外发送
     CLR  TI
LOOP:JBC  RI,SREV          ;数据是否接收完毕
     JBC  TI,STRN          ;数据是否发送完毕
     JMP  LOOP
SREV:MOV  P0,SBUF          ;将 SBUF 中的数据送入 P0 口,接收数据
```

```
        CLR  RI
        JMP  LOOP
        END
```

3. 仿真验证

使用 Proteus 软件运行生成的.hex 文件，验证程序效果，观察运行情况。单片机串行通信仿真效果图如图 4.29 所示。

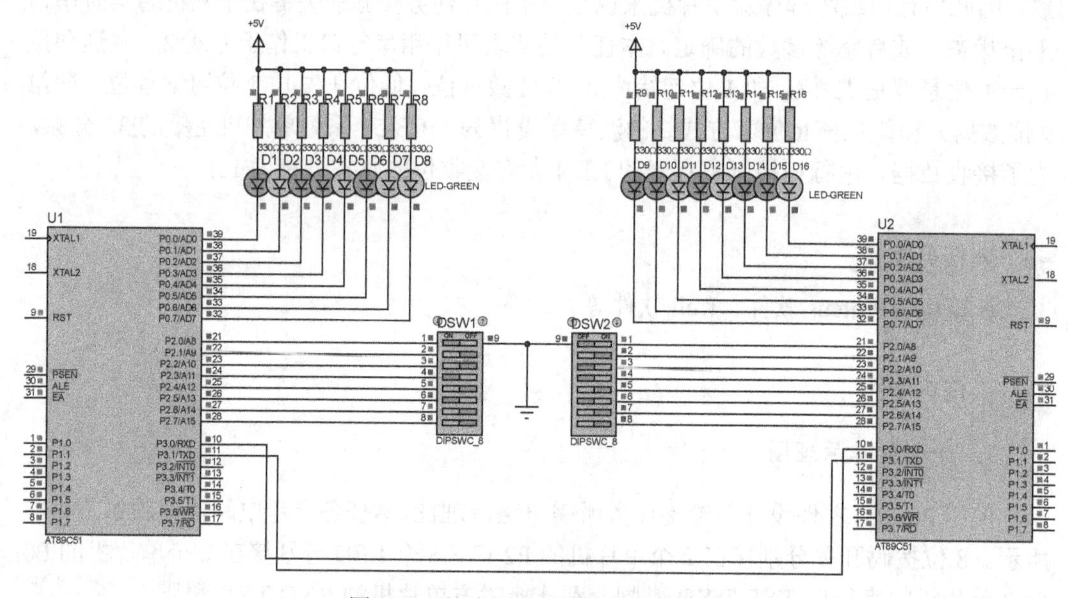

图 4.29 单片机串行通信仿真效果图

结论

通过单片机的串行口可以将信息发送给对方单片机，实现双机通信。在通信距离较远或是 PC 与单片机通过串行口通信的情况下，则需要考虑串行口间的接口规格及匹配问题。利用串行口编程时，也可以采用虚拟串行口软件和串行口调试软件来辅助调试。

练 习 题

一、选择题

1. 当进行点对点通信时，通信距离为 500m，则可以优先考虑的通信方式是（　　）。

A. 串行口直接相连　　B. RS-232

C. RS-422A 或 RS-485　　D. 串行口直连或 RS-232

2. MCS-51 系列单片机串行口发送/接收中断源的工作过程是当串行口接收或发送完一帧数据时，将 SCON 中的（　　），向 CPU 申请中断。

A. RI 或 TI 置 1　　B. RI 或 TI 置 0

C．RI置1或TI置0　　　　D．RI置0或TI置1

3．以下有关第9数据位的说明中，错误的是（　　）。

A．第9数据位的功能可由用户定义

B．发送数据的第9数据位内容在SCON的TB8位中预先准备好

C．帧发送时使用指令将TB8位的状态送入SBUF中

D．接收到的第9数据位送入SCON的RB8中

4．串行口工作于方式1时的波特率是（　　）。

A．固定的，为时钟频率的1/12　　　　B．固定的，为时钟频率的1/32

C．固定的，为时钟频率的1/64　　　　D．可变的，通过定时/计数器的溢出率设定

5．当MCS-51系列单片机进行多机通信时，串行口的工作方式应选择（　　）。

A．方式0　　B．方式1　　C．方式2　　D．方式0或方式2

二、填空题

1．根据MCS-51系列单片机双机通信距离、抗干扰性等要求，可选择________、RS-232C、RS-422A、________串行口方法。

2．如果双机通信距离在30m之内，可利用________标准接口实现双机通信。

3．RS-232C是一种电压型总线标准，可用于设计计算机接口与终端或外设之间的连接，以不同的极性的电压表示逻辑值。其中，________～________V表示逻辑“1”。

4．为确保通信成功，通信双方必须在软件上有一系列的约定，通常称为________。

5．串行口的方式________和方式________具有多机通信功能。

6．MCS-51系列单片机中SCON的SM2是多机通信控制位，主要用于方式________和方式________，若置SM2=________，则允许多机通信。

7．TB8是发送数据的第______位，在方式2或方式3中，根据发送数据的需要由软件置位或复位。它在许多通信协议中可用作______，在多机通信中作为发送______的标志位。

8．RB8是接收数据的第_______位，在方式2或方式3中，它是约定的______或地址/数据标志位。

9．在满足串行口接收中断标志位RI=______的条件下，置允许接收位REN=______，则接收一帧数据进入移位寄存器，并装载到接收缓冲器SBUF中。

10．多机串口通信时，所有从机的SM2=______，都处于只接收_________的状态。

三、简答题

1．单片机双机通信接口有哪些类型？各有什么特点？

2．简述利用串行口进行多机通信的原理。

3．简述说明串行口多机通信协议的内容。

四、程序设计题

1．使用查询法编写AT89C51单片机串行口在方式2下的接收程序。设波特率为

$f_{osc}/32$，接收数据块长 10H，接收后存于片内 RAM 的以 50H 开始的单元，采用奇偶校验，放在接收数据的第 9 位上。

2．两个 MCS-51 系列单片机之间用方式 1 进行串行通信，A 机并行采集外部开关的输入，然后串行传输给 B 机；B 机接收后并行输出控制数码管各段发光状态。绘制电路原理图，并给出完整的程序。

3．采用 3 片 AT89C51 单片机进行串口多机通信，主机 P1 口外接两个按键 K1、K2，从机 01 和从机 02 上的 P0 口分别接两个数码管，开机状态两个数码管均为 0，按动主机 K1 按键实现从机 01 的数码管递增显示 0～9，按动主机 K2 按键实现从机 02 的数码管递减显示 9～0。

项 目 小 结

单片机串行口是单片机与外部器件信息交互的一个重要途径，可以通过串行口实现对外部器件的控制和通信。本项目以单片机串行口控制数码管电路设计和单片机串行通信电路的设计两个具体任务为依托，分别介绍了串行通信的一些基本概念及 MCS-51 系列单片机串行口的 4 种工作方式及其应用方法。方式 0 用于将串行口扩展为并行 I/O 接口，可以实现串行数据和并行数据的相互转换；方式 1 用于双机通信系统，波特率可调；方式 2 用于多机通信系统，也可用于双机通信，波特率有两种选择：$f_{osc}/32$ 和 $f_{osc}/64$；方式 3 同方式 2，其波特率可按要求设定。在编写相应的通信程序时，应特别注意通信双方的协议及约定。

项目 5　单片机系统扩展与接口技术的应用

学习目标

通常情况下，采用单片机的最小应用系统最能体现单片机体积小、成本低的优点。但在较复杂的应用场合，其功能不能满足要求，需要在片外做相应的功能扩展，才能构成完整的系统。

MCS-51 系列单片机进行系统扩展时的结构如图 5.1 所示。整个扩展系统以单片机为核心，通过三总线将各扩展部件连接起来。

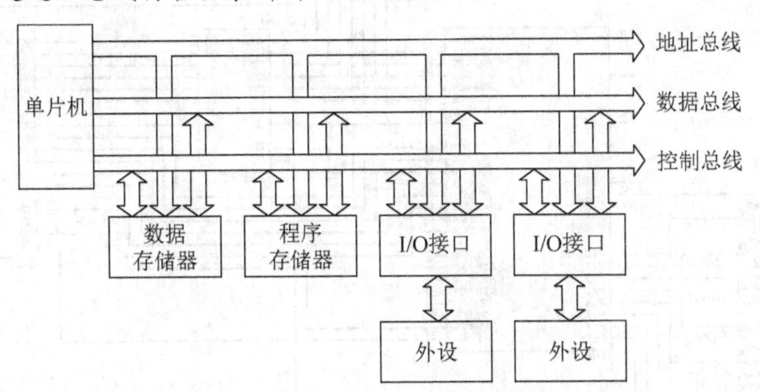

图 5.1　MCS-51 系列单片机进行系统扩展时的结构

在单片机的应用系统中，CPU 与键盘、显示器等外设进行数据传输时，由于各种外设的工作速度存在差异、与 CPU 交换的信号形式不同及数据传送的要求和传送方式也不同等，CPU 与外设之间无法实现直接同步数据传送。因此，必须在 CPU 与外设之间设置一个起联系作用的硬件电路，即 I/O 接口电路，以对 CPU 与外设之间的数据传送进行协调。接口电路可以看作 CPU 和外设之间的一座桥梁。

在前面已经介绍了单片机片内的 I/O 接口及定时/计数器、串行口等可编程接口部件。通过本项目的学习，掌握存储器的扩展、常用的片外可编程接口芯片扩展的接口技术，以及键盘、显示器等常用外设的接口电路与编程。

任务 5.1　设计存储器扩展电路

任务目标

微课：数据存储器扩展

通过数据存储器扩展任务的具体实施，熟悉常见的存储器类型及其性能，掌握程序存储器与 CPU 连接的方法，掌握外部存储器的读写控制方法，了解在 Keil 及 Proteus 仿真环境中对外部存储器进行仿真的方法。

任务描述

1）在 Proteus 中绘制如图 5.2 所示电路图，并编写程序进行外部数据的读取及写入，利用读取的外部数据存储器中的数据控制 8 个 LED 循环点亮。

2）利用 Keil 的仿真功能对其进行仿真测试，观察 LED 对应的 I/O 接口状态和外部数据存储器窗口。

3）利用 Proteus 的仿真功能对其进行仿真测试，观察 LED 的状态和外部数据存储器窗口。

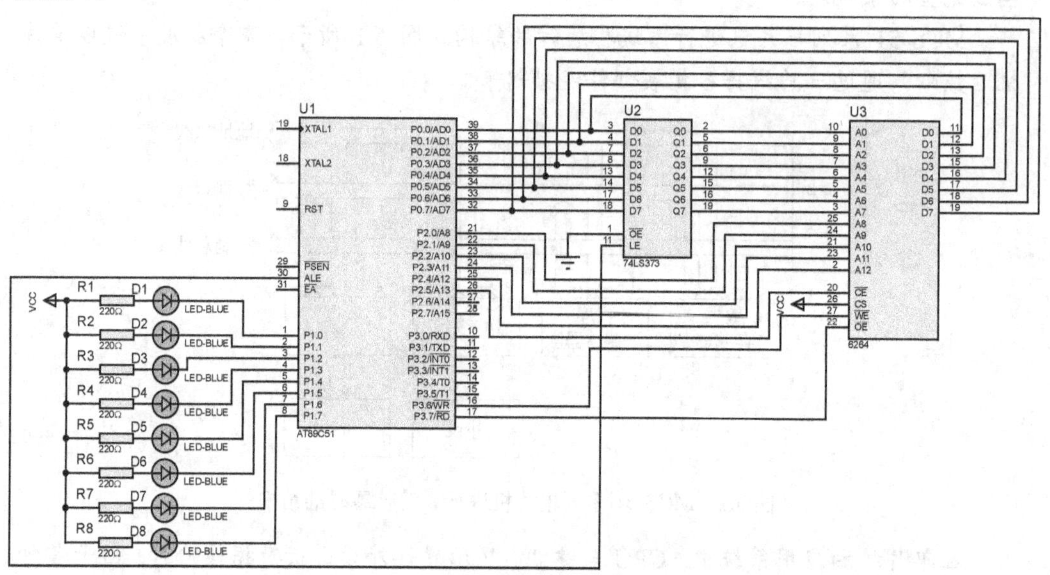

图 5.2　数据存储器扩展电路原理图

相关知识

1. 程序存储器的扩展

（1）单片机程序存储器概述

单片机应用系统由硬件和软件组成，软件的载体就是硬件中的程序存储器。对于 MCS-51 系列 8 位单片机，其片内程序存储器的类型及容量如表 5.1 所示。

表 5.1　MCS-51 系列单片机片内程序存储器的类型及容量

单片机型号	片内程序存储器	
	类型	容量/KB
8031	无	—
8051	ROM	4
8751	EPROM	4
8951	Flash	4

对于没有片内 ROM 的单片机或当程序较长、片内 ROM 容量不够时，用户必须在单片机外部扩展程序存储器。MCS-51 系列单片机片外有 16 条地址线，即 P0 口和 P2 口，因此，最大寻址范围为 64KB（0000H～FFFFH）。

这里需要注意的是，MCS-51 系列单片机有一个引脚（$\overline{\text{EA}}$）与程序存储器的扩展有关。如果 $\overline{\text{EA}}$ 接高电平，则片内存储器地址范围为 0000H～0FFFH（4KB），片外程序存储器地址范围为 1000H～FFFFH（60KB）。如果 $\overline{\text{EA}}$ 接低电平，则不使用片内程序存储器，片外程序存储器地址范围为 0000H～FFFFH（64KB）。

8031 单片机没有片内程序存储器，因此 $\overline{\text{EA}}$ 引脚总是接低电平。

扩展程序存储器常用的芯片是 EPROM（紫外线可擦除型），如 2716（2KB×8）、2732（4KB×8）、2764（8KB×8）、27128（16KB×8）、27256（32KB×8）、27512（64KB×8）等。另外，还有+5V 电可擦除 E^2PROM，如 2816（2KB×8）、2864（8KB×8）等。如果程序总量不超过 8KB，一般选用具有片内 ROM 的单片机。8051 的片内 ROM 只能由厂家将程序一次性固化，不适合小批量用户和程序调试时使用，因此选用 8751、8951、8952 的用户较多。

（2）EPROM 程序存储器扩展实例

EPROM 是国内用得较多的程序存储器。EPROM 芯片上有一个玻璃窗口，在紫外线照射下，存储器中的各位信息均变为 1，即处于擦除状态。擦除干净的 EPROM 可以通过编程器将应用程序固化到芯片中。

【例 5.1】 在 8031 单片机上扩展 4KB EPROM 程序存储器。

解： 1）选择芯片。本例要求选用 8031 单片机，片内无 ROM 区，无论程序长短都必须扩展程序存储器（目前较少使用 8031，但扩展方法比较典型、实用）。

在选择程序存储器芯片时，首先必须满足程序容量，其次在价格合理的情况下尽量选用容量大的芯片。这样使用的芯片少，接线简单，芯片存储容量大，程序调整余量也大。例如，程序总长为 3KB 左右，应扩展一片 4KB 的 EPROM 2732，而不是选用两片 2716（2KB）。

在单片机应用系统硬件设计中应注意尽量减少芯片使用个数，使电路结构简单，提高可靠性，这也是 8951 比 8031 使用更加广泛的原因之一。

2）硬件电路图。8031 单片机扩展 EPROM 2732 的电路如图 5.3 所示。

3）芯片说明。

① 74LS373。74LS373 是带三态缓冲输出的 8D 锁存器，在单片机的三总线结构中，数据总线与地址总线的低 8 位共用 P0 口，因此必须用地址锁存器将地址信号和数据信号区分开。74LS373 的锁存控制端 G 直接与单片机的锁存控制信号 ALE 相连，在 ALE 的下降沿锁存低 8 位地址。

② EPROM 2732。EPROM 2732 的容量为 4KB×8。4KB 表示有 4×1024（$2^2\times2^{10}=2^{12}$）个存储单元，8 表示每个单元存储数据的宽度是 8 位。前者确定了地址线的位数是 12 位（A0～A11），后者确定了数据线的位数是 8 位（O0～O7）。目前，除了串行存储器外，一般情况下使用的是 8 位数据存储器。2732 采用单一+5V 供电，最大静态工作电流为 100mA，维持电流为 35mA，读出时间最大为 250ns。EPROM 2732 的封装形式为 DIP24，引脚如图 5.4 所示。其中，A0～A11 为地址线；O0～O7 为数据线；$\overline{\text{CE}}$ 为片选

线；$\overline{\text{OE}}$/VPP 为输出允许/编程高压。除了 12 条地址线和 8 条数据线外，$\overline{\text{CE}}$ 为片选线，低电平有效，即只有当 $\overline{\text{CE}}$ 为低电平时，EPROM 2732 才被选中，否则，EPROM 2732 不工作。$\overline{\text{OE}}$/VPP 为双功能引脚，当 EPROM 2732 用作程序存储器时，其功能是允许读数据出来；当对 EPROM 编程（也称为固化程序）时，该引脚用于高电压输入，不同生产厂家的芯片编程电压也有所不同。当将它作为程序存储器使用时，不必关心其编程电压。

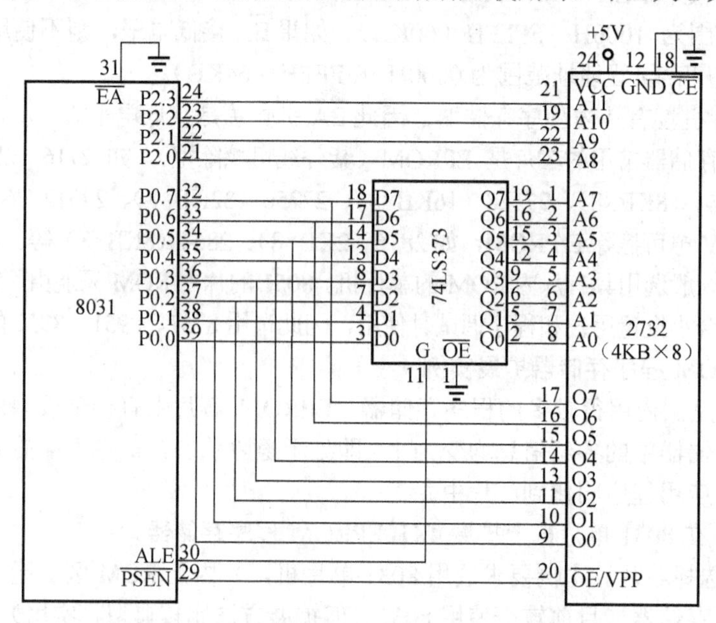

图 5.3　8031 单片机扩展 EPROM 2732 的电路

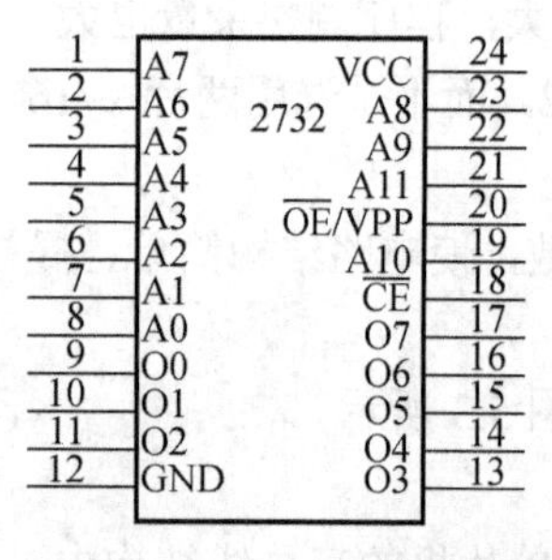

图 5.4　EPROM 2732 引脚

4）扩展总线的产生。一般的 CPU（如 Intel 8086/8088、Z80 等）包含单独的地址总线、数据总线和控制总线，而 MCS-51 系列单片机受引脚的限制，数据线与地址线是复用的，为了将它们分离，必须在单片机外部增加地址锁存器，构成与一般 CPU 相类似的三总线结构。

5）连线说明。

① 地址线。单片机扩展片外存储器时，地址由 P0 和 P2 口提供。如图 5.3 所示，EPROM 2732 的 12 条地址线（A0～A11）中，低 8 位（A0～A7）通过锁存器 74LS373 与 P0 口连接，高 4 位（A8～A11）直接与 P2 口的 P2.0～P2.3 连接，P2 口本身有锁存功能。

注意：锁存器的锁存使能端 G 必须和单片机的 ALE 引脚相连。

② 数据线。EPROM 2732 的 8 位数据线直接与单片机的 P0 口相连。因此，P0 口是一个分时复用的地址/数据线。

③ 控制线。CPU 执行 EPROM 2732 中存放的程序指令时，取指阶段就是对 EPROM 2732 进行读操作。

注意：CPU 对 EPROM 只能进行读操作，不能进行写操作。CPU 对 EPROM 2732 的读操作控制都是通过控制线实现的。

EPROM 2732 控制线的连接应注意以下两条。

$\overline{CE}$：直接接地。系统中只扩展了一片程序存储器芯片，因此，EPROM 2732 的片选端直接接地，表示 EPROM 2732 一直被选中。若同时扩展多片，需要通过译码器来完成片选工作。

$\overline{OE}$：接 8031 的读选通信号端。在访问片外程序存储器时，只要 $\overline{OE}$ 端出现负脉冲，即可从 EPROM 2732 中读出程序。

6）扩展程序存储器地址范围的确定。单片机扩展存储器的关键是确定扩展芯片的地址范围，8031 最大可以扩展 64KB（0000H～FFFFH）。决定存储器芯片地址范围的因素有两个：一是片选端的连接方法，二是存储器芯片的地址线与单片机地址线的连接。在确定地址范围时，必须保证片选端为低电平。

在本例中，EPROM 2732 的片选端总是接地，因此第一个条件总是满足的。另外，EPROM 2732 有 12 条地址线，与 8031 的低 12 位地址相连，编码结果如表 5.2 所示。

表 5.2　编码结果

		P27	P26	P25	P24	P23	P22	P21	P20	P07	P06	P05	P04	P03	P02	P01	P00
8031 单片机		A15	A14	A13	A12	A11	A10	A9	A8	A7	A6	A5	A4	A3	A2	A1	A0
2732 存储器						A11	A10	A9	A8	A7	A6	A5	A4	A3	A2	A1	A0
	0	×	×	×	×	0	0	0	0	0	0	0	0	0	0	0	0
	0	×	×	×	×	0	0	0	0	0	0	0	0	0	0	0	1
	0	×	×	×	×	0	0	0	0	0	0	0	0	0	0	1	0
	0	×	×	×	×	0	0	0	0	0	0	0	0	0	0	1	1
	……																
	……																
	0	×	×	×	×	1	1	1	1	1	1	1	1	1	1	1	1

7）EPROM 的使用。存储器扩展电路是单片机应用系统的功能扩展部分，只有当应用系统的软件设计完成，才能将程序通过特定的编程工具（一般称为编程器或 EPROM 固化器）固化到 EPROM 2732 中，然后将 EPROM 2732 插到用户板的插座上（扩展程序存储器一定要焊插座）。

当上电复位时，PC=0000H，自动从 EPROM 2732 的 0000H 单元取指令，然后开始执行指令。如果程序需要反复调试，可以先用紫外线擦除器将 EPROM 2732 中的内容擦除，然后固化修改后的程序，并进行调试。

如果要从 EPROM 中读出程序中定义的表格，需使用如下查表指令。

```
MOVC  A,@A+DPTR
MOVC  A,@A+PC
```

（3）E^2PROM 扩展实例

E^2PROM 是一种可用电气方法在线擦除和再编程的只读存储器；它既有 RAM 可读可改写的特性，又具有非易失性存储器 ROM 在掉电后仍能保持所存储数据的优点。因此，E^2PROM 在单片机存储器扩展中，可以用作程序存储器，也可以用作数据存储器，具体使用由硬件电路确定。

E^2PROM 作为程序存储器使用时，CPU 读取 E^2PROM 数据同读取一般 EPROM 数据的操作相同。但 E^2PROM 的写入时间较长，必须用软件或硬件来检测其写入周期。

【例 5.2】 在 8031 单片机上扩展 2KB E^2PROM。

解：1）选择芯片。2816A 和 2817A 均属于 5V 电可擦除可编程只读存储器，其容量都是 2KB×8。2816A 与 2817A 的不同之处在于 2816A 的写入时间为 9～15ms，完全由软件延时控制，与硬件电路无关；2817A 利用硬件引脚 RDY/$\overline{\text{BUSY}}$ 来检测写操作是否完成。

本例中选用 2817A 芯片来完成扩展 2KB E^2PROM，2817A 的封装是 DIP28，采用单一+5V 供电，最大工作电流为 150mA，维持电流为 55mA，读出时间最大为 250ns。片内设有编程所需的高压脉冲产生电路，不需要外加编程电源和写入脉冲即可工作。

2817A 在写入 1B 的指令码或数据之前，自动地对所要写入的单元进行擦除，因而无须进行专门的字节/芯片擦除操作。2817A 的引脚如图 5.5 所示。其中，A0～A10 为地址线；I/O0～I/O7 为读写数据线；$\overline{\text{CE}}$ 为片选线；$\overline{\text{OE}}$ 为读允许线，低电平有效；$\overline{\text{WE}}$ 为写允许线，低电平有效；当 RDY/$\overline{\text{BUSY}}$ 为低电平时，表示 2817A 正在进行写操作，处于忙状态；当 RDY/$\overline{\text{BUSY}}$ 为高电平时，表示 2817A 写操作完毕；VCC 为+5V 电源；GND 为接地端。

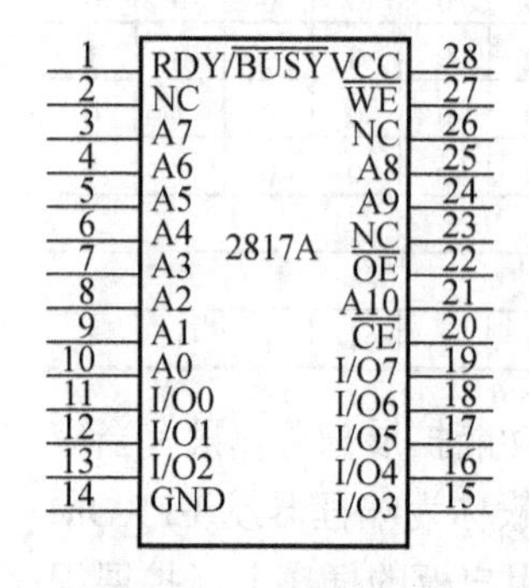

图 5.5 2817A 的引脚

2817A 的读操作与普通 EPROM 的读操作相同，所不同的只是可以在线进行字节的写入。

2817A 的写入过程：CPU 向 2817A 发出字节写入命令后，2817A 便锁存地址、数据及控制信号，从而启动一次写操作。2817A 的写入时间大约为 16ms，在此期间，2817A 的 RDY/$\overline{\text{BUSY}}$ 引脚呈低电平，表示 2817A 正在进行写操作，此时它的数据总线呈高阻状态，因而允许 CPU 在此期间执行其他的任务。当一次字节写入操作完毕，2817A 便将线置高电平，RDY/$\overline{\text{BUSY}}$ 由此来通知 CPU。

2）硬件电路。单片机扩展 2817A 的硬件电路如图 5.6 所示。

3）连线说明。

① 地址线。如图 5.6 所示，2817A 的 11 条地址线（A0～A10，容量为 2KB×8，2^{11}=2×1024=2KB）中的低 8 位（A0～A7）通过锁存器 74LS373 与 P0 口连接，高 3 位（A8～A10）直接与 P2 口的 P2.0～P2.2 连接。

② 数据线。2817A 的 8 位数据线直接与单片机的 P0 口相连。

③ 控制线。单片机与 2817A 的控制线连接采用了将片外数据存储器空间和程序存储器空间合并的方法，使 2817A 既可以作为程序存储器使用，又可以作为数据存储器使用。

单片机中用于控制存储器的引脚有以下 3 个。

$\overline{\text{PSEN}}$：控制程序存储器的读操作，执行指令的取指阶段和执行“MOVC A,@A+DPTR”指令时有效。

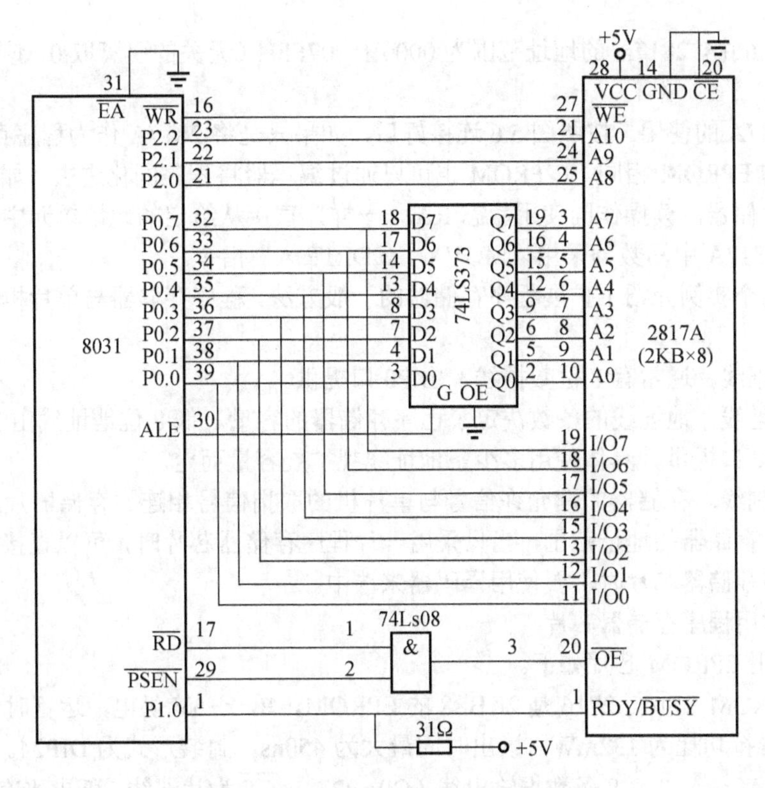

图 5.6　单片机扩展 2817A 的硬件电路

$\overline{RD}$：控制数据存储器的读操作，执行“MOVX　@DPTR,A”和“MOVX @Ri,A”指令时有效。

$\overline{WR}$：控制数据存储器的写操作，执行“MOVX　A,@DPTR”和“MOVX A,@Ri”指令时有效。

如图 5.6 所示，2817A 控制线的连线方法如下。

$\overline{CE}$：直接接地。系统中只扩展了一个程序存储器芯片，因此片选端直接接地，表示 2817A 一直被选中。

$\overline{OE}$：8031 的程序存储器读选通信号和数据存储器读信号经过与操作后，与 2817A 的读允许信号相连。因此，只要其中有一个有效，即可对 2817A 进行读操作，即对 2817A 既可以看作程序存储器取指令，也可以看作数据存储器读出数据。

$\overline{WE}$：与 8031 的数据存储器写信号相连，只要执行数据存储器写操作指令，即可向 2817A 中写入数据。

RDY/$\overline{BUSY}$：与 8031 的 P1.0 相连，采用查询方法对 2817A 的写操作进行管理。在擦、写操作期间，RDY/$\overline{BUSY}$ 引脚为低电平；当字节擦、写完毕时，RDY/$\overline{BUSY}$ 为高电平。

另外，检测 2817A 写操作是否完成也可以用中断方式实现，方法是将 2817A 反相后的 RDY/$\overline{BUSY}$ 引脚与 8031 的中断输入引脚 $\overline{INT0}$/$\overline{INT1}$ 相连。当 2817A 每擦、写完 1B，便向单片机提出中断请求。

在图 5.6 中，2817A 的地址范围为 0000H～07FFH（无关的引脚取 0，该地址范围不是唯一的）。

4）2817A 的使用。按照图 5.6 连接好后，如果只是将 2817A 作为程序存储器使用，使用方法与 EPROM 相同。E^2PROM 也可以通过编程器将程序固化进去。如果将 2817A 作为数据存储器，读操作同使用静态 RAM 一样，直接从给定的地址单元中读取数据即可，而向 2817A 中写数据采用“MOVX @DPTR,A”指令。

以上两个实例介绍了扩展程序存储器的一般方法。程序存储器与单片机的连线分为以下 3 类。

① 数据线。通常有 8 位数据线，由 P0 口提供。

② 地址线。地址线的条数决定了程序存储器的容量。低 8 位地址线由 P0 口提供，高 8 位由 P2 口提供，具体使用多少条地址线视扩展容量而定。

③ 控制线。存储器的读允许信号与单片机的取指信号相连。存储器片选线的接法决定了程序存储器的地址范围，当只采用一片程序存储器芯片时，可以直接接地；当采用多片程序存储器芯片时，要使用译码器来选中。

（4）常用程序存储器芯片

1）常用 EPROM 芯片如下。

① EPROM 2716。2716 是 2KB×8 的 EPROM，单一+5V 供电，运行时最大功耗为 252mW，维持功耗为 132mW，读出时间最大为 450ns，封装形式为 DIP24。2716 有 11 条地址线（A0～A10），8 条数据输出线（O0～O7），$\overline{CE}$ 为片选线，低电平有效，$\overline{OE}$ 为数据输出允许线，低电平有效，VPP 为编程电源，VCC 为工作电源。

② EPROM 2764。2764 是 8KB×8 的 EPROM，单一+5V 供电，工作电流为 75mA，维持电流为 35mA，读出时间最大为 250ns，封装形式为 DIP28。2764A 有 13 条地址线（A0～A12），8 条数据输出线（O0～O7），$\overline{CE}$ 为片选线，$\overline{OE}$ 为数据输出允许线，$\overline{PGM}$ 为编程脉冲输入端，VPP 为编程电源，VCC 为工作电源。

③ EPROM 27128。27128 是 16KB×8 的 EPROM，单一+5V 供电，工作电流为 100mA，维持电流为 40mA，读出时间最大为 250ns，封装形式为 DIP28。27128A 有 14 条地址线（A0～A13），8 条数据输出线（O0～O7），$\overline{CE}$ 为片选线，$\overline{OE}$ 为数据输出允许线，$\overline{PGM}$ 为编程脉冲输入端，VPP 为编程电源，VCC 为工作电源。

④ EPROM 27256。27256 是 32KB×8 的 EPROM，单一+5V 供电，工作电流为 100mA，维持电流为 40mA，读出时间最大为 250ns，封装形式为 DIP28。27256 有 15 条地址线（A0～A14），8 条数据输出线（O0～O7），$\overline{CE}$ 为片选线，$\overline{OE}$ 为数据输出允许线，VPP 为编程电源，VCC 为工作电源。

常用 EPROM 芯片的引脚如图 5.7 所示。

2）单片机扩展 EPROM 典型电路。

① 扩展一片 27128。单片机扩展 16KB 片外程序存储器一般选用 27128 EPROM 芯片，其硬件电路如图 5.8 所示。

② 用译码法扩展一片 2764。如图 5.9 所示，2764 的片选端没有接地，而是通过 74LS138 译码器的输出端来提供的，这种方法称为译码法。当同时扩展多片 ROM 时，

常采用译码法来分别选中芯片。

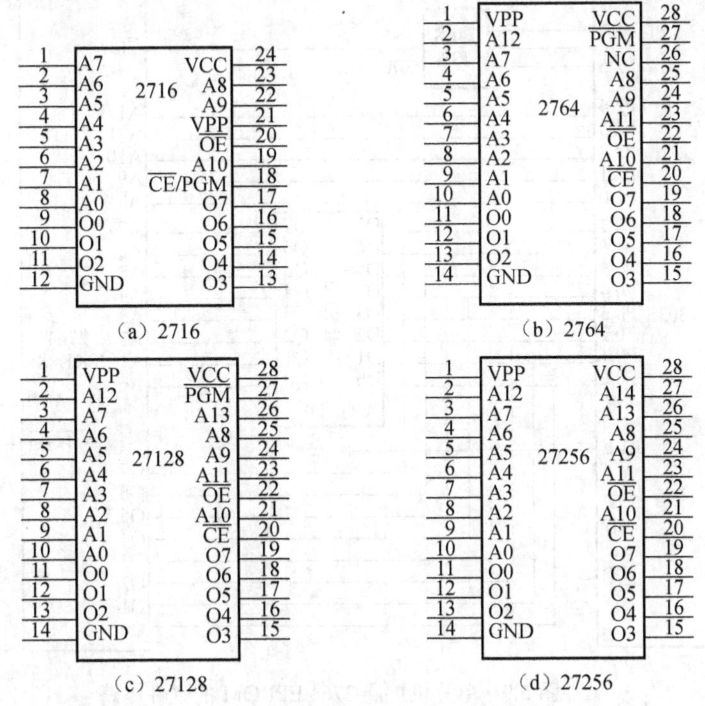

（a）2716　（b）2764

（c）27128　（d）27256

图 5.7　常用 EPROM 芯片的引脚

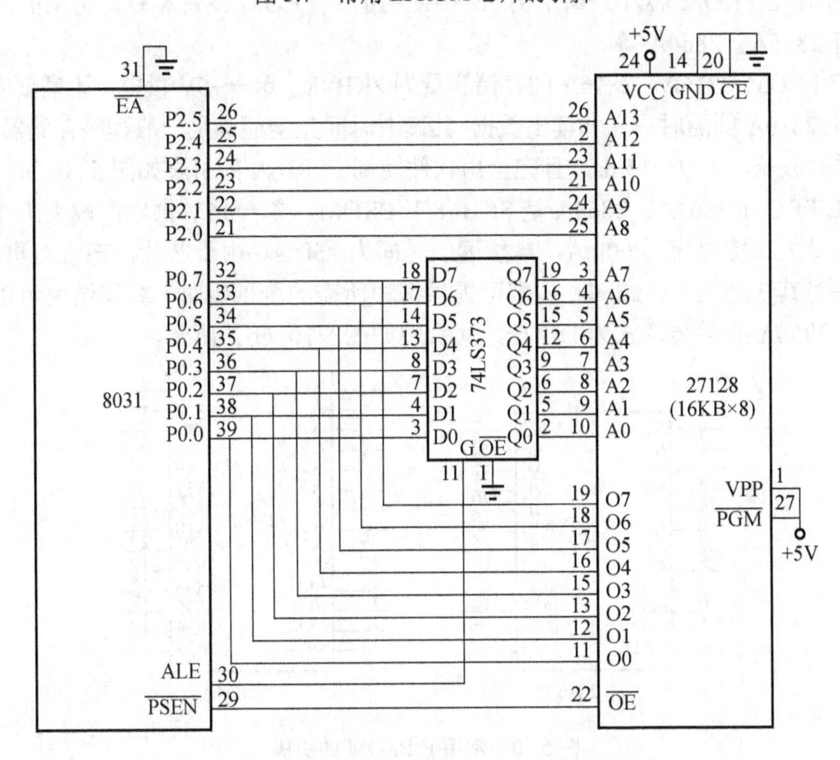

图 5.8　单片机扩展 27128 EPROM 的硬件电路

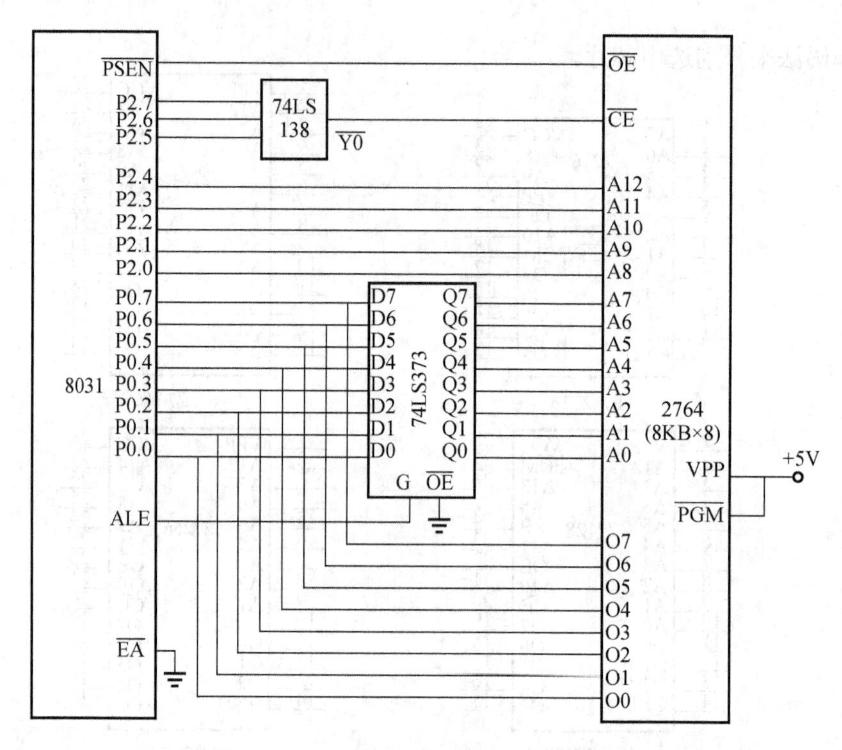

图 5.9　单片机扩展 2764 EPROM 的硬件电路

3）常用 E^2PROM 芯片。除了例 5.2 中使用的 E^2PROM 2817A 外，常用的 E^2PROM 芯片还有 2816A、2864A 等。

① E^2PROM 2816A。2816A 的存储容量为 2KB×8，单一+5V 供电，不需要专门配置写入电源。2816A 能随时写入和读出数据，其读取时间完全能满足一般程序存储器的要求，但写入时间较长，为 9～15ms，且完全由软件控制。2816A 的引脚如图 5.10（a）所示。

② E^2PROM 2864A。2864A 是 8KB×8 E^2PROM，单一+5V 供电，最大工作电流为 160mA，最大维持电流为 60mA，典型读出时间为 250ns。由于芯片内部设有页缓冲器，因此允许对其快速写入。2864A 内部可提供编程所需的全部定时，编程结束可以给出查询标志。2864A 的封装形式为 DIP28，其引脚如图 5.10（b）所示。

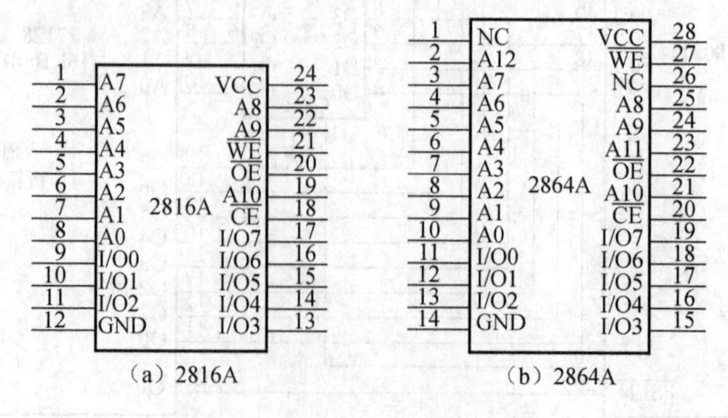

图 5.10　常用 E^2PROM 的引脚

③ 单片机扩展 E^2PROM 典型电路。用单片机扩展 2864A E^2PROM 作为数据存储器的硬件电路如图 5.11 所示。

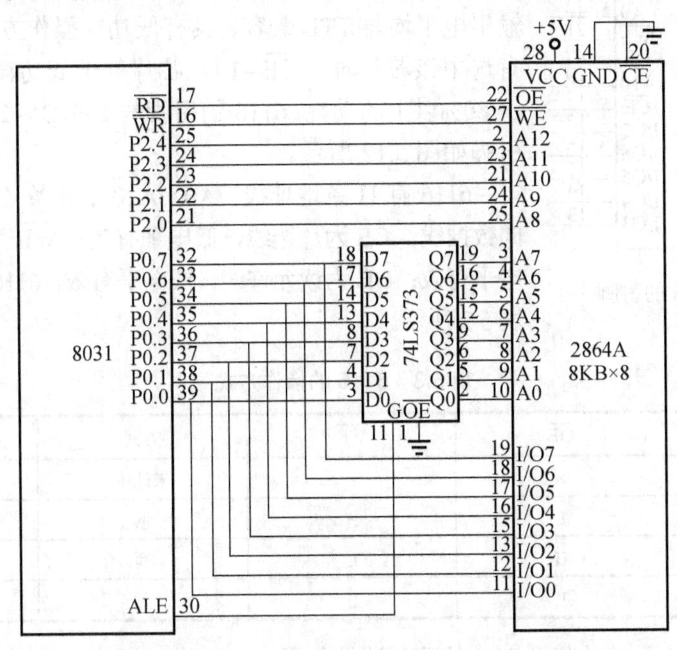

图 5.11　用单片机扩展 2864A E^2PROM 作为数据存储器的硬件电路

2．数据存储器的扩展

（1）单片机 RAM 概述

RAM 用于存放各种数据，MCS-51 系列 8 位单片机内部有 128B RAM，CPU 对片内 RAM 具有丰富的操作指令。当单片机用于实时数据采集或处理大批量数据时，仅靠片内提供的 RAM 是远远不够的。此时，可以利用单片机的扩展功能扩展外部数据存储器。

常用的片外数据存储器有 SRAM 和 DRAM 两种。前者的优点是读/写速度高，一般是 8 位宽度，易于扩展，且大多数与相同容量的 EPROM 引脚兼容，有利于印制电路板设计，使用方便；缺点是集成度低，成本高，功耗大。后者的优点是集成度高，成本低，功耗相对较低；缺点是需要增加一个刷新电路，附加额外的成本。

MCS-51 系列单片机扩展片外数据存储器的地址线也是由 P0 口和 P2 口提供的，因此，其最大寻址范围为 64KB（0000H～FFFFH）。

一般情况下，SRAM 用于仅需要小于 64KB 数据存储器的小型系统，而 DRAM 用于需要大于 64KB 的大型系统。

（2）SRAM 扩展实例

【例5.3】 在单片机应用系统中扩展2KB SRAM。

解： 1）芯片选择。单片机扩展数据存储器常用的 SRAM 芯片有 6116（2KB×8）、6264（8KB×8）、62256（32KB×8）等。

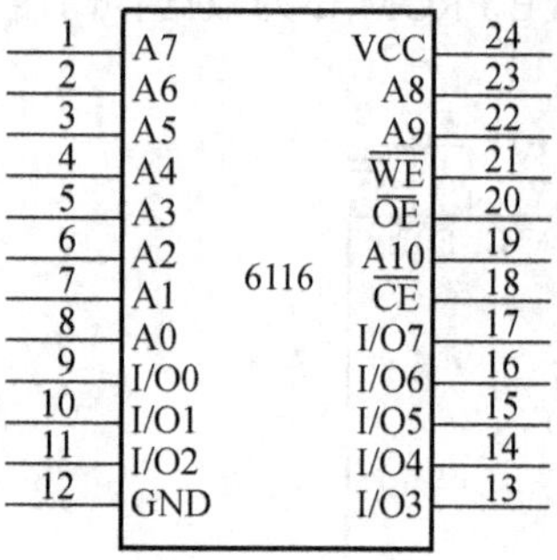

根据题目容量的要求，选用 SRAM 6116。它是一种采用 CMOS 工艺制成的 SRAM，采用单一+5V 供电，输入/输出电平均与 TTL 兼容，具有低功耗操作方式。当 CPU 没有选中该芯片时（$\overline{CE}$=1），芯片处于低功耗状态，可以减少 80%以上的功耗。6116 的引脚与 EPROM 2716 引脚兼容，引脚如图 5.12 所示。

图 5.12　6116 的引脚

6116 有 11 条地址线（A0～A10）；8 条（I/O0～I/O7）双向数据线；$\overline{CE}$ 为片选线，低电平有效；$\overline{WE}$ 为写允许线，低电平有效；$\overline{OE}$ 为读允许线，低电平有效。6116 的操作方式如表 5.3 所示。

表 5.3　6116 的操作方式

$\overline{CE}$	$\overline{OE}$	$\overline{WE}$	方式	I/O0～I/O7
H	×	×	未选中	高阻
L	L	H	读	O0～O7
L	H	L	写	I0～I7
L	L	L	写	I0～I7

2）硬件电路。单片机与6116的硬件连接如图5.13所示。

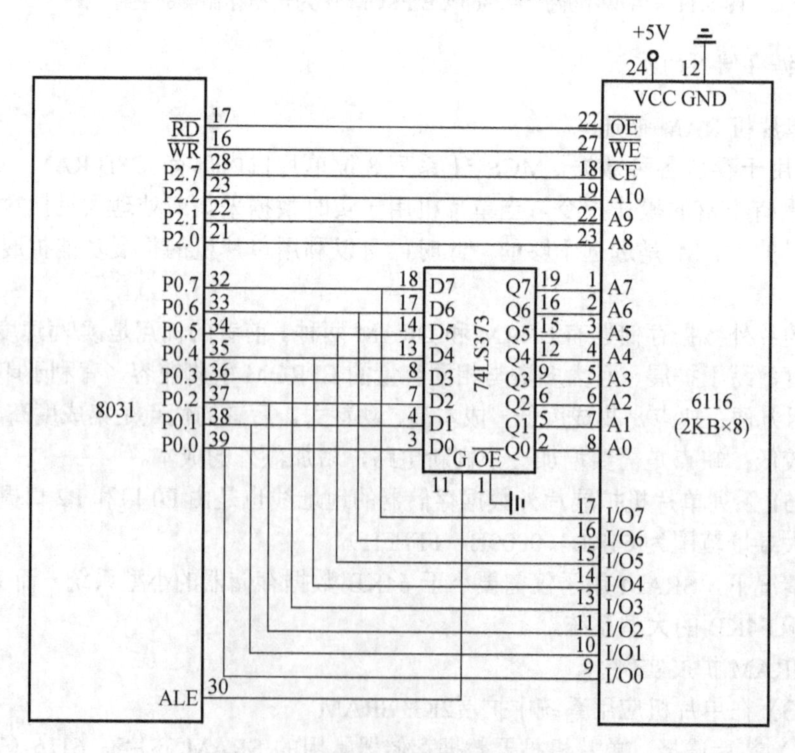

图 5.13　单片机与 6116 的硬件连接

3）连线说明。6116与单片机的连线说明如下。

地址线：A0～A10 连接单片机地址总线的 A0～A10，即 P0.0～P0.7、P2.0、P2.1、P2.2，共 11 根。

数据线：I/O0～I/O7 连接单片机的数据线，即 P0.0～P0.7。

控制线：$\overline{CE}$ 片选端连接单片机的 P2.7，即单片机地址总线的最高位 A15；$\overline{OE}$ 读允许线连接单片机的读数据存储器控制线 $\overline{RD}$；写允许线 $\overline{WE}$ 连接单片机的写数据存储器控制线 $\overline{WR}$。

4）片外RAM地址范围的确定及使用。按照图5.13的连线，片选端直接与某一地址线P2.7相连，这种扩展方法称为线选法。显然，只有P2.7=0时，才能够选中该片6116，故其地址范围确定如表5.4所示。

表 5.4　6116 的地址范围

8031	P2.7	P2.6	P2.5	P2.4	P2.3	P2.2	P2.1	P2.0	P0.7	P0.6	P0.5	P0.4	P0.3	P0.2	P0.1	P0.0
	A15	A14	A13	A12	A11	A10	A9	A8	A7	A6	A5	A4	A3	A2	A1	A0
6116						A10	A9	A8	A7	A6	A5	A4	A3	A2	A1	A0
	0	×	×	×	×	0	0	0	0	0	0	0	0	0	0	0
	0	×	×	×	×	0	0	0	0	0	0	0	0	0	0	1
	0	×	×	×	×	0	0	0	0	0	0	0	0	0	1	0
	……															
	0	×	×	×	×	1	1	1	1	1	1	1	1	1	1	1

注：“×”表示与 6116 无关的引脚，取 0 或 1 都可以。

如果与 6116 无关的引脚取 0，则 6116 的地址范围为 0000H～07FFH；如果与 6116 无关的引脚取 1，则 6116 的地址范围为 7800H～7FFFH。

单片机对 RAM 的读写可以使用以下指令。

```
MOVX  @DPTR,A        ;64KB 内写入数据
MOVX  A,@DPTR        ;64KB 内读取数据
```

另外，还可以使用以下对低 256B 的读写指令。

```
MOVX  @Ri,A          ;低 256B 内写入数据
MOVX  A,@Ri          ;低 256B 内读取数据
```

（3）同时扩展外部 RAM 与外部 I/O 接口

片外 RAM 与外部 I/O 接口采用相同的读/写指令，二者是统一编址的，因此当同时扩展二者时，就必须考虑地址的合理分配。通常采用译码法来实现地址的分配。

【例5.4】 扩展8KB RAM，地址范围为2000H～3FFFH，且具有唯一性；其余地址均作为外部I/O接口扩展地址。

解： 1）芯片选择。

① SRAM 芯片 6264。6264 是 8KB×8 的 SRAM，它采用 CMOS 工艺制造，单一+5V 供电，额定功耗 200mW，典型读取时间 200ns，封装形式为 DIP28，引脚如图 5.14 所示。

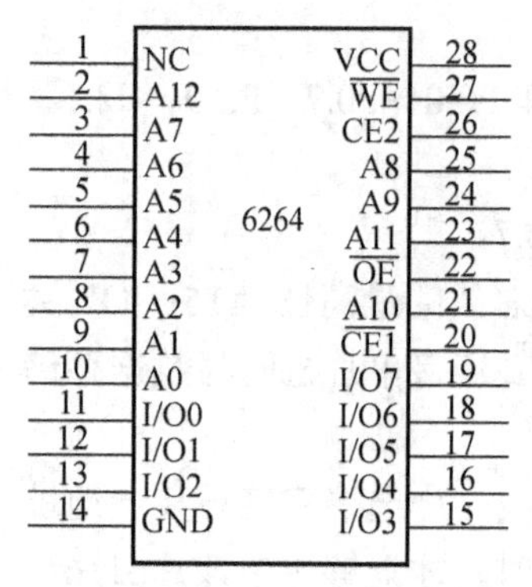

图 5.14　6264 的引脚

其中，A0～A12 为 13 条地址线；I/O0～I/O7 为 8 条双向数据线；$\overline{\text{CE1}}$ 为片选线 1，低电平有效；CE2 为片选线 2，高电平有效；$\overline{\text{OE}}$ 为读允许信号线，低电平有效；$\overline{\text{WE}}$ 为写信号线，低电平有效。

② 3-8 译码器 74LS138。题目要求扩展RAM的地址（2000H～3FFFH）范围是唯一的，其余地址用于外部I/O接口。由于外部I/O接口占用片外RAM的地址，操作指令都是MOVX指令，因此，I/O接口和RAM同时扩展时必须进行存储器空间的合理分配。这里采用全译码方式，6264的存储容量是8KB×8，占用了单片机的13条地址线（A0～A12），剩余的3条地址线（A13～A15）通过74LS138来进行全译码。

2）硬件连线。用单片机扩展8KB SRAM的硬件连线如图5.15所示。

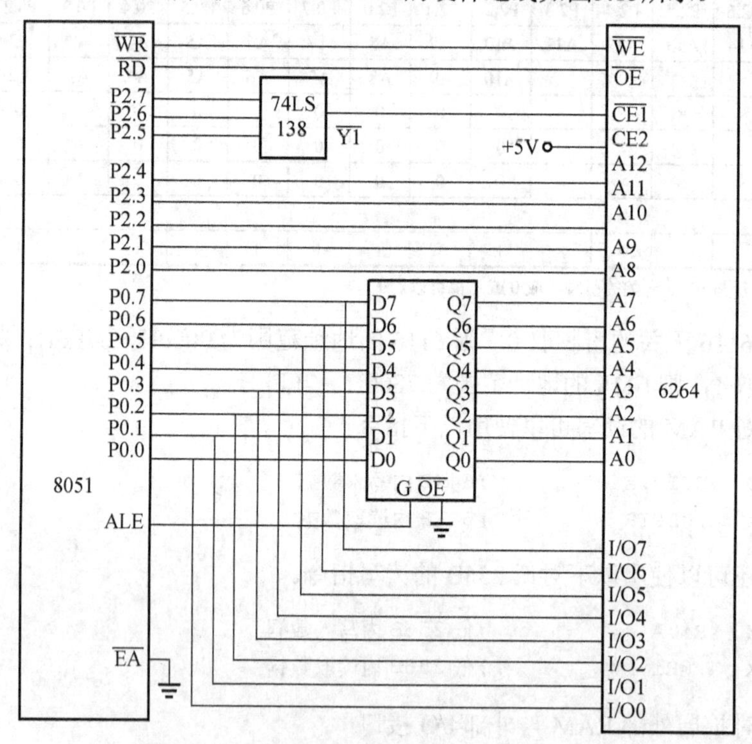

图 5.15　用单片机扩展 8KB SRAM 的硬件连线

单片机的高 3 位地址线 A13～A15 用来进行 3-8 译码，译码输出接 6264 的片选线。剩余的译码输出用于选通其他的 I/O 扩展接口。

6264 的片选线 CE2 直接接+5V 高电平。

6264 的输出允许信号 $\overline{\text{OE}}$ 接单片机的 $\overline{\text{RD}}$ 端，写允许信号 $\overline{\text{WE}}$ 接单片机的 $\overline{\text{WR}}$ 端。

3）6264的地址范围。根据片选线及地址线的连接，6264的地址范围如表5.5所示。

表 5.5　6264 的地址范围

8031	A15	A14	A13	A12	A11	A10	A9	A8	A7	A6	A5	A4	A3	A2	A1	A0
6264				A12	A11	A10	A9	A8	A7	A6	A5	A4	A3	A2	A1	A0
	0	0	1	0	0	0	0	0	0	0	0	0	0	0	0	0
	0	0	1	0	0	0	0	0	0	0	0	0	0	0	0	1
	0	0	1	0	0	0	0	0	0	0	0	0	0	0	1	0
	......															
	0	0	1	1	1	1	1	1	1	1	1	1	1	1	1	1

因此，6264 的地址范围为 2000H～3FFFH。

（4）新型存储器简介

1）集成 DRAM。与 SRAM 相比，DRAM 具有成本低、功耗小的优点，适用于需要大容量数据存储空间的场合。但 DRAM 需要刷新逻辑电路，每隔一定的时间就要将所存的信息刷新一次，以保证数据信息不丢失，所以，在单片机的存储器扩展上受到一定限制。

近年来出现了一种新型的集成DRAM（iRAM），它将一个完整的DRAM系统，包括动态刷新硬件逻辑集成到一个芯片中，从而兼有SRAM、DRAM的优点。Intel公司提供的iRAM芯片有2186、2187等，其引脚如图5.16所示。

2186/2187片内具有8KB×8集成DRAM，单一+5V供电，工作电流70mA，维持电流20mA，存取时间250ns，引脚与6264兼容。两者的不同之处在于2186的引脚1是同CPU的握手信号RDY，而2187的引脚1是刷新控制输入端REFEN。

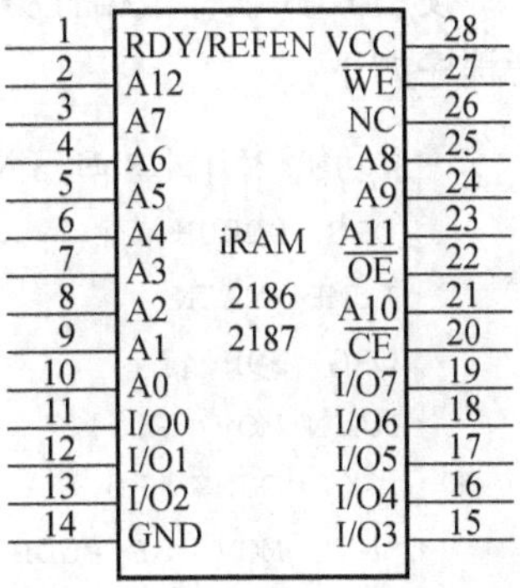

引脚	左侧	中部	右侧	引脚
1	RDY/REFEN		VCC	28
2	A12		$\overline{WE}$	27
3	A7		NC	26
4	A6		A8	25
5	A5		A9	24
6	A4	iRAM	A11	23
7	A3		$\overline{OE}$	22
8	A2	2186	A10	21
9	A1	2187	$\overline{CE}$	20
10	A0		I/O7	19
11	I/O0		I/O6	18
12	I/O1		I/O5	17
13	I/O2		I/O4	16
14	GND		I/O3	15

图 5.16　iRAM 2186、2187 的引脚

2）Flash 存储器。Flash 存储器是一种电可擦除型、非易失性存储器，其特点是快速在线修改，且掉电后信息不丢失。近年来，Flash 存储器大量用来制作存储器卡。例如，数码照相机中使用的存储器卡就是一种闪卡。

Flash 存储器以供电电压的不同，大体可以分为两大类：一类是从用紫外线擦除的 EPROM 发展而来的需要用高压（12V）编程的器件，通常需要双电源（芯片电源、擦除/编程电源）供电，型号序列为 28F 系列；另一类是 5V 编程的，以 E^2PROM 为基础的器件，它只需要单一电源供电，其型号序列通常为 29C 系列（有的序列号也不完全统一）。

Flash 存储器的型号很多，如 28F256（32KB×8）、28F512（64KB×8）、28F010（128KB×8）、28F020（256KB×8）、29C256（32KB×8）、29C512（64KB×8）、29C010（128KB×8）、29C020（256KB×8）等。

任务分析

任务设计要求使用单片机的外部扩展 RAM，利用读取外部数据存储器中的数据控制 8 个 LED 循环点亮。为实现上述任务，可首先将 LED 的控制数据保存至片外 RAM，之后读取片外 RAM 的数据，并将数据送至 LED 的控制端口。

任务准备

计算机、Proteus 软件、Keil 软件等。

任务实施

1. 绘制仿真原理图

使用 Proteus 软件设计并绘制任务所需电路原理图，本任务参考电路原理图如图 5.2 所示。采用 6264 作为外部数据存储器，74LS373 作为地址锁存器，LED 用于显示从外部数据存储器的读取值。

2. 程序设计及编译

使用 Keil 软件根据任务电路原理图设计程序并编译生成相应的.hex 文件。本任务参考程序如下。

```
;功能:对片外 RAM 写入数据并输出,控制 P1 口的亮灭状态
ORG  0000H
LJMP  MAIN
ORG  30H
MAIN:MOV  R0,#0
     DJNZ  R0,$              ;延迟片刻,等待电源电压稳定、外设正常工作
     MOV  SP,#50H            ;设置堆栈指针初值
     MOV  DPTR,#1000H        ;指向片外 RAM 的首地址
     MOV  A,#0FEH            ;设置第一个要送入的数据
     MOV  R1,#08H            ;设循环次数
WRITE:MOVX  @DPTR,A          ;向 RAM 中写入数据
      INC DPTR               ;片外 RAM 地址加 1
      CLR  CY
      RL  A                  ;更新数据
      DJNZ  R1,WRITE         ;8 次未送完,继续写入,否则顺序执行下一条指令
START:MOV  R1,#08H           ;再次设置循环次数
      MOV  DPTR,#1000H       ;指向第一个数据单元 1000H
READ:MOVX  A,@DPTR           ;读出数据到 A 累加器
     MOV  P1,A               ;送 P1 口点亮 LED
     LCALL  DELAY            ;延时一段时间
     INC  DPTR               ;更新地址
     DJNZ  R1,READ           ;连续读出 8 个数据,送 P1 口显示
     SJMP  START             ;8 个数据读完,继续从第一个数据单元开始
```

```
DELAY: MOV  R6,#00H      ;延迟子程序
L1:MOV  R7,#00H
L2:NOP
   DJNZ  R7,L2
   DJNZ  R6,L1
   RET
   END
```

3. 仿真验证

使用 Proteus 软件运行生成的.hex 文件，验证程序效果，观察运行情况。数据存储器扩展仿真效果图如图 5.17 所示。

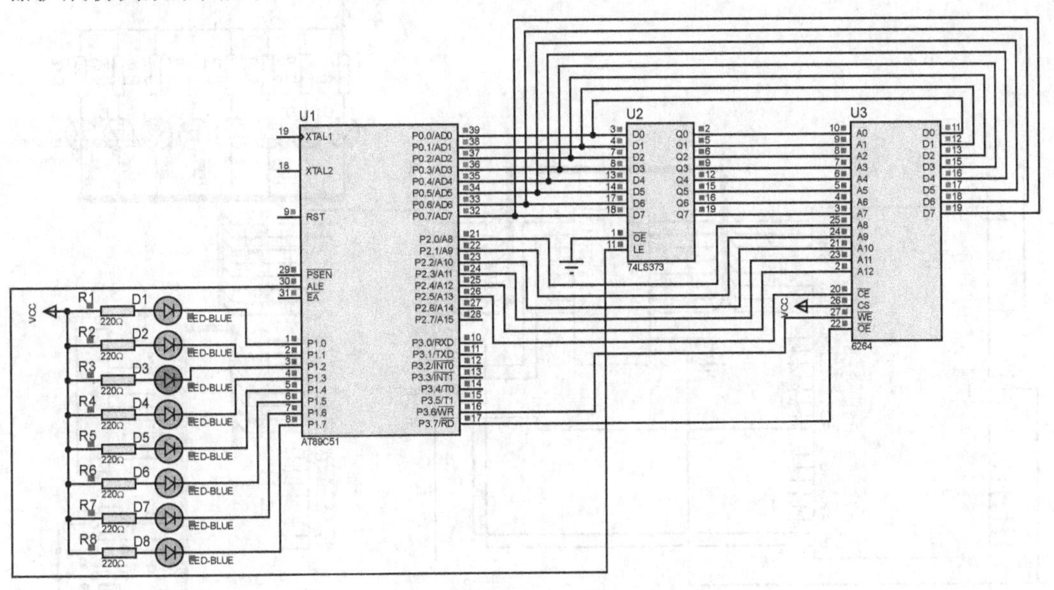

图 5.17　数据存储器扩展电路仿真效果图

练　习　题

一、简答题

1．74LS373 的锁存原理是什么？如何与 8051 单片机相连？

2．当单片机应用系统中数据存储器地址和程序存储器地址重叠时，是否会发生数据冲突？为什么？

二、综合设计题

试以 8051 单片机为主机，用地址译码法扩展 3 片 6264 RAM 数据存储器，画出硬件电路图，并指出各芯片的地址编码。

任务 5.2 设计 I/O 接口扩展电路

任务目标

熟悉 I/O 接口的基本特点，了解 8255A 芯片结构及编程方法。掌握 I/O 接口扩展的硬件设计方法、软件程序设计能力和调试排错能力。

任务描述

1）在 Proteus 中绘制电路图，如图 5.18 所示；利用 8255A 可编程并行口芯片，实现输入/输出实验，实验中用 8255A 的 PA 口作为输出，PB 口作为输入。

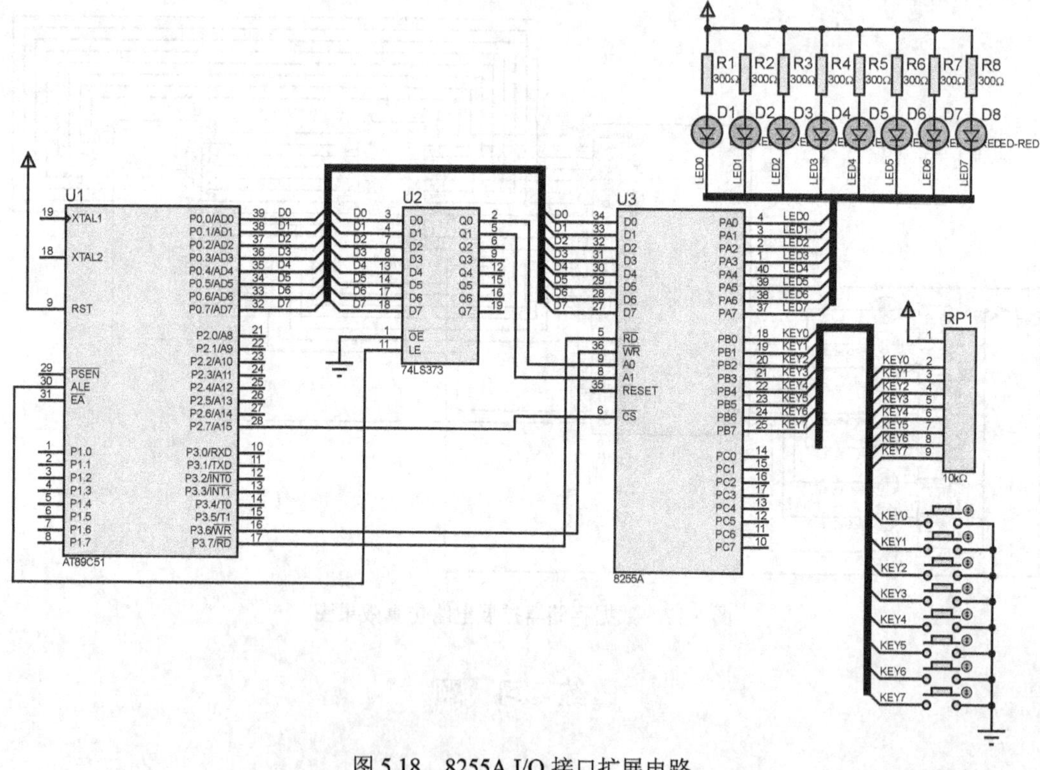

图 5.18 8255A I/O 接口扩展电路

2）利用 Proteus 的仿真功能对其进行仿真测试，观察 LED 的亮灭状态和按键开关的对应关系。

相关知识

1. I/O 接口扩展概述

（1）扩展 I/O 接口的编址和操作指令

在 MCS-51 系列单片机应用系统中，扩展的 I/O 接口采取与数据存储器统一编址，即片外RAM单元和I/O接口加起来最多不能超过2^{16}个，确定I/O接口地址的方法同扩展数据存储器一样有线选法和地址译码法两种。

单片机没有专用的接口指令对I/O接口进行读/写操作，而是用4条外部数据操作指令实现数据的输入输出，即

```
MOVX A,@DPTR          ;读片外RAM,即输入
MOVX A,@Ri            ;读片外RAM,即输入
MOVX @DPTR, A         ;写片外RAM,即输出
MOVX @Ri,A            ;写片外RAM,即输出
```

（2）I/O接口扩展常用芯片

扩展I/O接口常用的芯片有以下几类。

1）通用可编程 I/O 接口芯片。可编程接口是芯片的功能可由计算机的指令来改变的接口芯片。可编程接口通过编制程序，可使一个接口芯片执行多种不同的接口功能，使用十分灵活。用它来连接计算机和外设时，不需要或只需要很少的外加硬件。

目前，各计算机生产厂家已生产了很多系列的可编程接口芯片，常见的 Intel 公司可编程接口芯片如下。

8255A：可编程并行I/O芯片。

8155：可编程RAM I/O芯片。

8253：可编程定时/计数器。

8279：可编程键盘/显示控制器。

2）74LS系列的TTL电路或CMOS电路锁存器、三态门电路。这些I/O扩展代用芯片具有体积大、成本低、配置灵活的特点。可作为 I/O 接口扩展芯片使用的主要有74LS373、273、367、374、377、244等。

以上两类芯片主要通过并行口进行扩展。

3）通过串行口扩展的芯片主要是移位寄存器74LS164、74LS165等。

（3）并行I/O接口的扩展方法

MCS-51系列单片机并行I/O接口的扩展方法：①采用串行口进行扩展；②通过外接I/O接口芯片进行扩展。

串行口扩展即利用MCS-51系列单片机的串行口工作在方式0状态下，通过连接串入并出移位寄存器74LS164或并入串出移位寄存器74LS165来扩展并行I/O口的方法。这种方法不会占用片外RAM地址，而且可节省单片机的硬件开销。其缺点是操作速度较慢，扩展芯片越多，速度越慢。

图5.19和图5.20分别给出了利用串行口扩展2个8位并行输入口（使用74LS165）和扩展2个8位并行输出口（使用74LS164）的接口电路。

扩展并行I/O接口常用外接8255A、8155芯片的方法来实现。

2. MCS-51对可编程并行I/O芯片8255A的扩展

8255A是Intel公司生产的可编程输入/输出接口芯片。它有3个8位并行I/O接口，3种工作方式，可通过编程决定其功能，因而使用灵活方便，通用性强。其广泛用于连

接单片机与打印机、键盘、显示器及 I/O 接口等外设的接口电路。

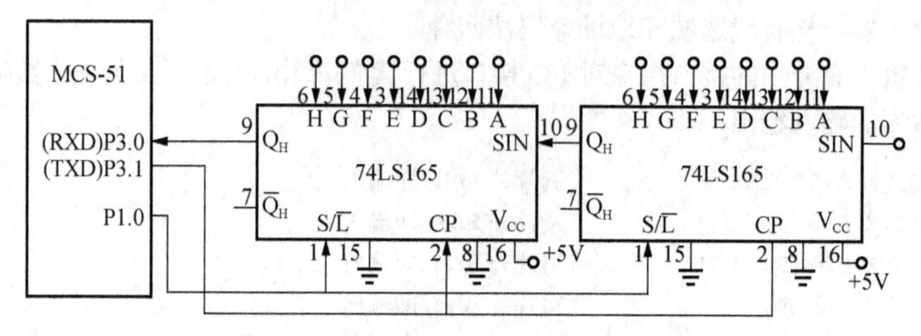

图 5.19 用 74LS165 扩展 16 位并行输入口

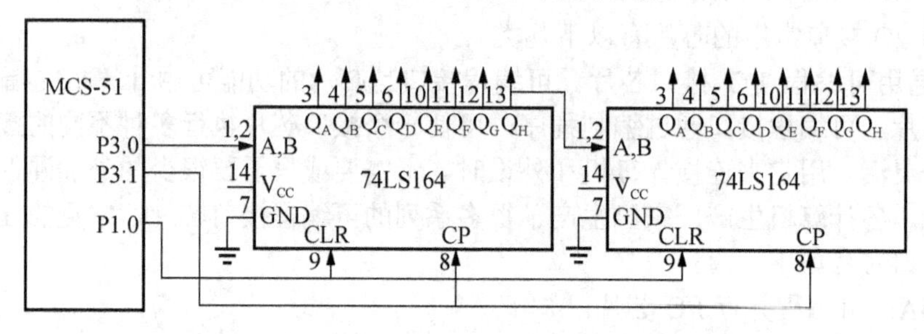

图 5.20 用 74LS164 扩展 16 位并行输出口

（1）8255A 的内部结构

8255A 的结构框图如图 5.21 所示。它主要由以下 4 个逻辑结构组成。

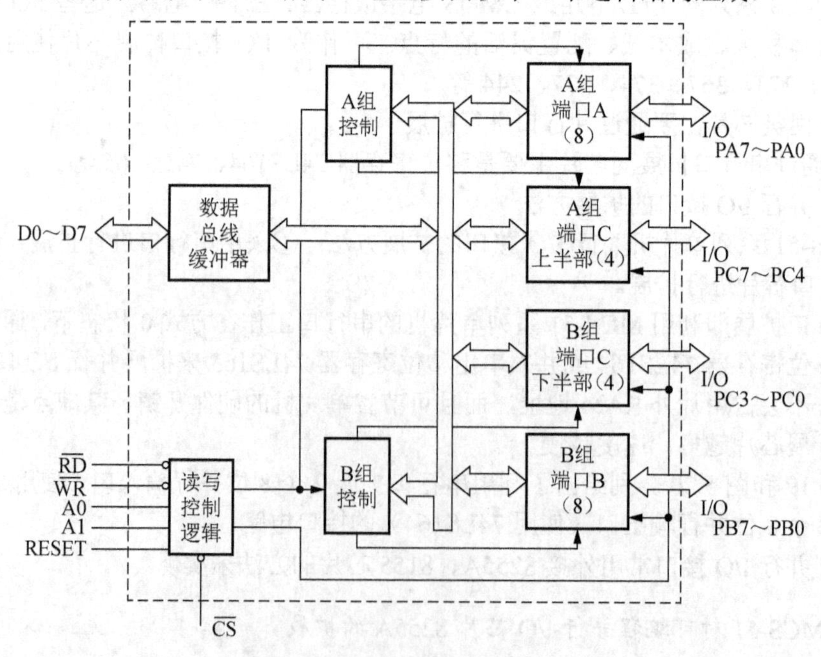

图 5.21 8255A 的结构框图

1）数据总线缓冲器。数据总线缓冲器为 8 位双向、三态缓冲器，可以直接与单片机的数据总线相连，用于传送单片机进行 I/O 操作的有关数据、控制命令及状态信息。

2）并行 I/O 接口。A、B、C 均为 8 位 I/O 数据口，都可和外设相连，分别传送外设的输入/输出数据或控制信息。但它们在结构和功能上有差异。

① A 口：具有一个 8 位数据输出锁存器/缓冲器和一个 8 位数据输入锁存器，因此，输出具有锁存和缓冲的功能，输入具有锁存功能。通过编程可以分别设置单向输出、单向输入、选通输入/输出或双向传输方式。

② B 口：具有一个 8 位数据输出锁存器/缓冲器和一个 8 位数据输入缓冲器（无数据输入锁存器），因此，输出具有锁存和缓冲的功能，输入具有缓冲功能。通过编程可以分别设置成单向输出、单向输入或选通输入/输出方式。

③ C 口：具有一个 8 位数据输出锁存器/缓冲器和一个 8 位数据输入缓冲器（无数据输入锁存器）。该口除可作输入/输出口使用外，还可分为两个 4 位端口，分别作为 A 口、B 口选通方式时的控制信号输出或状态信息输入端口。

3）读/写控制逻辑电路读/写控制逻辑电路用于实现 8255A 的硬件管理。它管理所有的数据、控制命令或状态信息的传送，负责接收单片机的地址线和控制信号来控制各个口的工作状态。

A 组和 B 组控制电路：这是两组根据 CPU 的命令字控制 8255A 工作方式的电路。每组控制电路从读、写控制逻辑接收各种命令，从内部数据总线接收控制字（即指令），并向相应的端口发出适当的命令。

A 组控制电路：控制 A 口及 C 口的高 4 位。

B 组控制电路：控制 B 口及 C 口的低 4 位。

（2）8255A 的引脚功能介绍

如图 5.22 所示，8255A 采用双列直插式封装，共有 40 个引脚，各引脚功能如下。

1）与外设的接口部分。

① PA0～PA7：A 口 8 位双向数据线。

② PB0～PB7：B 口 8 位双向数据线。

③ PC0～PC7：C 口 8 位双向数据线。

A、B、C 口的 8 位双向数据线形成了 3 个通道，用于 8255A 与外设之间传送数据。

2）与 CPU 总线接口部分。

① D0～D7：双向三态 8 位数据线，用于传送 CPU 与 8255A 之间的命令与数据。

② $\overline{CS}$：片选信号线，低电平有效，表示 8255A 被选中。

③ $\overline{RD}$：读取信号线，低电平有效，允许 CPU 从 8255A 读取数据或状态信息。

④ $\overline{WR}$：写入信号线，低电平有效，允许 CPU 将控制字或数据写入 8255A。

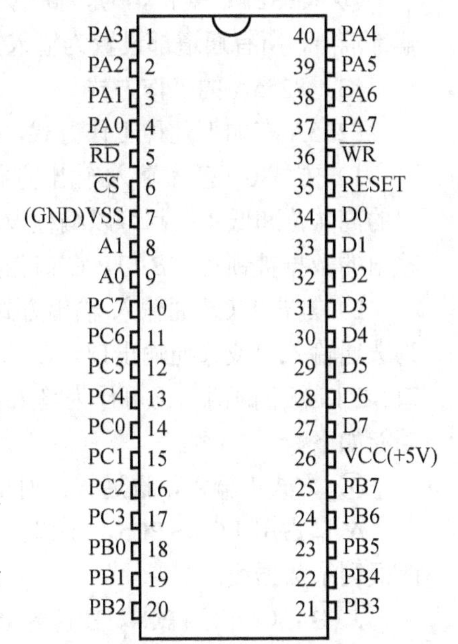

图 5.22 8255A 的引脚

⑤ A0、A1：内部口地址的选择。这两个引脚上的信号组合决定对8255A内部的哪一个口或寄存器进行操作。8255A内部共有4个端口：A口、B口、C口和控制口，两个引脚的信号组合选中端口如表5.6所示。$\overline{CS}$、$\overline{RD}$、$\overline{WR}$、A0、A1这几个信号的组合决定了8255A的所有具体操作。

表5.6 两个引脚的信号组合选中端口

A1	A0	$\overline{RD}$	$\overline{WR}$	$\overline{CS}$	工作状态
0	0	0	1	0	A口数据→数据总线
0	1	0	1	0	B口数据→数据总线
1	0	0	1	0	C口数据→数据总线
0	0	1	0	0	数据总线→A口
0	1	1	0	0	数据总线→B口
1	0	1	0	0	数据总线→C口
1	1	1	0	0	数据总线→控制字寄存器
×	×	×	×	1	数据总线为高阻态
1	1	0	1	0	非法状态
×	×	1	1	0	数据总线为高阻态

注：表中“→”表示数据的传输方向。

3）电源及复位信号。

① VCC：+5V电源。

② GND：地线。

③ RESET：复位信号，高电平有效。当此引脚为高电平时，所有8255A内部寄存器都清0。所有通道都设置为输入方式。24条I/O接口引脚为高阻状态。

（3）8255A的工作方式

8255A有如下几种工作方式，用户可以通过编程来设置。

1）方式0（基本输入/输出方式）。这种方式不需要任何选通信号。A口、B口及C口的高4位和低4位都可以编程设定为单向输入或单向输出方式。8255A作为输出口时，输出的数据被锁存，B口、C口作为输入口时，其输入的数据不锁存。

2）方式1（选通输入/输出方式）。在这种工作方式下，A口和B口可通过编程设定为选通输入口或选通输出口。C口则分为两组，分别作为A口和B口的联络应答信号口。C口剩下的两位仍可作为输入或输出使用。方式1选通输入/输出时的联络应答信号功能如下。

① 方式1输入，选通输入时的联络应答信号如图5.23所示。

A口占用PC3～PC5，B口占用PC0～PC2作为信号联络线，C口仅有PC6、PC7两根剩余数据线。

$\overline{STB}$：（A口为PC4、B口为PC2）输入选通信号，低电平有效。在$\overline{STB}$的下降沿将外设送来的数据通过PA0～PA7或PB0～PB7送入A口或B口的数据缓冲器/锁存器中。

IBF：（A口为PC5、B口为PC1）输入缓冲器满，高电平有效，是8255A提供给外设的状态信号，表示外设已将数据装入端口锁存器，但 CPU 尚未读取。

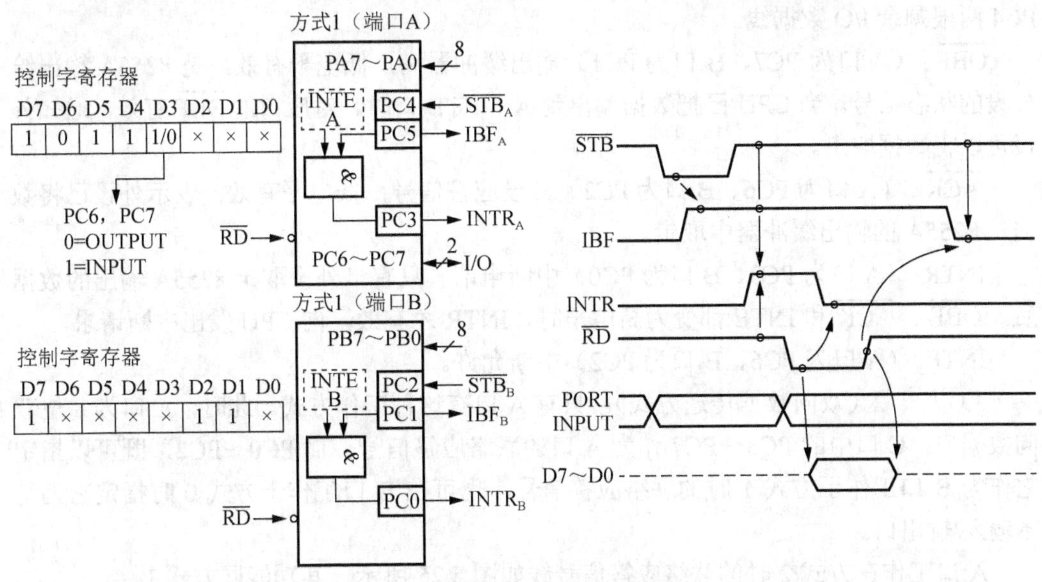

图 5.23　选通输入时的联络应答信号

INTR：（A 口为 PC3、B 口为 PC0）中断请求信号，高电平有效，是 8255A 用于向 CPU 提出中断请求的输出信号，只有当 $\overline{\text{STB}}$ 、IBF 和 INTE 都为高电平时，INTR 信号才被置为高电平。

INTE：（A 口为 PC4、B 口为 PC2）中断允许，可通过对 PC4 或 PC2 的置位/复位字来实现允许中断/禁止中断。

② 方式 1 输出，选通输出时的联络应答信号如图 5.24 所示。

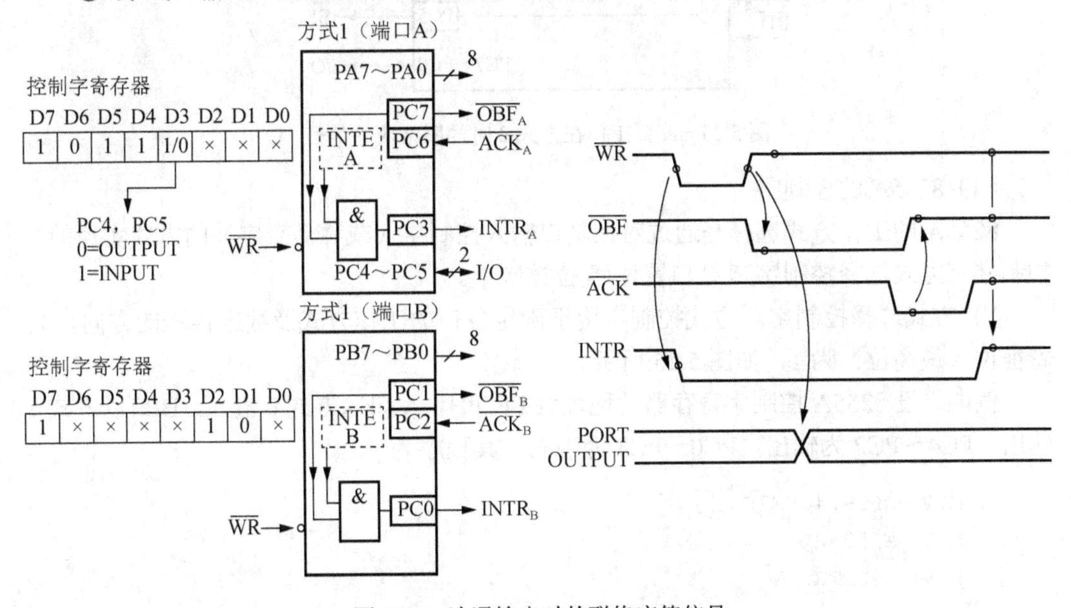

图 5.24　选通输出时的联络应答信号

A 口占用 PC7、PC6、PC3，B 口占用 PC2～PC0 作为信号联络线，C 口仅有 PC5、PC4 两根剩余 I/O 数据线。

$\overline{\text{OBF}}$：（A 口为 PC7、B 口为 PC1）输出缓冲器满，低电平有效，是 8255A 输出给外设的状态信号。当 CPU 已把数据输出到 A 口或 B 口时，对应口的 $\overline{\text{OBF}}$ 有效，通知外设可以将数据取走。

$\overline{\text{ACK}}$：（A 口为 PC6、B 口为 PC2）外设应答信号，低电平有效，表示外设已将数据从 8255A 的输出缓冲器中取走。

INTR：（A 口为 PC3、B 口为 PC0）中断申请。只有当外设取走 8255A 输出的数据后，$\overline{\text{OBF}}$、$\overline{\text{ACK}}$ 和 INTE 都变为高电平时，INTR 才有效，向 CPU 发出中断请求。

INTE：（A 口为 PC6、B 口为 PC2）中断允许。

3）方式 2（双向数据传送方式）。只有 A 口有这种工作方式。此时，A 口为 8 位双向数据口，C 口中的 PC3～PC7 作为 A 口的联络应答信号。而 PC0～PC2，既可以指定它作为 B 口工作于方式 1 时的联络应答信号，也可在 B 口工作于方式 0 时指定它为基本输入/输出口。

A 口工作在方式 2 时的联络应答信号线如图 5.25 所示，其功能同方式 1。

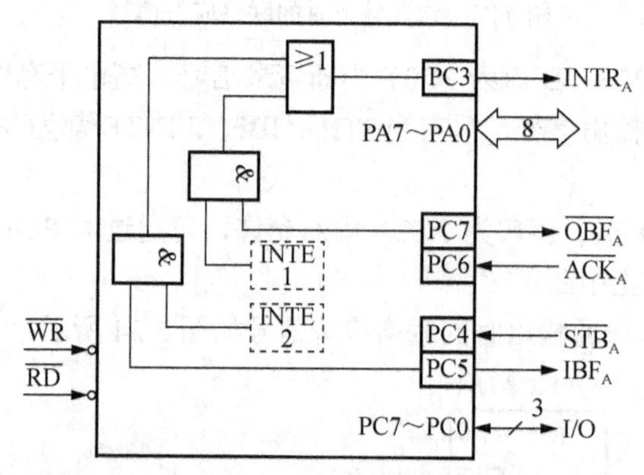

图 5.25　A 口工作在方式 2 时的联络应答信号

（4）8255A 的控制字

8255A 的工作方式选择是通过对控制口输入控制字（或称命令字）的方式实现的。控制字有方式选择控制字和 C 口置位/复位控制字。

1）方式选择控制字。方式控制字用于确定各口的工作方式及数据传送的方向，其特征位（最高位）为 1，如图 5.26 所示。

例如，设 8255A 控制字寄存器的地址为 FF7FH，A 口以方式 0 输入，B 口以方式 1 输出，PC4～PC7 为输出，PC0～PC3 为输入，其程序为

```
MOV  DPTR,#0FF7FH
MOV  A,#95H
MOVX  @DPTR, A
```

2）C 口置位/复位控制字。C 口具有位操作功能，把一个置位/复位控制字送入 8255A

的控制寄存器，就能把 C 口的某一位置 1 或清 0 而不影响其他位的状态，其特征位（最高位）为 0，如图 5.27 所示。

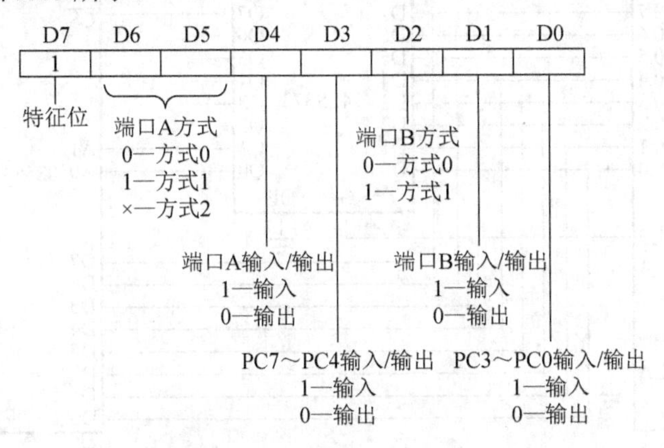

图 5.26　8255A 的方式选择控制字

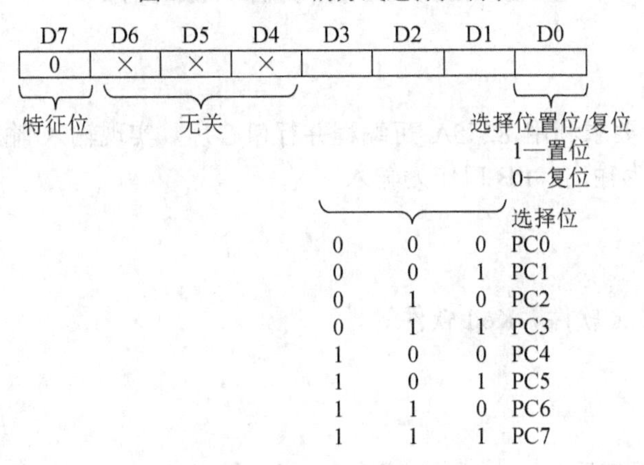

图 5.27　端口 C 按位置位/复位控制字

例如，设 8255A 控制字寄存器的地址为 FF7FH，下述程序可以将 PC1 清 0，PC7 置 1。

```
MOV  DPTR,#0FF7FH
MOV  A,#02H
MOVX  @DPTR, A
MOV  A,#0FH
MOVX  @DPTR, A
```

（5）8255A 与 MCS-51 系列单片机的接口方法

MCS-51 系列单片机可以与 8255A 直接相连。如图 5.28 所示，8255A 的 D0～D7 接至单片机的 P0.0～P0.7；$\overline{RD}$ 、$\overline{WR}$ 线分别接至单片机的读和写信号 $\overline{RD}$ 、$\overline{WR}$ ；端口地址选择线 A0、A1 经地址锁存器 74LS373 后分别接至单片机的 P0.0、P0.1；片选线 $\overline{CS}$ 接至单片机的 P0.7。8255A 的端口地址范围为 FF7CH～FF7FH。

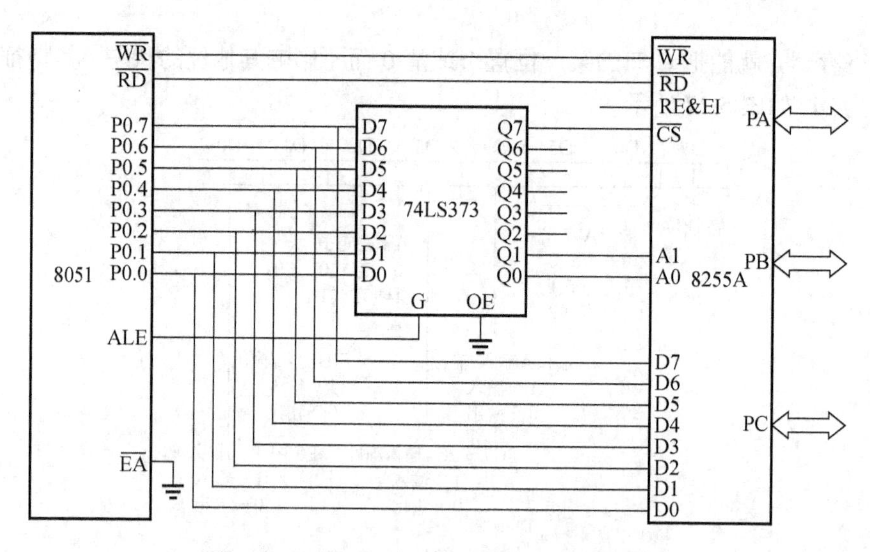

图 5.28 MCS-51 系列单片机与 8255A 的接口

任务分析

本任务的设计要求利用 8255A 可编程并行口芯片，实现输入/输出实验，实验中用 8255A 的 PA 口作为输出，PB 口作为输入。

任务准备

计算机、Proteus 软件、Keil 软件等。

任务实施

1. 绘制仿真原理图

使用 Proteus 软件设计并绘制任务所需电路原理图，本任务参考电路原理图如图 5.18 所示。LED 接在 8255A 的 PA 口，按键接在 8255A 的 PB 口，排阻 RP1 为按键提供上拉电压。

2. 程序设计及编译

使用 Keil 软件根据任务电路原理图设计程序并编译生成相应的.hex 文件。本任务参考程序如下。

```
;功能:PB 作为输入口检测按键的状态，并将从 PB 口读入的数据输出到 PA 口
ORG  00H
MAIN:ACALL  DELAY
     MOV DPTR,#7003H
     MOV A,#82H
     MOVX  @DPTR,A
LOOP:MOV  DPTR,#7001H
     MOVX  A,@DPTR
```

```
        MOV  DPTR,#7000H
        MOVX  @DPTR,A
        SJMP  LOOP
DELAY:MOV R1,#00H
DLP:MOV  R2,#50H
       DJNZ  R2,$
       DJNZ  R1,DLP
       RET
       END
```

3. *仿真验证*

使用 Proteus 软件运行生成的.hex 文件，验证程序效果，观察运行情况。I/O 接口扩展电路仿真效果图如图 5.29 所示。

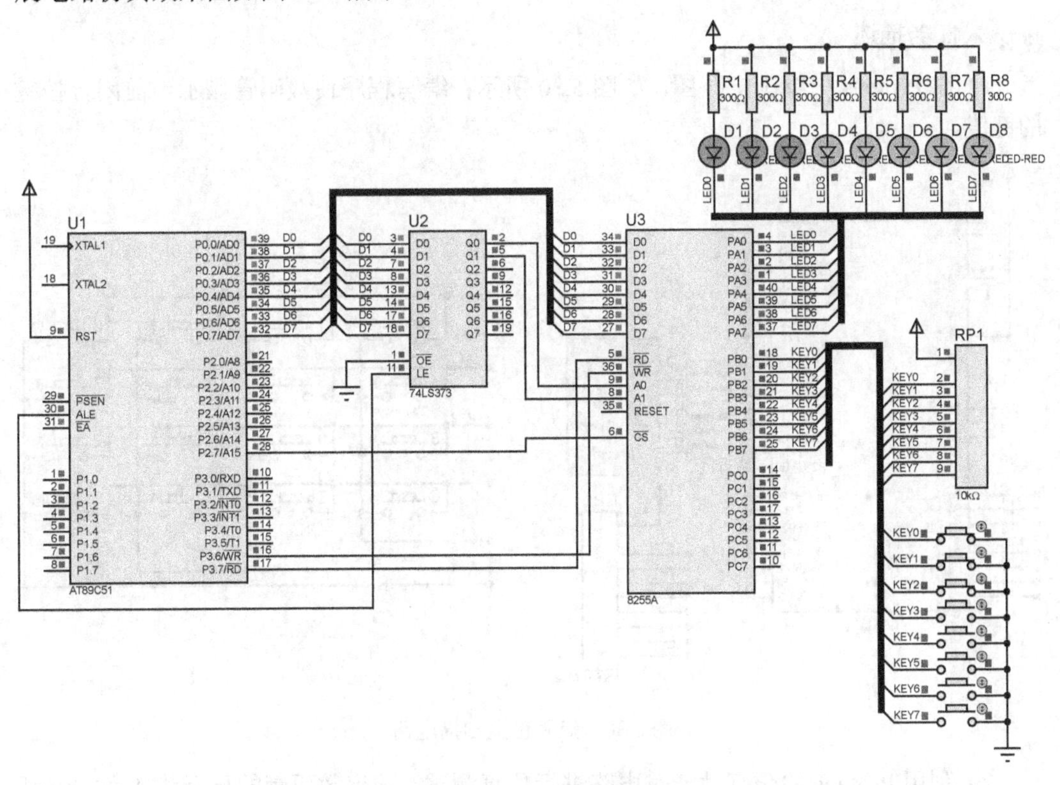

图 5.29　I/O 接口扩展电路效果图

练　习　题

一、简答题

1. 8255A 的内部结构特点是什么？

2．8255A 有哪几种工作方式？各有什么基本功能？

二、程序设计题

编写程序，对 8255A 进行初始化，设 A 口为基本输入，B 口为选通输入，C 口为联络应答接口。

任务 5.3 设计键盘接口电路

微课：矩阵键盘扫描

任务目标

熟悉键盘接口的基本特点，了解独立式键盘和矩阵式键盘的应用方法。掌握键盘接口的硬件设计方法、软件程序设计能力和调试排错能力。

任务描述

1）在 Proteus 中绘制电路图，如图 5.30 所示；编写程序使数码管显示当前闭合按键的键值。

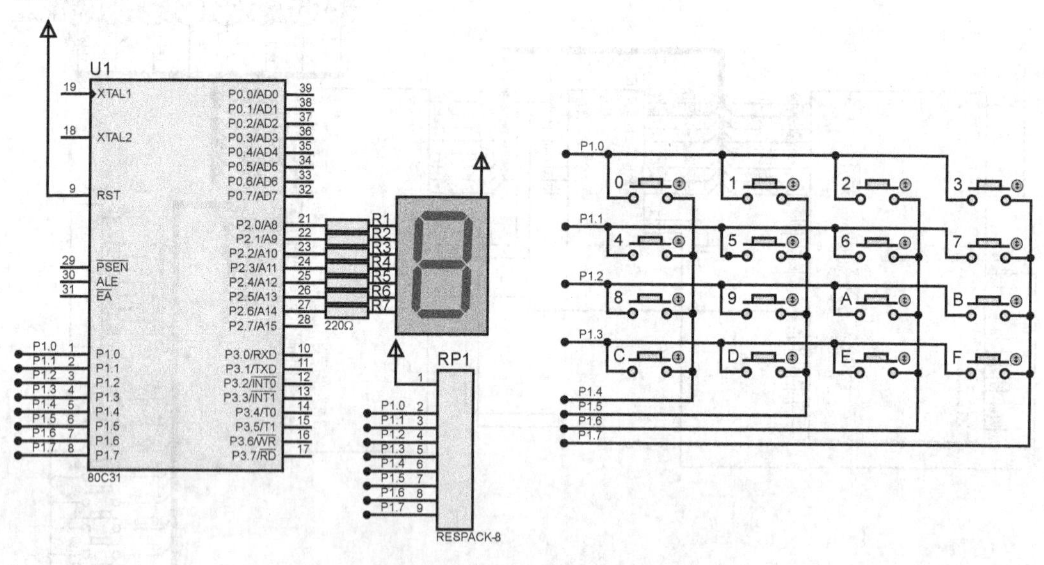

图 5.30 矩阵键盘扫描电路

2）利用 Proteus 的仿真功能对电路进行仿真测试，观察数码管的显示状态和按键开关的对应关系。

相关知识

1. 键盘接口工作原理

在单片机应用系统中，常用键盘作为输入设备，通过它将数据、内存地址、命令及指令等输入到系统中，实现简单的人机通信。

键盘是一组按键的组合，通常由数据键和功能键组成。计算机所用的键盘有编码键盘和非编码键盘两种。

① 编码键盘采用硬件电路来实现键的编码，每按下一个键，键盘就能自动产生键代码，去除抖动等功能。这种键盘使用方便，但需要较多的硬件，价格较高，一般单片机应用系统较少采用。

② 非编码键盘仅提供键的开关状态，依靠程序来识别闭合按键、去除抖动、产生键的代码并转入执行该键的处理等功能。因此，非编码键盘硬件电路简单、成本低，但占用 CPU 的时间较长。目前，单片机应用系统中多采用这种办法。下面主要介绍非编码键盘接口。

（1）键输入原理

在单片机应用系统中，除了复位键有专门的复位电路外，其他按键都是以开关状态来设置控制功能或输入数据的。当所设置的功能键或数字键被按下时，计算机应用系统应完成该按键所设定的功能。

其过程是，首先 CPU 采用查询或中断方式了解有无键输入并检查是哪一个键被按下，然后将该键号送入累加器 A 中，再通过散转指令转入执行该键的功能程序，最后返回主程序。

（2）按键开关的消除抖动功能

目前，MCS-51 系列单片机应用系统上的按键常采用机械触点式按键，它在断开、闭合时输入电压波形，如图 5.31 所示。可以看出机械触点在闭合及断开瞬间均有抖动过程，时间长短与开关的机械特性有关，一般为 5～10ms。抖动会造成被查询的开关状态无法准确读出。例如，一次按键产生的正确开关状态，由于键的抖动，CPU 多次采集到低电平信号，会误认为按键被多次按下，就会多次进行键输入操作，这是不允许的。为了保证 CPU 对键的一次闭合仅在按键稳定时进行一次键输入处理，必须消除产生的前沿（后沿）抖动影响。

通常去除抖动影响的方法有硬件、软件两种。在按键较少时，可采用硬件方法去除抖动。如图 5.32 所示，在键输出端加 R-S 触发器构成去抖动电路，可确保每按下一次键，只会产生一次低电平输出。

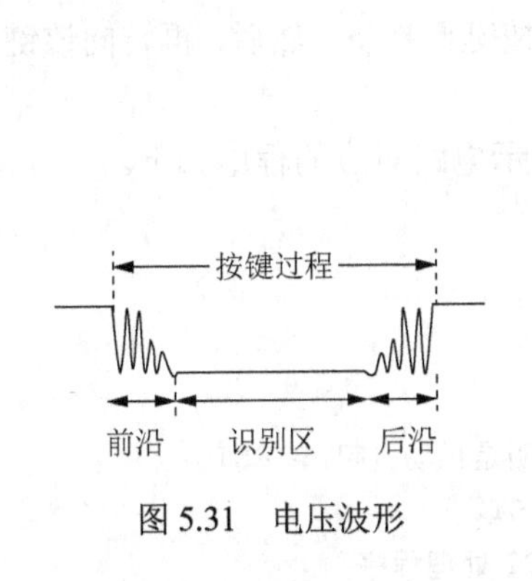

图 5.31　电压波形

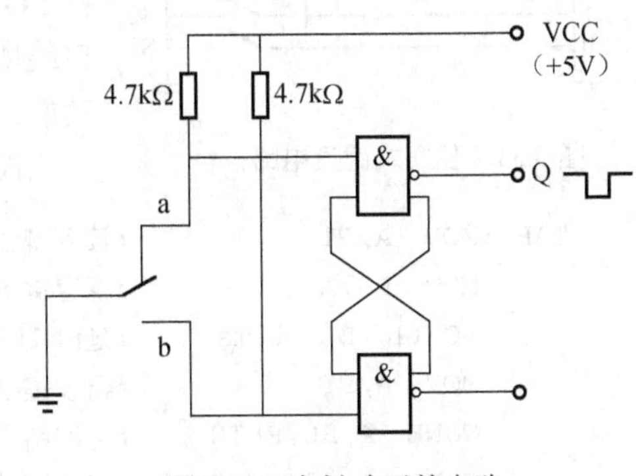

图 5.32　去抖动开关电路

当按键较多时，可采用软件方法消除抖动。根据按键的抖动时间为5～10ms，稳定闭合时间一般为十分之几秒至几秒时间的特点，采用软件消除抖动的方法是在检测到有键按下时，执行一个10ms左右的延时程序后，再确认该键电平是否仍保持闭合状态电平，若仍保持为闭合状态电平，则确认为该键处于闭合状态，这实际上避开了按键按下时的抖动时间。同理，在检测到该键释放后，也应采用相同的步骤进行确认，从而可消除抖动的影响。

（3）键盘控制程序应完成的功能

1）监测有无键按下。

2）有键按下后，在无硬件消抖动电路的情况下，应用软件延时方法消除抖动影响。

3）有可靠的逻辑处理办法。每次只处理一个按键，其间任何按下又松开的键不产生影响，无论一次按键持续有多长时间，仅执行一次按键功能程序。

4）输出确定的键号以满足散转指令的要求。

2. 单片机对非编码键盘的控制方式

（1）独立式键盘的接口电路及编程

1）独立式键盘的接口电路在单片机应用系统中，有时只需要几个简单的按键向系统输入信息。这时，可将每个按键直接接在一根I/O接口线上，这种连接方式的键盘称为独立式键盘，如图5.33所示。每个独立式按键单独占有一根I/O接口线，每根I/O接口线的工作状态不会影响到其他I/O接口线。这种按键接口电路配置灵活，硬件结构简单，但每个按键必须占用一根I/O接口线，I/O接口线浪费较大。故只在按键数量不多时采用这种按键电路。

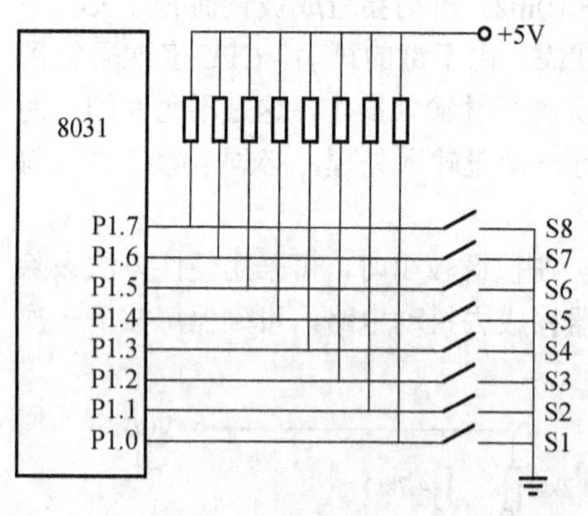

图5.33　独立式键盘电路

在此电路中，按键输入都采用低电平有效。上拉电阻保证了按键断开时，I/O接口线有确定的高电平。当I/O接口内部有上拉电阻时，外电路可以不配置上拉电阻。

2）独立式键盘的编程常采用查询式结构。先逐位查询每根I/O接口线的输入状态，若某一根I/O接口线输入为低电平，则可确认该I/O接口线所对应的按键已按下，然后，再转向该键的功能处理程序。

图5.33所示电路对应的程序如下。

```
START:MOV  A,P1              ;读入键盘状态
      MOV  R0,A              ;保存键盘状态值
      LCALL  DL  10ms        ;延时10ms消抖
      MOV  A,P1              ;再读键盘状态
      CJNE  A,R0,RETN        ;再次结果不同,说明是抖动引起,转RETN
      CJNE  A,#0FEH,KEY2     ;S1键未按下,转KEY2
      LJMP  PRO1             ;S1键按下,转PRO1处理程序
```

```
KEY2:CJNE  A,#0FDH,KEY3   ;S2 键未按下,转 KEY3
     LJMP  PRO2           ;S2 键按下,转 PRO2 处理
KEY3:CJNE  A,#0FBH,KEY4   ;S3 键未按下,转 KEY4
     LJMP  PRO3           ;S3 键按下,转 PRO3 处理
KEY4:CJNE  A,#0F7H,KEY5   ;S4 键未按下,转 KEY5
     LJMP  PRO4           ;S4 键按下,转 PRO4 处理
KEY5:CJNE  A,#0EFH,KEY6   ;S5 键未按下,转 KEY6
     LJMP  PRO5           ;S5 键按下,转 PRO5 处理
KEY6:CJNE  A,#0DFH,KEY7   ;S6 键未按下,转 KEY7
     LJMP  PRO6           ;S6 键按下,转 PRO6 处理
KEY7:CJNE  A,#0BFH,KEY8   ;S7 键未按下,转 KEY8
     LJMP  PRO7           ;S7 键按下,转 PRO7 处理
KEY8:CJNE  A,#7FH,RETN    ;S8 键未按下,转 RETN
     LJMP  PRO8           ;S8 键按下,转 PRO8 处理
RETN:JMP  START           ;重键或无键按下,不处理返回
DL  10ms:…                ;延时程序略
PRO1:…                    ;S1 键功能程序
     …
     LJMP  START          ;S1 键执行完返回
PRO2:…                    ;S2 键功能程序
     …
LJMP  START               ;S2 键执行完返回
⋮    ⋮     ⋮
PRO8:…                    ;K8 键功能程序
     …
LJMP   START              ;K8 键执行完返回
```

（2）行列式键盘

独立式按键电路每一个按键开关占一根 I/O 接口线，当按键数较多时，为减少占用 I/O 接口线数，通常采用行列式键盘（又称为矩阵式键盘）。

1）行列式键盘结构。行列式键盘每条行线与列线在交叉处不直接相通，而是通过一个按键加以连接。如图 5.34 所示，这个键盘为 4 行×4 列，共连接了 4×4=16 个键，占用 4+4=8 条 I/O 接口线。显然，当按键数量较多时，行列式键盘与独立式按键键盘相比要节省很多 I/O 接口。

当键盘中无按键被按下时，所有的行线和列线被断开，相互独立；各行线通过上拉电阻接至+5V 电源，使 X0～X3 为高电平状态。若有任意一键闭合，则该键对应的行线与列线相通。

2）按键的识别。按键的识别功能是指判断键盘中是否有键按下，若有键按下，则确定其所在的行列位置。通常采用逐行（或逐列）扫描查询法识别。具体识别过程如下。

① 判别键盘上有无键闭合。将全部列线 Y0～Y3 输出置低电平，然后检测行线 X0～X3 的电平状态，若键盘上行线全为高电平，则键盘上没有闭合键；若 X0～X3 中有一

行为低电平，则表示键盘中有键处于闭合状态。例如，当键 6 被按下时，X0～X3 为 1011，表示 X1 这一行有一个键按下。但此时还不能判断出是哪一个键按下，因为这一行中的键 4～7 中的任一个按下都会使 X1 这一行为低电平。

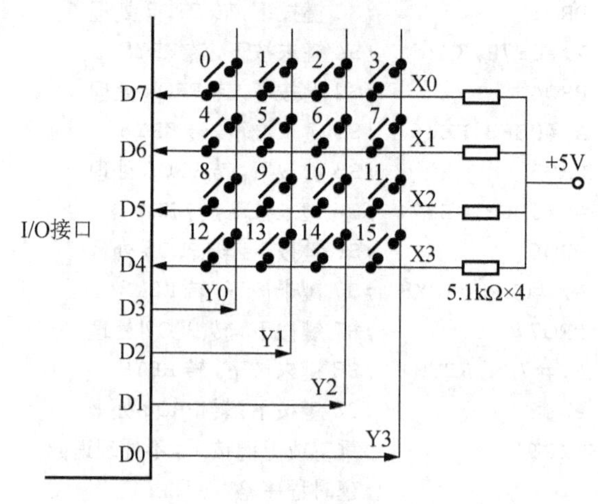

图 5.34　行列式键盘电路

② 判别闭合键所在位置。依次轮流使列线 Y0～Y3 中的一列输出低电平，其他 3 列为高电平，再相应地顺次读 X0～X3 的电平状态，若某行为低电平，则该行与置为低电平的列线相交处的按键即为闭合的按键。而键 6 的判断过程是，首先使 Y0 列输出低电平，即 Y0～Y3 输出 0111，读 X0～X3 为 1111；然后使 Y1 列输出低电平，即 Y0～Y3 输出 1011，读 X0～X3 为 1111；再使 Y2 列输出低电平，Y0～Y3 输出 1101，此时读 X0～X3 为 1011，则可以判断出被按下的键是 X1 行、Y2 列交叉处的键，即键 6。

（3）键盘工作方式

对键盘的响应取决于键盘的工作方式，键盘的工作方式应根据实际应用系统中 CPU 的工作状况而定，其选取的原则是既要保证 CPU 能及时响应按键操作，又不要过多占用 CPU 的工作时间。通常，键盘的工作方式有 3 种，即编程扫描、定时扫描和中断扫描。

1）编程扫描方式。编程扫描方式利用 CPU 在完成其他工作的空余时间，调用键盘扫描子程序来响应键输入要求。在执行键功能程序时，CPU 不再响应键输入要求。

键盘扫描子程序一般应具备下述功能。

① 判别有无键按下。

② 消除键的机械抖动。

③ 判断闭合键的键号。

④ 判断闭合键是否释放，如没释放则继续等待。

⑤ 将闭合键键号保存，同时转去执行该闭合键的功能。

下面通过 8155 扩展 I/O 接口组成的行列式键盘来说明如何编写键盘扫描子程序。图 5.35 所示为一个 4×8 行列式键盘电路，键盘采用编程扫描方式工作，键盘扫描子程序应完成如下几个功能。

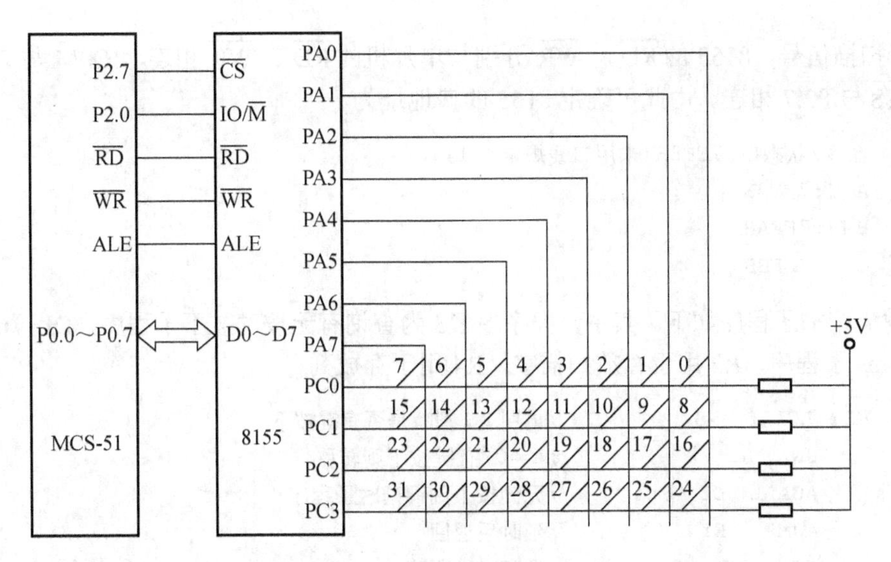

图 5.35　4×8 行列式键盘电路

① 判断键盘上有无键按下。使 A 口输出全扫描字 00H（即置所有的列线为低电平），然后读 C 口状态。若 PC0～PC3 全为 1，则表示键盘上无键按下；若不全为 1，则表示键盘上有键按下。

② 消除键的机械抖动。其方法为判断键盘上有键闭合后，可采用软件延迟一段时间（一般为 10ms）再判别键盘的状态，若仍为有键闭合状态，则认为键盘上有一个确定的键被按下，否则认为是键的抖动。

③ 判断闭合键的键号。对键盘列线进行扫描，从 A 口依次输出扫描字 FEH、FDH、FBH、F7H、EFH、DFH、BFH、7FH（即依次使 A0～A8 8 条列线输出低电平）。每次扫描时读取行线 C0～C3 的值。若其中某行为 0，则此行有键闭合。

闭合按键的键号按照行首键号与列号相加的办法处理，即每行的行首键号给以固定编号，依次为 0、8、16、24，列号依列线顺序为 0～7。根据闭合按键所在的行、列即可求出该键的键号。例如，A 口输出扫描字 FBH（11111011B），若检测到 PC2=0，则闭合键的键号是行首键号（16）+列号（2）=18。

④ 判别闭合的键是否被释放。键闭合一次仅进行一次键功能操作。键闭合时不做任何操作，而是再判断键是否释放。等键释放后再将键值送入累加器 A 中，然后执行键功能操作。

键盘扫描子程序的流程图如图 5.36 所示。

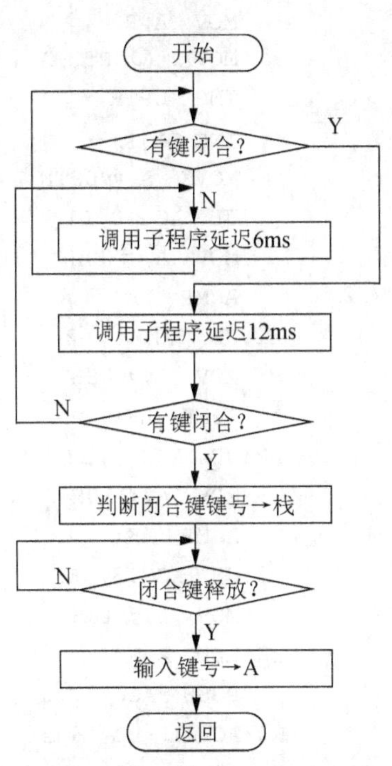

图 5.36　键盘扫描子程序的流程图

设在主程序中已将 8155 初始化为 A 口作基本输出口，输出 8 位列扫描信号。C 口作基本输入口，输入低

4 位行扫描信号。8155 的 $\overline{RD}$、$\overline{WR}$ 分别与单片机的 $\overline{RD}$、$\overline{WR}$ 相连，IO/$\overline{M}$ 与 P2.0 相连，$\overline{CS}$ 与 P2.7 相连。由此可确定 8155 的口地址为

```
命令/状态口:7FF8H(未用口线规定为1)
A口:7FF9H
B口:7FFAH
C口:7FFBH
```

键盘扫描子程序如下。其中，程序中 KS 为查询有无按键按下子程序，DL 6ms 为延时 6ms 子程序，R2 用于存放扫描字，R4 用于存放列号。

```
KEY:ACALL  KS            ;调用KS判断是否有键按下
    JNZ  K1              ;A≠0,有键按下则转移
    ACALL  DL  6ms       ;无键按下则调延时子程序
    AJMP  KEY            ;延时后返回
K1:ACALL  DL  6ms        ;调延时子程序
   ACALL  DL  6ms        ;调延时子程序,延时12ms
   ACALL  KS             ;调用KS子程序再次判断有无键闭合
   JNZ  K2               ;键按下,A≠0,转逐列扫描
   AJMP  KEY             ;A=0,误读键,返回
K2:MOV  R2,#0FEH         ;首列扫描字送R2
   MOV  R4,#00H          ;首列号送R4
K3:MOV  DPTR,#7FF9H      ;A口地址送DPTR
   MOV  A,R2
   MOVX  @DPTR,A         ;列扫描字送8155 A口
   INC  DPTR             ;指向8155 C口
   INC DPTR
   MOVX  A,@DPTR         ;读取行扫描值
   JB  ACC.0,L1          ;第0行无键按下,转查第1行
   MOV  A,#00H           ;第0行有键按下,该行的行首键号#00H送A
   AJMP  LK              ;转求键号
L1:JB  ACC.1,L2          ;第1行无键按下,转查第2行
   MOV  A,#08H           ;第1行有键按下,该行行首键号#08H送A
   AJMP  LK              ;转求键号
L2:JB  ACC.2,L3          ;第2行无键按下,转查第3行
   MOV  A,#10H           ;第2行有键按下,该行的行首键号#10H送A
   AJMP  LK              ;转求键号
L3:JB  ACC.3,NEXT        ;第3行无键按下,改查下一列
   MOV  A,#18H           ;第3行有键按下,该行的行首键号#18H送A
LK:ADD  A,R4             ;形成键码送入A
   PUSH  ACC             ;键号压入堆栈保护
K4:ACALL  DL  6ms        ;调延时子程序
   ACALL  KS             ;等待键释放
```

```
        JNZ  K4                ;未释放,等待
        POP  ACC               ;键释放,出栈送 ACC
        RET                    ;键扫描结束,返回
NEXT:INC  R4                   ;修改列号
        MOV  A,R2
        JNB  ACC.7,KEY         ;第 7 位为 0,已扫描完最高列转 KEY
        RL  A                  ;未扫描完,扫描字左移一位,变为下列扫描字
        MOV  R2,A              ;扫描字暂存 R2
        AJMP  K3
KS:MOV  DPTR,#7FF9H            ;A 口地址送 DPTR
        MOV  A,#00H
        MOVX  @DPTR,A          ;全扫描字#00H 送 A 口
        INC  DPTR              ;指向 C 口
        INC  DPTR
        MOVX  A,@DPTR          ;读入 C 口行状态
        CPL  A                 ;变正逻辑,以高电平表示有键按下
        ANL  A,#0FH            ;屏蔽高 4 位
        RET                    ;出口状态:A≠0 时有键按下
DL6 ms:…                       ;延时程序略
```

在配有键盘的应用系统中，一般相应地配有显示器，因而在系统初始化后，CPU 必须反复不断地轮流调用显示子程序和键盘输入程序。在识别有键闭合后，执行规定的操作再重新进入上述循环。

2）定时扫描方式。定时扫描方式就是每隔一段时间对键盘扫描一次，它利用单片机内部的定时器产生一定时间（如 10 ms）的定时，当定时时间到时，就产生定时器溢出中断。CPU 响应中断后对键盘进行扫描，并在有键按下时识别出该键，再执行该键的功能程序。定时扫描方式的硬件电路与编程扫描方式相同。

3）中断扫描方式。采用上述两种键盘扫描方式时，无论是否按键，CPU 都要定时扫描键盘，而单片机应用系统工作时，并非经常需要键盘输入，因此，CPU 经常处于空扫描状态。

为了提高 CPU 的工作效率，可采用中断扫描方式，即无键按下时，CPU 处理自己的工作，当有键按下时，产生中断请求，CPU 转去执行键盘扫描子程序，并识别键号。

中断扫描方式的一种简易键盘接口如图 5.37 所示。图 5.37 中接有一个四输入端与门，其输入端分别与各列线相连，输出端接单片机外部中断输入 $\overline{\text{INT0}}$。初始化时，使键盘行输出口全部置 0。当有键按下时，$\overline{\text{INT0}}$ 端为低电平，向 CPU 发出中断申请，若 CPU 开放外部中断，则响应中断请求，进入中断服务程序。在中断服务程序中先保护现场，然后执行前面讨论的扫描式键盘输入子程序，最后恢复现场返回。

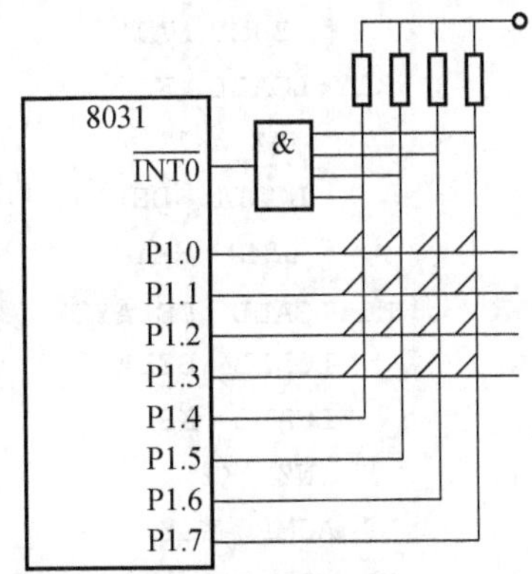

图 5.37　中断扫描方式的一种简易键盘接口

任务分析

任务设计要求使用矩阵式键盘，将闭合按键的键值用数码管显示。数码管采用静态显示，显示程序比较简单。按键识别采用行列扫描方式，是该任务的难点。

任务准备

计算机、Proteus 软件、Keil 软件等。

任务实施

1. 绘制仿真原理图

使用 Proteus 软件设计并绘制任务所需电路原理图，本任务参考电路原理图如图 5.30 所示。

2. 程序设计及编译

使用 Keil 软件根据任务电路原理图设计程序并编译生成相应的.hex 文件。本任务参考程序如下。

```
;功能:以数码管显示键盘的作用。单击相应按键显示相应的键值
;处理过程:先扫描键盘,判断是否有键按下,再确定是哪一个键,计算键值,输出显示
ORG  0000H
AJMP  MAIN
ORG  0030H
MAIN:MOV  DPTR,#TABLE              ;将表头放入 DPTR
     LCALL  KEY                    ;调用键盘扫描程序
     MOVC  A,@A+DPTR               ;查表后将键值送入 ACC
     MOV  P2,A                     ;将 ACC 值送入 P0 口
     LJMP MAIN                     ;返回反复循环显示
KEY:LCALL  KS                      ;调用检测按键子程序
    JNZ  K1                        ;有键按下继续
    LCALL  DELAY2                  ;无键按调用延时去抖
    AJMP  KEY                      ;返回继续检测按键
K1:LCALL  DELAY2
   LCALL  DELAY2                   ;有键按下延时去抖动
   LCALL  KS                       ;再调用检测按键程序
   JNZ  K2                         ;确认有按下进行下一步
   AJMP  KEY                       ;无键按下返回继续检测
K2:MOV  R2,#0EFH                   ;将扫描值送入 R2 暂存
   MOV R4,#00H                     ;将第 1 列值送入 R4 暂存
K3:MOV  P1,R2                      ;将 R2 的值送入 P1 口
```

```
L6:JB  P1.0,L1                      ;P1.0 等于 1,跳转到 L1
   MOV  A,#00H                      ;将第 1 行值送入 ACC
   AJMP  LK                         ;跳转到键值处理程序
L1:JB  P1.1,L2                      ;P1.1 等于 1,跳转到 L2
   MOV  A,#04H                      ;将第 2 行的行值送入 ACC
   AJMP  LK                         ;跳转到键值处理程序进行键值处理
L2:JB  P1.2,L3                      ;P1.2 等于 1,跳转到 L3
   MOV  A,#08H                      ;将第 3 行的行值送入 ACC
   AJMP  LK                         ;跳转到键值处理程序
L3:JB  P1.3,NEXT                    ;P1.3 等于 1,跳转到 NEXT 处
   MOV  A,#0CH                      ;将第 4 行的行值送入 ACC
LK:ADD  A,R4                        ;行值与列值相加后的键值送入 A 中
   PUSH  ACC                        ;将 A 中的值送入堆栈暂存
K4:LCALL  DELAY2                    ;调用延时去抖动程序
   LCALL  KS                        ;调用按键检测程序
   JNZ  K4                          ;按键没有释放,继续返回检测
   POP  ACC                         ;将堆栈的值送入 ACC
   RET
NEXT:INC  R4                        ;将列值加一
     MOV  A,R2                      ;将 R2 的值送入 A
     JNB  ACC.7,KEY                 ;扫描完,至 KEY 处进行下一扫描
     RL  A                 ;扫描未完,将 A 中的值右移一位进行下一列的扫描
     MOV  R2,A                      ;将 ACC 的值送入 R2 暂存
     AJMP  K3                       ;跳转到 K3 继续
KS:MOV  P1,#0FH                     ;将 P1 口高 4 位置 0,低 4 位置 1
   MOV  A,P1                        ;读 P1 口
   XRL  A,#0FH                      ;将 A 中的值与#0FH 相异或
   RET                              ;子程序返回
DELAY2:                             ;40ms 延时去抖动子程序
   MOV  R5,#08H
L7:MOV  R6,#0FAH
L8:DJNZ  R6,L8
   DJNZ  R5,L7
   RET
TABLE:                              ;七段显示器数据定义
      DB  0C0H,0F9H,0A4H,0B0H,99H   ;01234
      DB  92H,82H,0F8H,80H,90H      ;56789
      DB  88H,83H,0C6H,0A1H,86H     ;ABCDE
      DB  8EH                       ;F
      END                           ;程序结束
```

3. 仿真验证

使用 Proteus 软件运行生成的.hex 文件，验证程序效果，观察运行情况。键盘接口电路仿真效果图如图 5.38 所示。

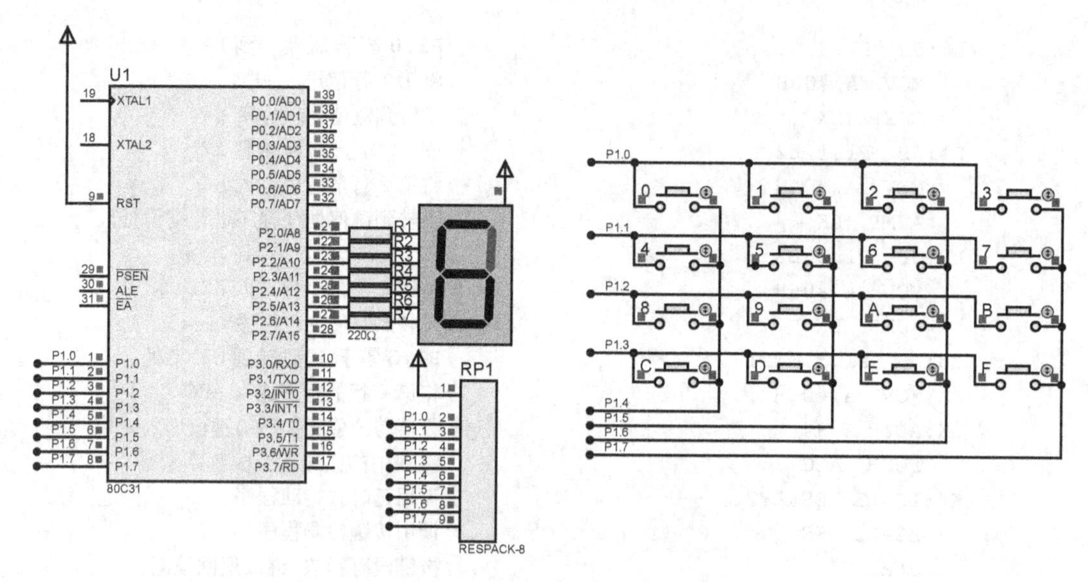

图 5.38 键盘接口电路仿真效果图

练 习 题

1．说明非编码键盘的工作原理。为何要等候键释放？

2．按键开关为何要消除键的抖动？如何去除机械抖动？

3．行列式键盘是如何识别闭合按键的？

任务 5.4 设计显示器接口电路

微课：1602 液晶显示

任务目标

熟悉显示接口的基本特点，了解液晶模块的工作原理，掌握 1602 液晶模块的使用方法。

任务描述

1）在 Proteus 中绘制电路图，如图 5.39 所示；编写程序控制 1602 液晶模块输出显示数字和英文字符。

2）利用 Proteus 的仿真功能对其进行仿真测试，观察液晶模块的显示状态。

相关知识

1．LCD 概述

在小型的智能化电子产品中，普通的 7 段 LED 数码管只能用来显示数字，若要显示英文字母或图像、汉字，则必须选择使用 LCD。LCD 显示器应用广泛，简单的如手表、计算器上的 LCD，复杂如笔记本式计算机上的显示器等，都使用 LCD。

图 5.39　1602 液晶模块显示控制电路

LCD 可分为两种类型，一种是字符型 LCD，另一种为图形模式 LCD。这里要介绍的 LCD 为字符型点阵式 LCD 模组（liquid crystal display module，LCM），又称为字符型 LCD。市场上有各种不同厂牌的字符显示类型的 LCD，但大部分控制器是使用同一块芯片来控制的，编号为 HD44780，或是兼容的控制芯片。

字符型液晶显示模块是一类专门用于显示字母、数字、符号等的点阵型液晶显示模块。在显示器件的电极图形设计上，它由若干 5×7 或 5×11 等点阵字符位组成。每一个点阵字符位都可以显示一个字符。点阵字符位之间空有一个点距的间隔起到了字符间距和行距的作用。

目前，常用的有 16 字×1 行、16 字×2 行、20 字×2 行和 40 字×2 行等的字符模组。这些 LCM 虽然显示的字数各不相同，但是都具有相同的输入/输出界面。

2. 1602 字符型液晶模块介绍

1602 液晶模块的正反面实物图如图 5.40 所示。

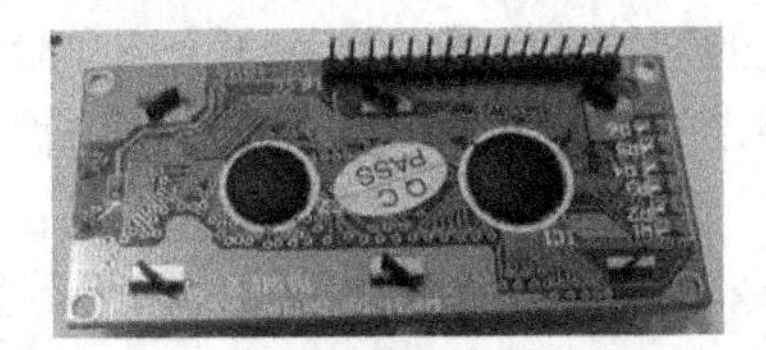

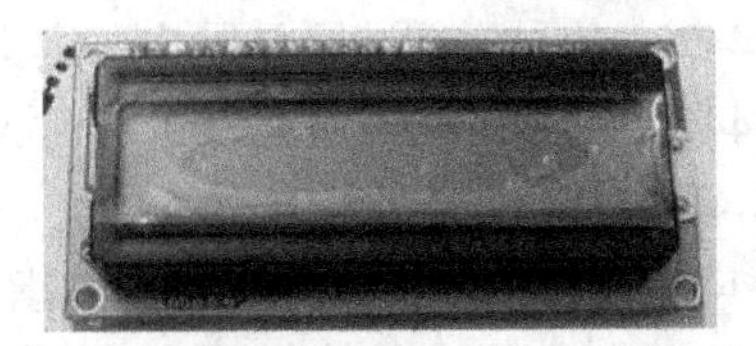

图 5.40　1602 液晶模块的正反面实物图

（1）16×2 字符型液晶显示模块特性

1）+5V 电压，反视度（明暗对比度）可调整。

2）内含振荡电路，系统内含重置电路。

3）提供各种控制命令，如清除显示器、字符闪烁、光标闪烁、显示移位等多种功能。

4）显示用数据 DDRAM 共有 80B。

5）字符发生器 CGROM 有 160 个 5×7 点阵字型。

6）字符发生器 CGRAM 可由使用者自行定义 8 个 5×7 的点阵字型。

（2）16×2 字符型液晶显示模块引脚及功能

1）引脚 1（VDD/VSS）：电源 5V 或接地。

2）引脚 2（VSS/VDD）：接地或电源 5V。

3）引脚 3（VO）：对比度调整。使用可变电阻调整，通常接地。

4）引脚 4（RS）：寄存器选择。高电平时选择数据寄存器、低电平时选择指令寄存器。

5）引脚 5（R/W）：读/写选择。高电平时进行读操作，低电平时进行写操作。当 RS 和 RW 均为低电平时，可以写入指令或者显示地址；当 RS 为低电平、RW 为高电平时，可以读忙信号；当 RS 为高电平、RW 为低电平时，可以写入数据。

6）引脚 6（E）：使能操作。高电平时 LCM 可做读写操作；低电平时 LCM 不能做读写操作。

7）引脚 7（DB0）：双向数据总线的第 0 位。

8）引脚 8（DB1）：双向数据总线的第 1 位。

9）引脚 9（DB2）：双向数据总线的第 2 位。

10）引脚 10（DB3）：双向数据总线的第 3 位。

11）引脚 11（DB4）：双向数据总线的第 4 位。

12）引脚 12（DB5）：双向数据总线的第 5 位。

13）引脚 13（DB6）：双向数据总线的第 6 位。

14）引脚 14（DB7）：双向数据总线的第 7 位。

15）引脚 15（VDD）：背光显示器电源+5V。

16）引脚 16（VSS）：背光显示器接地。

说明：由于生产 LCM 的厂商众多，因此使用时应注意电源引脚 1、2 的不同。LCM 数据读写方式可以分为 8 位及 4 位两种，以 8 位数据进行读写，则 DB7～DB0 都有效；若以 4 位方式进行读写，则只用到 DB7～DB4。

（3）液晶显示控制驱动集成电路 HD44780 的特点

1）HD44780 不仅可作为控制器而且还具有驱动 40×16 点阵液晶像素的能力，并且 HD44780 的驱动能力可通过外接驱动器扩展 360 列驱动。

2）HD44780 的显示缓冲区及用户自定义的字符发生器 CGRAM 全部内藏在芯片内。

3）HD44780 具有适用于 M6800 系列 MCU 的接口，并且接口数据传输可分为 8 位数据传输和 4 位数据传输两种方式。

4）HD44780 具有简单而功能较强的指令集，可实现字符移动、闪烁等显示功能。

HD44780 的内部组成结构如图 5.41 所示。

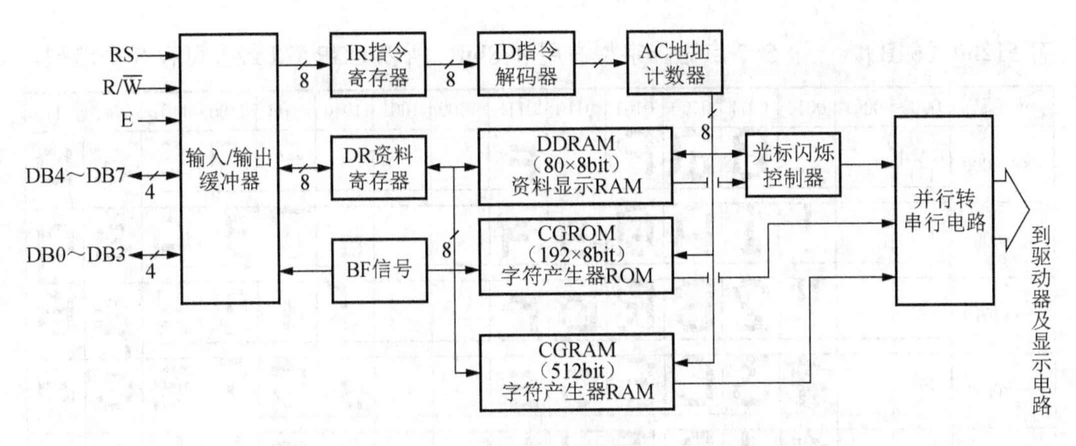

图 5.41　HD44780 的内部组成结构

HD44780 的 DDRAM 容量所限，HD44780 可控制的字符为每行 80 个字，即 5×80=400 点。HD44780 内包含 16 路行驱动器和 40 路列驱动器，所以 HD44780 本身就具有驱动 16×40 点阵 LCD 的能力（即单行 16 个字符或两行 8 个字符）。如果在外部加一个 HD44100 外扩展多 40 路/列驱动，则可驱动 16×2 LCD。

（4）HD44780 的工作原理

1）DDRAM。DDRAM 是数据显示用 RAM（data display RAM，DDRAM）。DDRAM 用于存放 LCD 显示的数据，只要将标准的 ASCII 码送入 DDRAM 中，内部控制电路会自动将数据传送到显示器上。例如，要 LCD 显示字符 A，则只需将 ASCII 码 41H 存入 DDRAM 即可。DDRAM 有 80B 空间，共可显示 80 个字（每个字为一个 byte），其存储器地址与实际显示位置的排列顺序与 LCM 的型号有关。1602 液晶屏的 RAM 地址映射图如图 5.42 所示。

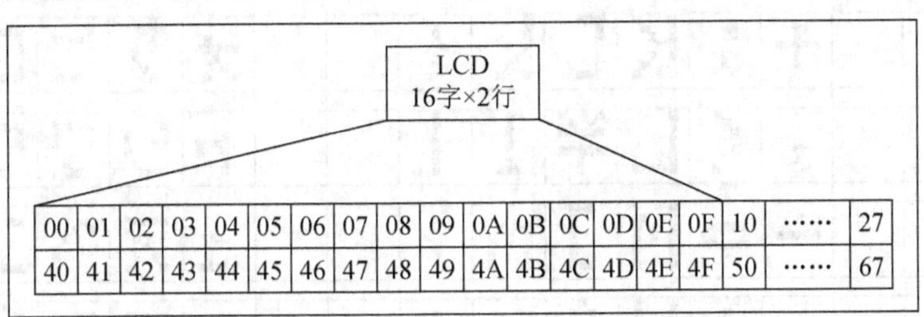

图 5.42　1602 液晶屏的 RAM 地址映射图

2）CGROM。CGROM 是字符产生器 ROM（character generator ROM，CGROM）。CGROM 存储了 192 个 5×7 的点矩阵字型，CGROM 的字型要经过内部电路的转换才会传到显示器上，仅能读出不可写入。字型或字符的排列方式与标准的 ASCII 码相同，如字符码 31H 为字符 1，字符码 41H 为字符 A。若要在 LCD 中显示 A，则将 A 的 ASCII 码（41H）写入 DDRAM 中，同时电路在 CGROM 中找出 A 的字型点阵数据并显示在 LCD 上。字符与字符码对照如图 5.43 所示。

3）CGRAM。CGRAM 是字型、字符产生器 RAM（character generator RAM，CGRAM）。CGRAM 是供使用者储存自行设计的特殊造型的造型码 RAM，CGRAM 共

有 512bit（64B）。一个 5×7 点矩阵字型占用 8×8bit，所以 CGRAM 最多可存 8 个造型。

Upper 4bit / Lower 4bit	0000	0001	0010	0011	0100	0101	0110	0111	1000	1001	1010	1011	1100	1101	1110	1111
××××0000	CG RAM (1)			0	@	P	`	p				ー	タ	ミ	α	p
××××0001	(2)		!	1	A	Q	a	q			。	ア	チ	ム	ä	q
××××0010	(3)		"	2	B	R	b	r			「	イ	ツ	メ	β	θ
××××0011	(4)		#	3	C	S	c	s			」	ウ	テ	モ	ε	∞
××××0100	(5)		$	4	D	T	d	t			、	エ	ト	ヤ	μ	Ω
××××0101	(6)		%	5	E	U	e	u			・	オ	ナ	ユ	σ	ü
××××0110	(7)		&	6	F	V	f	v			ヲ	カ	ニ	ヨ	ρ	Σ
××××0111	(8)		'	7	G	W	g	w			ァ	キ	ヌ	ラ	g	π
××××1000	(1)		(	8	H	X	h	x			ィ	ク	ネ	リ	√	x̄
××××1001	(2)		)	9	I	Y	i	y			ゥ	ケ	ノ	ル	⁻¹	y
××××1010	(3)		*	:	J	Z	j	z			ェ	コ	ハ	レ	j	千
××××1011	(4)		+	;	K	[	k	{			ォ	サ	ヒ	ロ	×	万
××××1100	(5)		,	<	L	¥	l	|			ャ	シ	フ	ワ	¢	円
××××1101	(6)		-	=	M	]	m	}			ュ	ス	ヘ	ン	£	÷
××××1110	(7)		.	>	N	^	n	→			ョ	セ	ホ	゛	ñ	
××××1111	(8)		/	?	O	_	o	←			ッ	ソ	マ	゜	ö	█

图 5.43 字符与字符码对照

Upper4 bit—高 4 位；Lower4 bit—低 4 位

4）IR。IR 是指令寄存器（instruction register，IR）。IR 负责储存 MCU 要写给 LCM 的指令码。当 MCU 要发送一个命令到 IR 寄存器时，必须要控制 LCM 的 RS、R/W 及 E 这 3 个引脚，当 RS 及 R/W 引脚信号为 0，E 引脚信号由 1 变为 0 时，就会将 DB0～DB7 引脚上的数据送入 IR 中。

5）DR。DR（data register，数据寄存器）负责储存MCU要写入CGRAM或DDRAM中的数据，或者储存MCU要从CGRAM或DDRAM读出的数据，因此，DR可视为一个数据缓冲区，它也是由LCM的RS、R/W及E这3个引脚来控制的。当RS及R/W引脚信号为1，E引脚信号由1变为0时，LCM会将DR内的数据由DB0～DB7输出以供MCU读取；当RS引脚信号为1，R/W引脚信号为0，E引脚信号由1变为0时，就会将DB0～DB7引脚上的数据存入DR中。

6）BF。BF（busy flag，忙碌标志信号）的功能是通知MCU，LCM内部是否正忙着处理数据。当BF=1时，表示LCM内部正在处理数据，不能接受MCU送来的指令或数据。LCM设置BF的原因为MCU处理一个指令的时间很短，只需几微秒，而LCM需要40μs～1.64ms的时间，所以MCU要写数据或指令到LCM之前，必须先查看BF是否为0。

7）AC。AC（address counter，地址计数器）的工作是负责计数写到CGRAM、DDRAM数据的地址，或者从DDRAM、CGRAM读出数据的地址。使用地址设定指令写入IR中后，则地址数据会经过指令解码器（instruction decoder），再存入AC。当MCU从DDRAM或CGRAM存取资料时，AC依照MCU对LCM的操作而自动修改它的地址计数值。

（5）LCD控制器的指令

用MCU来控制LCD模块，方式十分简单，LCD模块其内部可以看成两组寄存器，一组为指令寄存器，另一组为数据寄存器，由RS引脚来控制。所有对指令寄存器或数据寄存器的存取均需检查LCD内部的忙碌标志BF，此标志用来告知LCD内部正在工作，并不允许接收任何的控制命令。此位的检查可以令RS=0，用读取DB7来加以判断，当此DB7为0时，才可以写入指令或数据寄存器。LCD控制器的指令共有11组，以下分别介绍。

1）清除显示器指令，如表5.7所示。

表5.7　清除显示器指令

RS	R/W	E	DB7	DB6	DB5	DB4	DB3	DB2	DB1	DB0
0	0	1	0	0	0	0	0	0	0	1

指令代码为01H，将DDRAM数据全部填入“空白”的ASCII代码20H，执行此指令将清除显示器的内容，同时光标移到左上角。

2）光标归位设定指令，如表5.8所示。

表5.8　光标归位设定指令

RS	R/W	E	DB7	DB6	DB5	DB4	DB3	DB2	DB1	DB0
0	0	1	0	0	0	0	0	0	1	*

指令代码为02H，AC被清0，DDRAM数据不变，光标移到左上角。*表示可以为0或1。

3）设定字符进入模式指令，如表5.9所示。其工作情形如表5.10所示。

表 5.9 设定字符进入模式指令

RS	R/W	E	DB7	DB6	DB5	DB4	DB3	DB2	DB1	DB0
0	0	1	0	0	0	0	0	1	I/D	S

表 5.10 设定字符进入模式工作情形

I/D	S	工作情形
0	0	光标左移一格，AC 值减一，字符全部不动
0	1	光标不动，AC 值减一，字符全部右移一格
1	0	光标右移一格，AC 值加一，字符全部不动
1	1	光标不动，AC 值加一，字符全部左移一格

4）显示器开关指令，如表 5.11 所示。

表 5.11 显示器开关指令

RS	R/W	E	DB7	DB6	DB5	DB4	DB3	DB2	DB1	DB0
0	0	1	0	0	0	0	1	D	C	B

D：显示器开启或关闭控制位，D=1 时，显示器开启；D=0 时，显示器关闭，但显示数据仍保存于 DDRAM 中。

C：光标出现控制位，C=1 时，光标会出现在地址计数器所指的位置；C=0 时，光标不出现。

B：光标闪烁控制位，B=1 时，光标出现后会闪烁；B=0 时，光标不闪烁。

5）显示光标移位指令，如表 5.12 所示。其工作情形如表 5.13 所示。

表 5.12 显示光标移位指令

RS	R/W	E	DB7	DB6	DB5	DB4	DB3	DB2	DB1	DB0
0	0	1	0	0	0	1	S/C	R/L	*	*

注：*表示可以为 0 或 1。

表 5.13 显示光标移位工作情形

S/C	R/L	工作情形
0	0	光标左移一格，AC 值减一
0	1	光标右移一格，AC 值加一
1	0	字符和光标同时左移一格
1	1	字符和光标同时右移一格

6）功能设定指令，如表 5.14 所示。

表 5.14 功能设定指令

RS	R/W	E	DB7	DB6	DB5	DB4	DB3	DB2	DB1	DB0
0	0	1	0	0	1	DL	N	F	*	*

注：*表示可以为 0 或 1。

DL：数据长度选择位。DL=1 时，为 8 位（DB7～DB0）数据转移；DL=0 时，为 4 位数据转移，使用 DB7～DB4 位，分两次送入一个完整的字符数据。

N：显示器为单行或双行选择。N=1 时，为双行显示；N=0 时，为单行显示。

F：大小字符显示选择。当 F=1 时，为 5×10 字型（有的产品无此功能）；当 F=0 时，为 5×7 字型。

7）CGRAM 地址设定指令，如表 5.15 所示。

表 5.15　CGRAM 地址设定指令

RS	R/W	E	DB7	DB6	DB5	DB4	DB3	DB2	DB1	DB0
0	0	1	0	1	A5	A4	A3	A2	A1	A0

设定下一个要读写数据的 CGRAM 地址（A5～A0）。

8）DDRAM 地址设定指令，如表 5.16 所示。

表 5.16　DDRAM 地址设定指令

RS	R/W	E	DB7	DB6	DB5	DB4	DB3	DB2	DB1	DB0
0	0	1	1	A6	A5	A4	A3	A2	A1	A0

设定下一个要读写数据的 DDRAM 地址（A6～A0）。

9）忙碌标志 BF 或 AC 地址读取指令，如表 5.17 所示。

表 5.17　忙碌标志 BF 或 AC 地址读取指令

RS	R/W	E	DB7	DB6	DB5	DB4	DB3	DB2	DB1	DB0
0	1	1	BF	A6	A5	A4	A3	A2	A1	A0

LCD 的忙碌标志 BF 用以指示 LCD 目前的工作情况，当 BF=1 时，表示正在做内部数据的处理，不接收 MCU 送来的指令或数据。当 BF=0 时，表示已准备接收命令或数据。当程序读取此数据的内容时，DB7 表示忙碌标志，而另外 DB6～DB0 的值表示 CGRAM 或 DDRAM 中的地址，至于是指向哪一地址则根据最后写入的地址设定指令而定。

10）写数据到 CGRAM 或 DDRAM 中指令，如表 5.18 所示。

表 5.18　写数据到 CGRAM 或 DDRAM 中指令

RS	R/W	E	DB7	DB6	DB5	DB4	DB3	DB2	DB1	DB0
1	0	1	—	—	—	—	—	—	—	—

先设定 CGRAM 或 DDRAM 地址，再将数据写入 DB7～DB0 中，以使 LCD 显示出字型。也可将使用者自创的图形存入 CGRAM。

11）从 CGRAM 或 DDRAM 中读取数据指令，如表 5.19 所示。

表 5.19　从 CGRAM 或 DDRAM 中读取数据指令

RS	R/W	E	DB7	DB6	DB5	DB4	DB3	DB2	DB1	DB0
1	1	1	—	—	—	—	—	—	—	—

先设定 CGRAM 或 DDRAM 地址，再读取其中的数据。

（6）控制器接口时序说明

控制 LCD 所使用的芯片 HD44780 其读写周期约为 1μs，这与 8051MCU 的读写周期相当，所以很容易与 MCU 相互配合使用。

1）读操作的时序如图 5.44 所示。

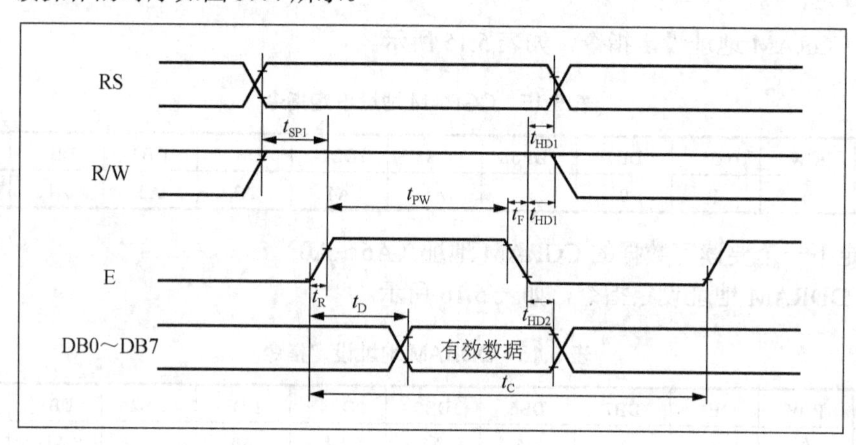

图 5.44　读操作的时序

2）写操作的时序如图 5.45 所示。

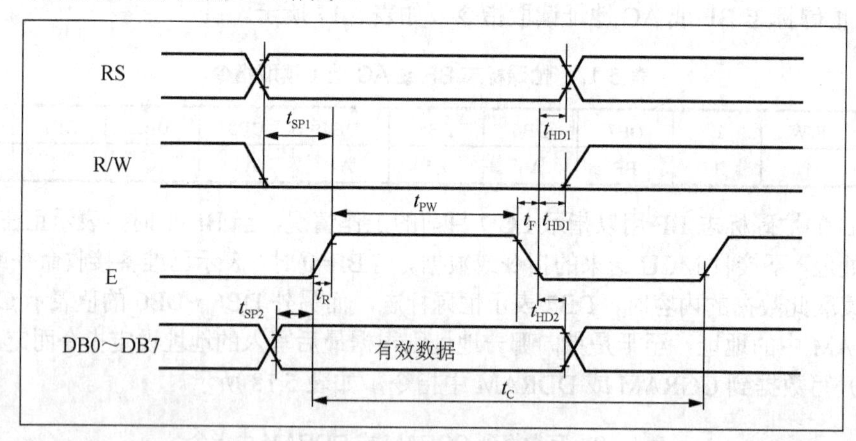

图 5.45　写操作的时序

3）时序参数如表 5.20 所示。

表 5.20　时序参数

时序参数	符号	极限值			单位	测试条件
		最小值	典型值	最大值		
E 信号周期	t_C	1400	—	—	ns	引脚 E
E 脉冲宽度	t_{PW}	150	—	—	ns	
E 上升沿/下降沿时间	t_R，t_F	—	—	25	ns	
地址建立时间	t_{SP1}	30	—	—	ns	引脚 E、RS、R/W
地址保持时间	t_{HD1}	10	—	—	ns	

续表

时序参数	符号	极限值			单位	测试条件
		最小值	典型值	最大值		
数据建立时间（读操作）	t_D	—	—	100	ns	引脚 DB0～DB7
数据保持时间（读操作）	t_{HD2}	20	—	—	ns	
数据建立时间（写操作）	t_{SP2}	40	—	—	ns	
数据保持时间（写操作）	t_{HD2}	10	—	—	ns	

（7）常用初始化过程

延时：15ms。

写指令：38H（不检测忙信号）。

延时：5ms。

写指令：38H（不检测忙信号）。

延时：5ms。

写指令：38H（不检测忙信号）。

延时：5ms。

（以后每次写指令、读/写数据操作之前均需检测忙信号。）

写指令 38H：显示模式设置。

写指令 08H：显示关闭。

写指令 01H：显示清屏。

写指令 06H：显示光标移动设置。

写指令 0CH：显示开及光标设置。

任务分析

任务设计要求使用 1602 液晶模块，编写程序控制 1602 液晶模块输出显示数字和英文字符。该任务的实施需要了解 1602 液晶模块的各引脚功能，了解 LCD 控制器的指令，理解控制器的接口时序。

任务准备

计算机、Proteus 软件、Keil 软件等。

任务实施

1. 绘制仿真原理图

使用 Proteus 软件设计并绘制任务所需电路原理图，本任务参考电路原理图如图 5.39 所示。

2. 程序设计及编译

使用 Keil 软件根据任务电路原理图设计程序并编译生成相应的.hex 文件。本任务参考程序如下。

```
;功能:1602 液晶屏第 1 行显示“MCU”,第 2 行显示“1+2=3”
;LCD 寄存器地址
LCD_CMD_WR  equ 0
LCD_DATA_WR  equ 1
LCD_BUSY_RD  equ 2
LCD_DATA_RD  equ 3
;LCD 命令控制
LCD_CLS  equ 1
LCD_HOME  equ 2
LCD_SETMODE  equ 4
LCD_SETVISIBLE  equ 8
LCD_SHIFT  equ 16
LCD_SETFUNCTION  equ 32
LCD_SETCGADDR  equ 64
LCD_SETDDADDR  equ 128
   org  0000h
   jmp  start
   org  0100h
string1a:db  'MCU'
         db  0
string2:db  '1+2=3'
        db  0
start:mov  A,#038h
      call  wrcmd
loop:mov  A,#LCD_SETVISIBLE+6      ;使能显示和光标闪烁
     call  wrcmd
loop2:mov  DPTR,#string1a
      call  wrstr
      mov  DPTR,#500
      call  wtms
      mov  A,#LCD_SETDDADDR+64     ;换行
      call  wrcmd
      mov  DPTR,#string2
      call  wrslow
      mov  DPTR,#200
      call  wtms
      mov  A,#LCD_CLS              ;清屏
      call  wrcmd
      mov  DPTR,#6000
      call  wtms
      mov  A,#LCD_CLS
```

```
        call  wrcmd
        jmp  loop
;LCD 快速显示字符
wrstr:mov  R0,#LCD_DATA_WR
wrstr1:clr  A
        movc  A,@A+DPTR
        jz  wrstr2
        movx  @R0,A
        call  wtbusy                  ;等待 LCD 释放
        inc  DPTR
        jmp  wrstr1
wrstr2:ret
;LCD 逐一显示字符
wrslow:mov  R0,#LCD_DATA_WR           ;数据存储器地址
wrslw1:clr  A                         ;利用 DPTR 逐一读取字符(不是 A)
        movc  A,@A+DPTR
        jz  wrslw2                    ;如果是结束符,则不再读取字符
        movx  @R0,A                   ;放到 LCD 的数据存储器
        call  wtbusy                  ;等待 LCD 释放
        inc  DPTR                     ;读下一个字符
        push  DPL
        push  DPH
        mov  DPTR,#3000               ;每个字符显示的间隔时间
        call  wtms
        pop  DPH
        pop  DPL
        jmp  wrslw1
wrslw2:ret
;向 LCD 发送操作命令
wrcmd:mov  R0,#LCD_CMD_WR             ;命令存储器地址
        movx  @R0,A
        jmp  wtbusy
;LCD 忙
wtbusy:mov  R1,#LCD_BUSY_RD
        movx  A,@r1
        jb  ACC.7,wtbusy
        ret
;秒级延时程序
wtsec:push  ACC
        call  wtms
        pop  ACC
        dec  A
        jnz  wtsec
```

```
      ret
;毫秒级延时程序
wtms:xrl  DPL,#0FFh
     xrl  DPH,#0FFh
     inc  DPTR
wtms1:mov  TL0,#09Ch                    ;用上定时器协助延时
      mov  TH0,#0FFh
      mov  TMOD,#1
      setb  TR0
wtms2:jnb  TF0,wtms2
      clr  TR0
      clr  TF0
      inc  DPTR
      mov  A,DPL
      orl  A,DPH
      jnz  wtms1
      ret
      END
```

3. 仿真验证

使用 Proteus 软件运行生成的.hex 文件，验证程序效果，观察运行情况。显示器接口电路仿真效果图如图 5.46 所示。

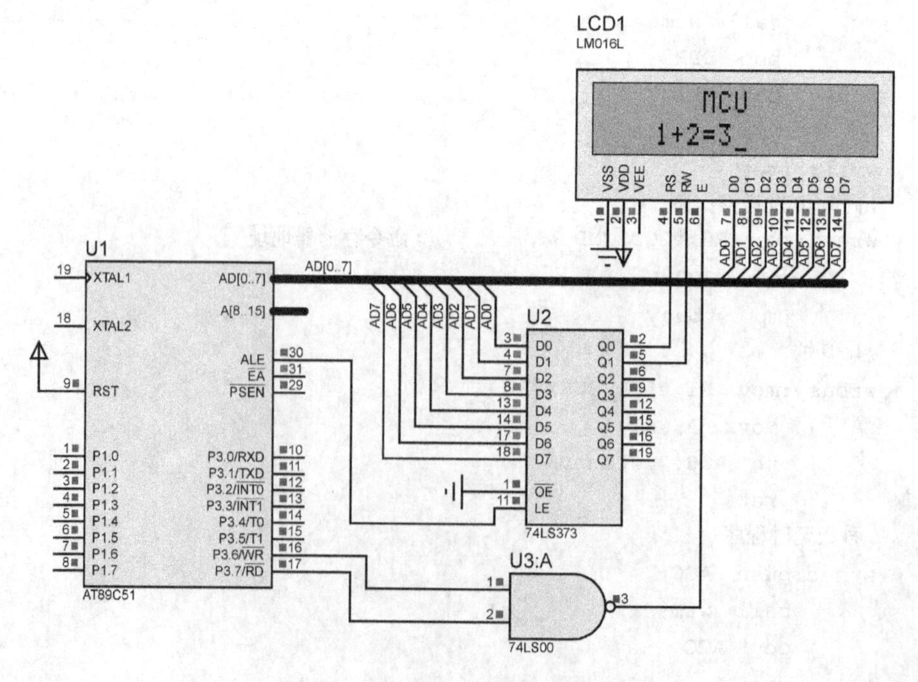

图 5.46　显示器接口电路仿真效果图

练　习　题

一、简答题

液晶显示原理是什么？

二、程序设计题

1．试编写 1602 液晶屏的初始化程序。

2．查阅 12864 液晶屏的数据手册及相关资料，试用 12864 液晶屏显示汉字及图形。

任务 5.5　设计 A/D、D/A 转换电路

任务目标

熟悉 A/D、D/A 的分类，了解 A/D、D/A 的基本原理。掌握 A/D、D/A 芯片的选型与应用能力。

任务描述

1）在 Proteus 中绘制电路图，如图 5.47 所示；编写程序控制 A/D 转换芯片将电位器的模拟电压值转换为数字信号，并使用 LED 进行显示。

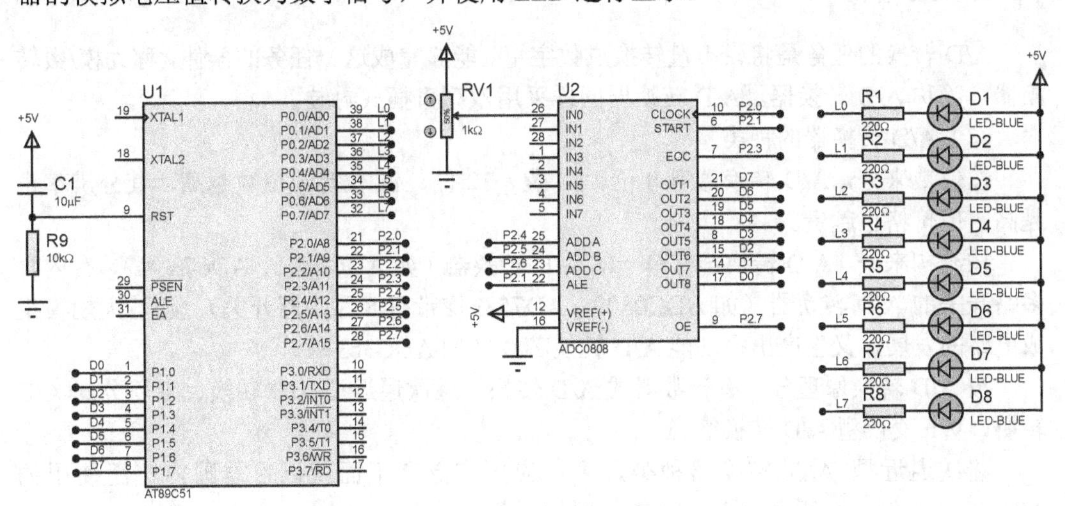

图 5.47　A/D 转换电路

2）利用 Proteus 的仿真功能对其进行仿真测试，观察 LED 的显示状态和电位器调整的关系。

相关知识

1. 概述

在单片机的实时控制、数据采集和智能仪器仪表等应用系统中，被测物理量往往是以模拟量的形式存在，如温度、压力、流量、位移、速度等都是模拟量，而单片机只能接收数字量，所以在上述系统中，必须首先将这些模拟量转换成数字量，即经 A/D 转换，然后送到单片机中进行数据处理，以便实现控制或进行显示。

同理，经单片机处理后的数字量输出，不能直接用于控制执行机构。这是由于大多数执行机构，如电动执行机构、气动执行机构及直流电动机等，只能接收模拟量。因此，还必须把数字量变成模拟量，即完成 D/A 转换。图 5.48 所示为具有模拟量 I/O 的 MCS-51 系列单片机系统结构框图。

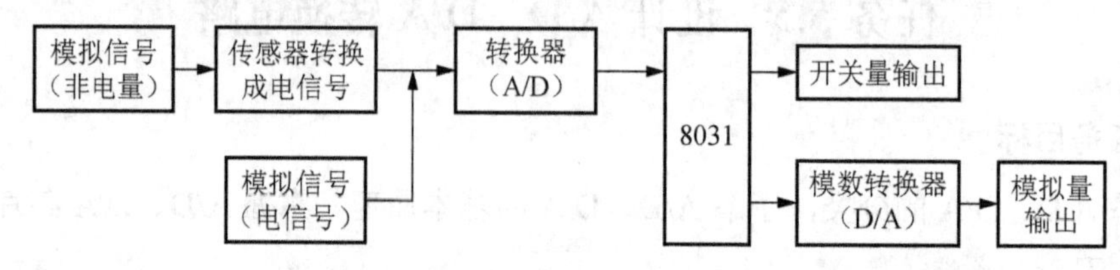

图 5.48 具有模拟量 I/O 的 MCS-51 系列单片机系统结构框图

由此可见，A/D、D/A 转换是单片机接收、处理、控制模拟量参数过程中必不可少的环节。

2. A/D 转换

A/D 转换的任务是将模拟量转换成数字量。能够完成这一任务的器件，称为模/数转换器，简称 A/D 转换器。A/D 转换器同样采用双列直插式封装。

（1）A/D 转换器的种类

按位数来分，A/D 转换器有 8 位、10 位、12 位、16 位等。位数越高，其分辨率也越高，但价格也越贵。

按结构来分，A/D 转换器有单一的 A/D 转换器（如 ADC0801、AD673 等），有内含多路开关的 A/D 转换器（如 ADC0809、AD7581 均带有 8 路多路开关）。随着大规模集成电路的发展，又生产出多功能 A/D 转换芯片（如 ADC363）。

按 A/D 转换原理分，有计数器式 A/D 转换、逐次逼近型 A/D 转换、双积分式 A/D 转换、V/F 变换型 A/D 转换等。

逐次逼近型 A/D 转换器种类最多，应用广泛。下面就以目前国内广泛使用的 ADC0809 为例，介绍多通道 A/D 转换器的原理。

（2）ADC0809 的内部结构及转换原理

ADC0809 内部结构框图如图 5.49 所示。它由 8 位逐次逼近型 A/D 转换器、8 路模拟开关、地址锁存与译码和三态输出锁存器构成。

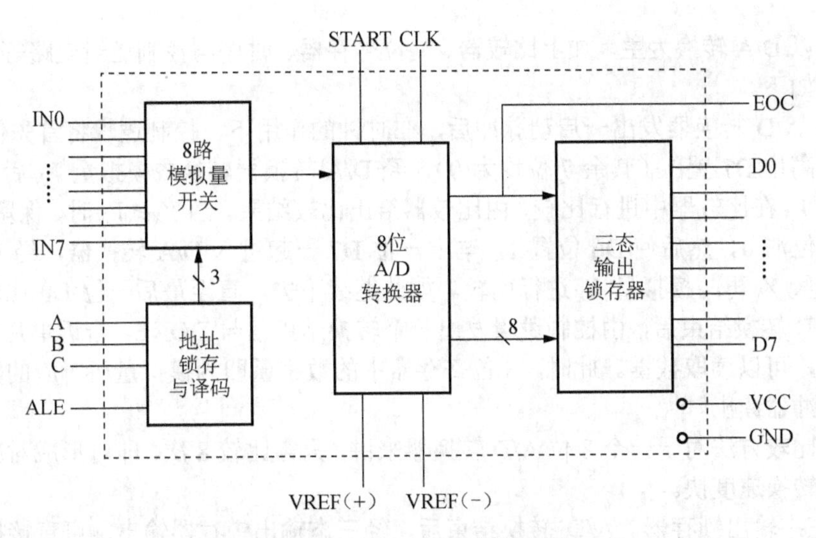

图 5.49　ADC0809 内部结构图

各部分作用如下。

1）8 路模拟开关、地址锁存与译码。8 路模拟开关可选通 8 个模拟通道，允许 8 路模拟量分时输入，共用一个 A/D 转换器进行转换。地址锁存与译码电路完成对 A、B、C 地址位进行锁存和译码，其译码输出用于通道选择。通道选择的地址编码如表 5.21 所示。

表 5.21　ADC0809 通道选择的地址编码表

地址码			选通模拟通道
C	B	A	
0	0	0	IN0
0	0	1	IN1
0	1	0	IN2
0	1	1	IN3
1	0	0	IN4
1	0	1	IN5
1	1	0	IN6
1	1	1	IN7

2）8 位逐次逼近型 A/D 转换器。逐次逼近型 A/D 转换器的结构图如图 5.50 所示。

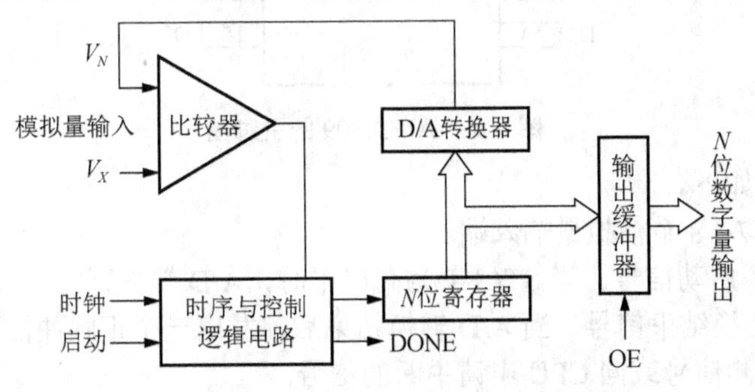

图 5.50　逐次逼近型 A/D 转换器的结构图

它是以D/A转换为主，加上比较器、N位寄存器、时序与控制逻辑电路等构成。其转换原理如下。

当向A/D转换器发出一启动脉冲后，在时钟的作用下，控制逻辑将首先使8位寄存器的最高位D7置1（其余7位均为0），经D/A转换器转换成模拟量V_N后，与输入的模拟量V_X在比较器中进行比较，由比较器给出比较结果。当$V_X \geqslant V_N$时，保留这一位，否则，该位清0。然后使D6位置1，与上一位D7一起进入D/A转换器，经D/A转换后的模拟量V_N再与模拟量V_X进行比较。如此继续下去，直至最后一位D0比较完成为止。当A/D转换结束后，由控制逻辑发出一个转换结束信号DONE，告诉单片机，转换已经结束，可以读取数据。此时，8位寄存器中的数字量即为模拟量所对应的数字量，经输出缓冲器读出。

这种比较方法对于一个8位A/D转换器来讲，只需比较8次，即可形成对应的数字量，因而转换速度快。

3）三态输出锁存器。A/D转换结束后，经三态输出锁存器输出，可直接接到单片机的数据总线上。

（3）ADC0809的引脚功能介绍

ADC0809的引脚如图5.51所示。

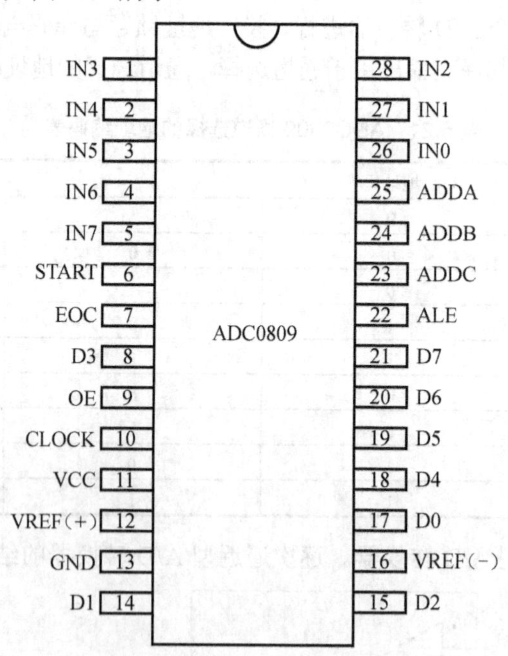

图5.51 ADC0809的引脚图

各引脚功能如下。

1）IN0～IN7：8个模拟量输入端。

2）START：启动信号。当START为高电平时，A/D转换开始。

3）EOC：转换结束信号。当A/D转换结束后，发出一个正脉冲信号可用作A/D转换是否结束的检测信号或向CPU申请中断的信号。

OE：输出允许信号，高电平有效。选中时，允许从A/D转换器的锁存器中读取数字量。

CLOCK：实时时钟，可通过外接 RC 电路改变时钟频率。

ALE：地址锁存允许，高电平有效。允许 C、B、A 所示的通道被选中，并把该通道的模拟量接入 A/D 转换器。

A、B、C：通道号选择端子。C 为最高位，A 为最低位。

D0～D7：数字量输出端。

VREF（+）、VREF（-）：参考电压端子。用以提供 D/A 转换器权电阻的标准电平，对于一般单极性模拟量输入信号，VREF（+）=+5V，VREF（-）=0V。

VCC：电源端子。接+5V。

GND：接地端。

（4）ADC0809 与单片机的接口技术

1）模拟量输入信号的连接。ADC0809 可以从 IN0～IN7 输入 8 路 0～5V 的输入模拟电压信号。

2）数字量输出引脚的连接。ADC0809 转换器内部含有三态输出锁存器，可直接接到单片机的数据总线上。

3）ADC0809 的启动方式。任何一个 A/D 转换器在开始转换前，都必须加一个启动信号，才能开始工作。ADC0809 属于脉冲启动转换芯片，可以采用 $\overline{WR}$ 信号与 P2 的一根口线经过一定的逻辑电路进行控制。

4）转换结束信号的处理方法。在 ADC0809 转换器中，当 CPU 向转换器发出一个启动信号后，转换器便开始转换，经过一段时间以后，当 A/D 完成转换后，A/D 转换器的 EOC 置高电平，发出转换结束标志信号，通知单片机，A/D 转换已经完成，可以进行读数。检查判断 A/D 转换结束的方法有中断方式、查询方式及软件延时方法 3 种。

（5）ADC0809 的应用举例

图 5.52 所示为 ADC0809 与 8051 的接口电路，IN0～IN7 模拟通道的地址为 7FF8H～7FFFH，启动信号由 P2.7 与 $\overline{WR}$ 或非而成，读取转换结果的信号由 P2.7 与 $\overline{RD}$ 或非而成，转换结束信号由 EOC 经与门与 P1.0 相连。转换后的结果由 P0 口输入单片机。

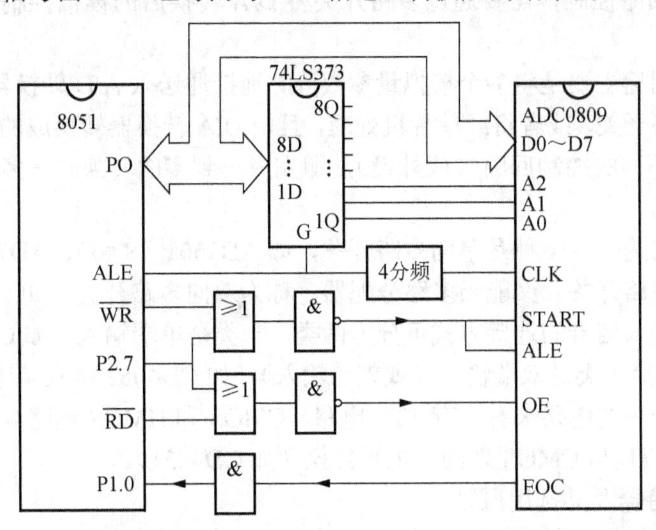

图 5.52　ADC0809 与 8051 的接口电路

下面以查询方式编写将 8 路模拟信号轮流采集一次，并依次将转换后的结果存放到片内 RAM 从 78H 开始单元地址中去的程序。

```
ORG  2000H
MAIN:MOV  R0, #78H      ;置数据区首地址
     MOV  R1, #08H      ;置A/D转换次数
     MOV  DPTR, #7FF8H  ;指向通道0
     MOV  A, #00H
L1:MOVX  @DPTR, A       ;执行一个写操作，即启动A/D转换
L2:JNB  P1.0, L2        ;查询一次转换是否结束。为0，则未结束
   MOVX  A, @DPTR       ;为1，结束，读出转换数字量
   MOV  @R0, A          ;存放转换结果
   INC  R0              ;指向下一个单元
   INC  DPTR            ;指向下一个通道
   DJNZ  R1, L1         ;8路是否采集完？未完则继续
   SJMP  $              ;8路数据采集完，等待
```

3. 模拟量与数字量转换中的若干应用技术

随着信号特征的不同，在模拟量与数字量的转换中存在着各种应用问题，如多路采集、采样保持等。

（1）多路信号的输入与输出到多条支路的问题

在自动检测及自动控制系统中，往往需要对多路或多种参数进行采集和控制。由于单片机的工作速度很快，而被测参数的变化比较慢，因此，一台单片机可供多个回路使用。单片机在某一时刻只能接收一个通道的信号，因此，必须通过多路模拟开关进行切换，使各路参数分时经 A/D 转换后进入微型计算机。此外，在模拟量输出通道中，为了实现多回路控制，需要通过多路开关将 D/A 转换后的模拟控制量分配到各条支路。

多路开关的用途主要是将多个模拟量参数分时地接通送入 A/D 转换器，即完成多到一的转换——多路开关，或者将经单片机处理，且由 D/A 转换器转换成的模拟信号按一定的顺序输出到不同的控制回路（或外设），即完成一到多的转换——多路分配器（或称为反多路开关）。

多路开关按用途分，一种是单向多路开关，如 AD7501（8 路）、AD7506（16 路）；另一种是既能作多路开关，又能当多路分配器，称为双向多路开关，如 CD4051。

多路开关按输入信号的连接方式可分为两类，一类是单端输入，如 CD4051 是单端 8 通道多路开关；另一类是双端输入（或差动输入），如 CD4052 是双 4 通道多路开关。

从组成多路开关的电路来看，有 TTL 电路、CMOS 和 HMOS 电路等。有的芯片还能在其内部进行 TTL 与 CMOS 之间的电平转换（如 CD4051）。

（2）采样/保持器及其选用原则

如果直接将模拟量送入 A/D 转换器进行转换，则应考虑任何一种 A/D 转换器都需

要有一定的时间来完成量化及编码的操作。在转换过程中，如果模拟量产生变化，将直接影响转换结果。特别是在同步系统中，几个并联的参量均需取自同一瞬时，而各参数的 A/D 转换又共享一个芯片，则所得到的几个量就不是同一时刻的值，无法进行计算和比较。所以要求输入 A/D 转换器的模拟量在整个转换过程中保持不变，但转换之后，又要求 A/D 转换器的输入信号能够跟随模拟量变化，能够完成上述任务的器件称为采样/保持器（sample/hold，S/H）。

采样/保持器有两种工作方式，一种是采样方式，另一种是保持方式，如图 5.53 所示。在采样方式中，采样/保持器的输出跟随模拟量输入电压；在保持状态时，采样保持器的输出将保持在命令发出时到的模拟量输入值，直至保持命令撤销（即再度接到采样命令时为止）。此时，采样保持器的输出重新跟踪输入信号变化，直至下一个保持命令到来。

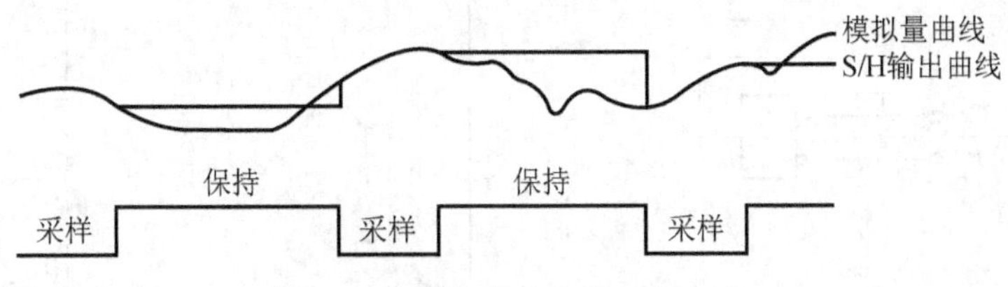

图 5.53　采样/保持器的工作方式

常用的采样/保持器有美国 AD 公司的 AD582、AD585、AD346、AD389、ADSHC-85，以及美国国家半导体公司（已被德州仪器收购）的 LF198/298/398 等。在选用采样/保持器时应考虑的主要因素有孔径时间、捕捉时间、保持电压的变化情况及输入/输出的直通耦合等。

4. D/A 转换

D/A 转换是指将数字量转换成与此数据成正比的模拟量。能实现 D/A 转换的器件称为 D/A 转换器或 DAC。

（1）D/A 转换器的种类

D/A 转换器按输出形式分为如下两种。

1）电流型，如 DAC0832、AD7522 等。此种类型的 D/A 转换器要加接片外运算放大器，以便将输出的电流转换成电压输出。

2）电压型，如 AD558、AD7224 等。此种类型的 D/A 转换器内部设有放大器，直接输出电压信号。电压型 D/A 转换器又有单极性输出和双极性输出两种形式。

D/A 转换器按输入数字量位数来分，有 8 位、10 位、12 位和 16 位等。

D/A 转换器按解码网络的结构分为如下两种。

1）权电阻解码网络。此种类型的解码网络中各位的权电阻阻值不同，因而要求电阻的种类较多，制作工艺较复杂，而在集成电路芯片中受到电阻间阻值差异的限制，制约了 D/A 转换器位数的增加。

2）R-2R 梯形解码网络。此种类型的解码网络中电阻种类较少，制作工艺较简单，目前多采用这种解码网络。

（2）DAC0832 介绍

DAC0832 是 8 位 D/A 转换器，与 MCS-51 系列单片机完全兼容。该器件采用先进的 CMOS 工艺，因此功耗低、输出漏电流误差较小，其内部结构框图如图 5.54 所示。

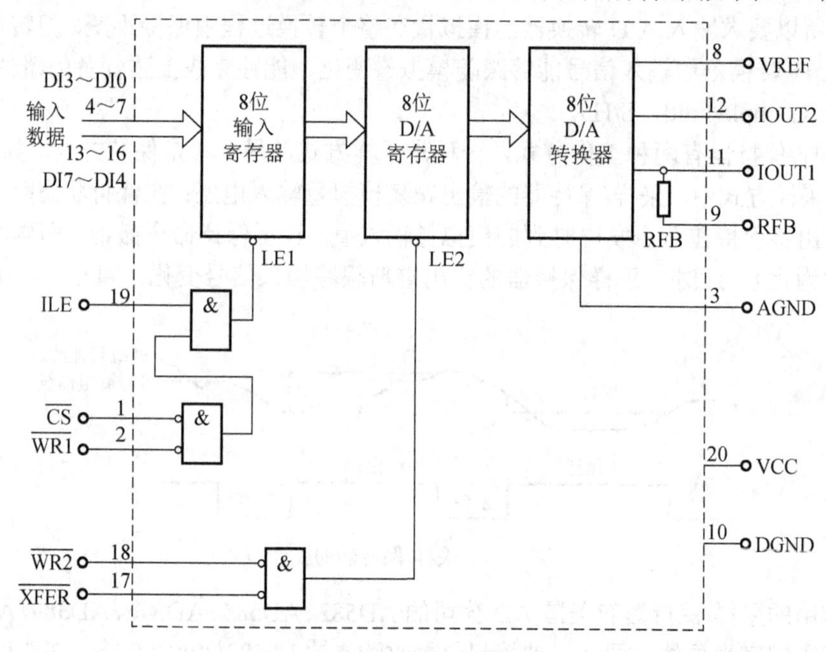

图 5.54　DAC0832 结构框图

1）DAC0832 内部结构及工作原理。DAC0832 主要由一个 8 位寄存器、一个 8 位 D/A 寄存器和一个 8 位 D/A 转换器 3 部分组成。两个 8 位数据寄存器可以分别进行控制，根据需要换成多种工作方式。$\overline{LE1}$ 和 $\overline{LE2}$ 是锁存命令端。当 ILE=1、$\overline{CS}=\overline{WR1}=0$ 时，$\overline{LE1}=1$，输入寄存器的输出随输入而变化；而当 $\overline{WR1}=1$ 时，$\overline{LE1}=0$，数据被锁存在输入寄存器中，不受输入量变化所影响。当 $\overline{WR2}=\overline{XFER}=0$ 时，$\overline{LE2}=1$，允许 8 位 D/A 寄存器的输出随输入变化，否则，$\overline{LE2}=0$，数据被锁存于 DAC 寄存器。可以看出，能否进行 D/A 转换，取决于 $\overline{LE1}$ 和 $\overline{LE2}$ 的状态。通过 $\overline{CS}$、$\overline{WR1}$、$\overline{WR2}$、$\overline{XFER}$ 控制信号的变化，可以很灵活地实现对两个 8 位寄存器的独立控制。

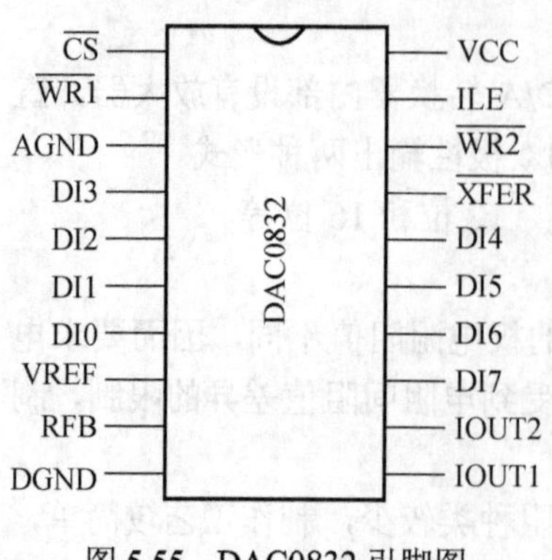

图 5.55　DAC0832 引脚图

DAC0832 的 D/A 转换器采用 R-2R 梯形电阻网络进行 D/A 转换。D/A 转换器工作原理是待转换的数字量经数字接口控制各位相应的开关，以接通或断开各自的解码电阻，从而改变标准电源经电阻解码网络所产生的总电流 $\sum I_i$，该电流经放大器放大后，输出与数字量相对应的模拟电压。

2）DAC0832 引脚介绍。DAC0832 采用双列直插式封装，其引脚图如图 5.55 所示。

各引脚功能如下。

① DI0～DI7：8 位数据输入线，TTL 电平，有效

时间应大于 90ns。

② ILE：数据锁存允许控制信号输入线，高电平有效。

③ $\overline{CS}$：片选信号输入端，低电平有效。

④ $\overline{WR1}$：输入寄存器的写选通输入端，负脉冲有效（脉冲宽度应大于 500ns）。当 $\overline{CS}$=0、ILE=1、$\overline{WR1}$ 有效时，DI0～DI7 状态被锁存到输入寄存器，形成第一级输入锁存。

⑤ $\overline{XFER}$：数据传输控制信号端，低电平有效。

⑥ $\overline{WR2}$：D/A 寄存器写选通输入端，负脉冲有效（脉冲宽度应大于 500ns）。当 $\overline{XFER}$=0 且 $\overline{WR2}$ 有效时，输入寄存器的状态被传输到 D/A 寄存器中，形成第二级锁存。

⑦ IOUT1：电流输出端，当输入全为 1 时，其电流最大。

⑧ IOUT2：电流输出端，其值和 IOUT1 端的电流之和为一常数。

⑨ RFB：反馈电阻端，为外接的运算放大器提供一个反馈电压。

⑩ VCC：电源电压端，电压范围为 5V～15V。

⑪ VREF：基准电压输入端，输入电压范围为-10V～10V。

⑫ AGND：模拟端，为模拟信号和基准电源的参考地。

⑬ DGND：数字地，为工作电源地和数字逻辑地，两种地线最好在基准电源处一点共地。

（3）DAC0832 与单片机的接口设计

DAC0832 在与单片机连接时，主要考虑以下几个方面。

1）数字量输入端的连接。由于单片机的运行速度远远高于 D/A 转换速度，因此 D/A 转换器数字量输入端与单片机的接口中必须安置锁存器，锁存短暂的输出信号，为 D/A 转换器提供足够时间的、稳定的数字信号。当 D/A 转换器内部没有输入锁存器时，必须在 CPU 与 D/A 转换器之间增设锁存器或 I/O 接口；当 D/A 转换器内部含有输入锁存器时，可直接连接。从 DAC0832 的结构框图可知，DAC0832 内部有两级锁存，所以在与单片机连接时，只要将单片机的数据总线与 DAC0832 的 8 位数字输入端一一对应相接即可。

2）模拟量的输出。DAC0832 为电流输出型 D/A 转换器，要获得模拟电压输出时，需要外加运算放大器实现电流与电压的转换。其电压输出电路有单极性输出和双极性输出两种形式。图 5.56 所示为两级运算放大器组成的模拟电压输出电路。从 a 点输出的是单极性模拟电压，从 b 点输出的是双极性模拟电压。如果参考电压是+5V，则 a 点的输出电压是-5V～0V，b 点的输出电压是±5V。

3）外部控制信号的连接。外部控制信号主要有片选信号、写信号及启动信号。此外，还有电源及参考电平，可根据 D/A 转换器的具体要求进行选择。片选信号、写信号、启动信号是 D/A 转换器的主要控制信号，一般由 CPU 或译码器提供。

（4）DAC0832 的工作方式

DAC0832 在使用时，可以通过对控制信号的不同设置而实现完全直通、单缓冲方式（只用一级输入锁存，另一级始终畅通）、双缓冲方式（两级输入锁存）3 种工作方式。

1）完全直通的工作方式是将输入寄存器和 D/A 寄存器都设成跟随状态。只要有数字量输入，立即进行 D/A 转换，这种方式在实际应用中很少。

2）单缓冲方式。单缓冲方式是使输入寄存器和 D/A 寄存器中的任意一个始终工作于直通状态，另一个处于受控的锁存器状态。在单片机应用系统中，当只有一路模拟量输出，或虽然有几路模拟量，但不需要作同步输出时，就可以采用单缓冲方式。在这种方式下，将两级寄存器的控制信号并联，在控制信号的作用下，数据经始终处于畅通状态的 8 位输入寄存器直接进入 D/A 寄存器中。如图 5.57 所示，ILE 接+5V，片选信号端 $\overline{CS}$ 和数据传输控制信号端都接到 P2.7，这样，8 位输入寄存器的 D/A 寄存器的地址都是 7FFFH。当 CPU 选通 DAC0832 后，只要输出 $\overline{WR}$ 信号，则 CPU 对 DAC0832 执行一次写操作，将一个 8 位数字信号直接写入 DAC0832，然后经 D/A 转换输出为模拟信号。

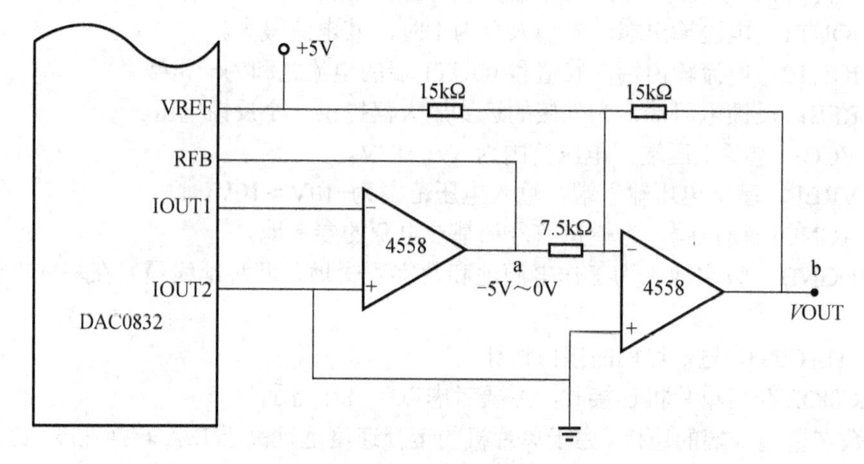

图 5.56 两级运算放大器组成的模拟电压输出电路

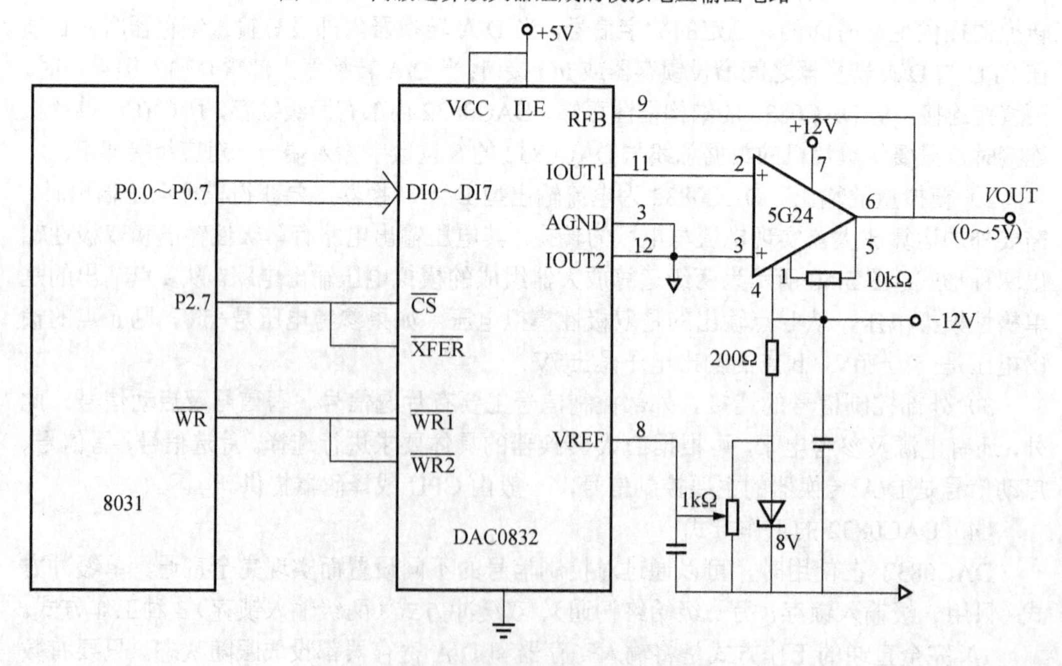

图 5.57 DAC0832 单缓冲器方式应用

以图 5.57 为例，编写一段在运算放大器的输出端产生锯齿波信号的程序。

```
ORG  70H
START:MOV  DPTR,#7FFFH ;选中 DAC0832 芯片
     MOV A,#00H
LOOP:MOVX  @DPTR,A      ;执行 MOVX 指令时，WR 有效，数字量从
                        ;P0 口送至 DAC0832 并完成一次 D/A 转换
    INC  A              ;累加器内容加 1
AJMP  LOOP
```

3）双缓冲器方式。双缓冲器方式主要用于需要同时输出几路模拟信号的场合。此时，每一路模拟量输出需要一片 DAC0832，从而构成多个 DAC0832 同步输出系统。这种方式要求 DAC0832 的输入寄存器的锁存信号和 D/A 寄存器的锁存信号分开控制。图 5.58 所示为二路模拟量同步输出的 8031 系统。图 5.58 中，1 号 DAC0832 输入寄存器的 $\overline{CS}$ 接到单片机的 P2.5，相应的 1 号 DAC0832 输入寄存器的地址为 DFFFH，2 号 DAC0832 输入寄存器的 $\overline{CS}$ 接到单片机的 P2.6，相应的地址为 BFFFH，1 号和 2 号 DAC0832 的 $\overline{XFER}$ 都接至 P2.7，所以 DAC 寄存器地址为 7FFFH，DAC0832 的输出分别接图形显示器的 XY 偏转放大器输入端。

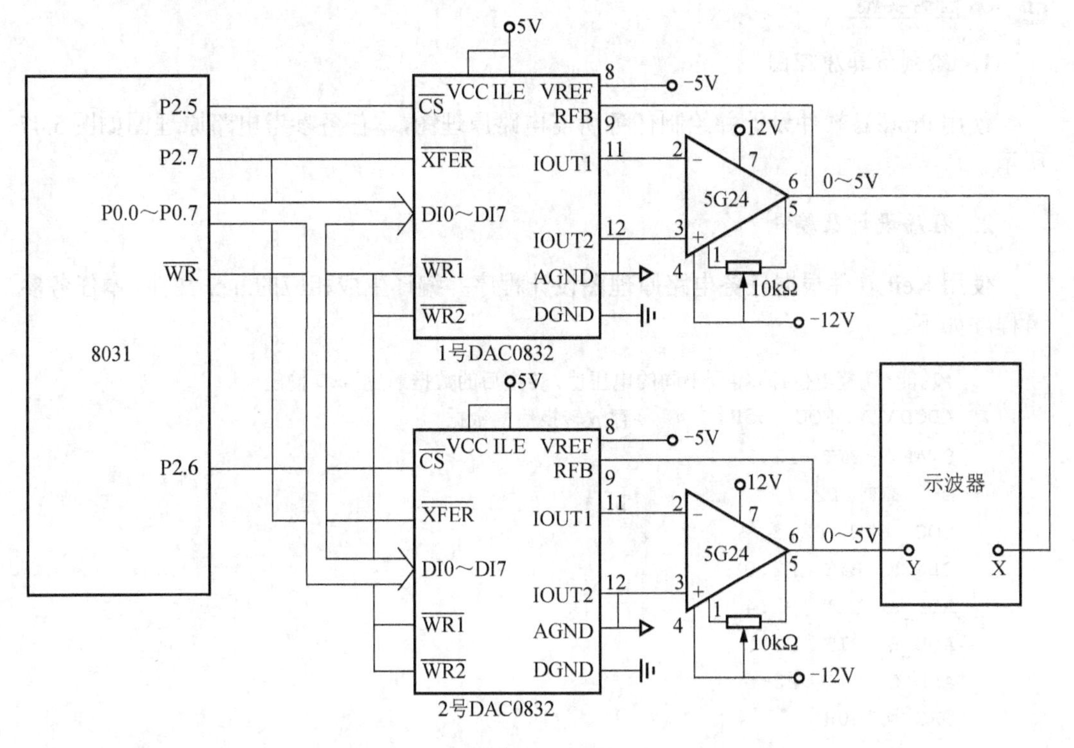

图 5.58　二路模拟量同步输出的 8031 系统

8031 执行以下程序，将使示波器的光栅移动到一个新的位置。

```
ORG  70H
MOV  DPTR,#0DFFFH       ;指向 1#DAC0832
MOV  A,#dateX
MOVX  @DPTR,A          ;X 偏转值写入 1#DAC0832 输入寄存器
```

```
MOV  DPTR,#0BFFFH
MOV  A,#dataY              ;指向 2#DAC0832
MOVX  @DPTR,A              ;Y 偏转值写入 2#DAC0832 输入寄存器
MOV  DPTR,#7FFFH
MOVX  @DPTR,A              ;给两片 DAC0832 提供 WR 有效信号,同时完成 D/A 转换输出
```

任务分析

任务设计要求使用 ADC0808 实现 A/D 转换，调节电位器改变 ADC0808 的 IN0 输入端的电压，ADC0808 将其模拟电压值转换为数字值，AT89C51 将从 ADC0808 读取的数字值送至 P0 口，P0 口驱动 LED 显示。

任务准备

计算机、Proteus 软件、Keil 软件等。

任务实施

1. 绘制仿真原理图

使用 Proteus 软件设计并绘制任务所需电路原理图，本任务参考电路原理图如图 5.47 所示。

2. 程序设计及编译

使用 Keil 软件根据任务电路原理图设计程序并编译生成相应的.hex 文件。本任务参考程序如下。

```
;功能:调整电位计,得到不同的电压值,转换后的数据通过 LED 输出
ADCDATA  EQU  35H          ;存放转换后的数据
START  BIT  P2.1
OE  BIT  P2.7
EOC  BIT  P2.3
CLOCK  BIT  P2.0
ADD_A  BIT  P2.4
ADD_B  BIT  P2.5
ADD_C  BIT  P2.6
ORG  0000H
     LJMP  MAIN
ORG  0100H
MAIN:CLR  ADD_A
     CLR  ADD_B
     CLR  ADD_C            ;选择 ADC0808 的通道 0
WAIT:CLR  START
     SETB  START
```

```
        CLR  START          ;启动转换
CLOOP:CPL  CLOCK
        JNB  EOC,CLOOP      ;等待转换结束
        SETB  OE            ;允许输出
        MOV  ADCDATA,P1     ;暂存转换结果
        CLR  OE             ;关闭输出
        MOV  P0,ADCDATA
        LJMP  WAIT
   END
```

3. 仿真验证

使用 Proteus 软件运行生成的.hex 文件，验证程序效果，观察运行情况。任务的 Proteus 仿真效果图如图 5.59 所示。

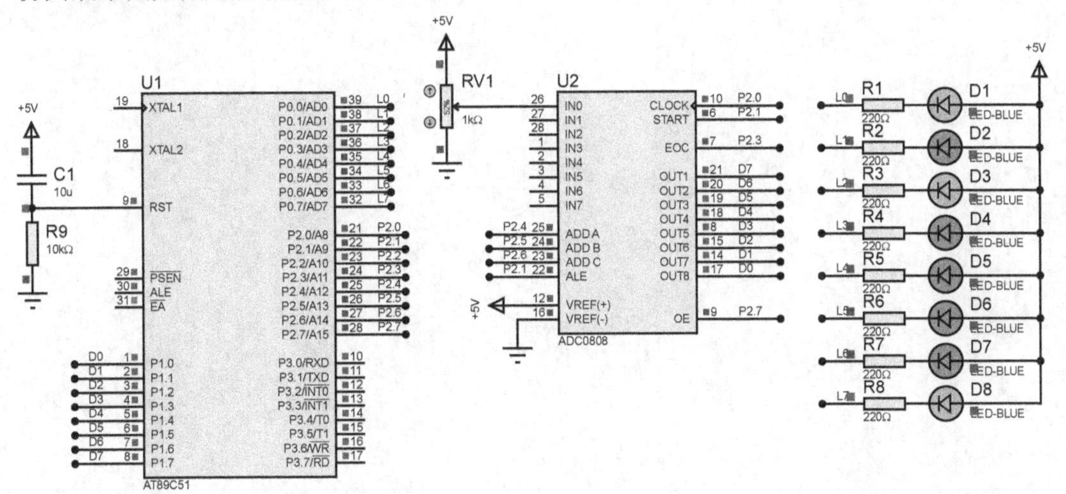

图 5.59　A/D 转换电路仿真效果图

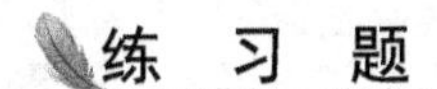

练 习 题

一、简答题

1. 在单片机应用系统中，为什么要进行 A/D 或 D/A 转换？
2. D/A 与 A/D 转换器有哪些主要技术指标？
3. 逐次逼近型 A/D 转换器由哪几部分组成？各部分的作用是什么？

二、程序设计题

要求利用 DAC0832 和 MCS-51 单片机产生三角波输出，试画出其电路图并编写相应的程序。

项 目 小 结

单片机系统扩展与接口技术是 MCS-51 系列单片机知识体系中比较重要的内容。本项目以存储器扩展电路、I/O 接口扩展电路、键盘接口电路、显示器接口电路和 A/D 转换电路 5 个具体任务为依托，分别介绍了 MCS-51 系列单片机存储器扩展、I/O 接口扩展、键盘接口、显示器接口和 A/D 转换和 D/A 转换的相关知识。通过学习本项目的内容，能够掌握单片机系统扩展的基本原理和方法、常用器件的选择和应用、常用总线标准和典型接口电路，并能根据工程要求进行系统扩展。

附录 A　MCS-51 系列单片机指令系统表

MCS-51 系列单片机指令系统的内容如表 A.1～A.5 所示。

表 A.1　MCS-51 系列单片机指令系统使用符号规定

符号	定义	符号	定义
A	累加器	direct	8 位内部数据存储器单元地址
B	寄存器	rel	8 位的带符号的偏移字节
Rn	当前选中的工作寄存器，n=0～7	addr16	16 位目标地址
Ri	当前选中的寄存器，i=0 或 1	addr11	11 位目标地址
DPTR	16 位数据指针	bit	位寻址单元地址
SP	栈指针	#data	包含在指令中的 8 位常数
PC	程序计数器	#data16	包含在指令中的 16 位常数
CY	进位标志，进位位，布尔累加器	@	间址和基址寄存器的前缀
(X)	X 中内容	/	位操作数前缀，表示对该位操作数取反
((X))	由 X 寻址的单元中的内容	←	箭头左边的内容被箭头右边的内容代替
#	立即数前缀	⇆	双向传送

表 A.2　数据传送类指令

助记符	功能	对标志位的影响				字节	周期	代码
		P	OV	AC	CY			
MOV　A,Rn	寄存器送 A	√	×	×	×	1	1	E8～EF
MOV　A,data	直接字节送 A	√	×	×	×	2	1	E5
MOV　A,@Ri	间接 RAM 送 A	√	×	×	×	1	1	E6～E7
MOV　A,#data	立即数送 A	√	×	×	×	2	1	74
MOV　Rn,A	A 送寄存器	×	×	×	×	1	1	F8～FF
MOV　Rn,data	直接数送寄存器	×	×	×	×	2	2	A8～AF
MOV　Rn,#data	立即数送寄存器	×	×	×	×	2	1	78～7F
MOV　data,A	A 送直接字节	×	×	×	×	2	1	F5
MOV　data,Rn	寄存器送直接字节	×	×	×	×	2	1	88～8F
MOV　data,data	直接字节送直接字节	×	×	×	×	3	2	85
MOV　data,@Ri	间接 Rn 送直接字节	×	×	×	×	2	2	86;87
MOV　data,#data	立即数送直接字节	×	×	×	×	3	2	75
MOV　@Ri,A	A 送间接 Rn	×	×	×	×	1	2	F6;F7
MOV　@Ri,data	直接字节送间接 Rn	×	×	×	×	1	1	A6;A7
MOV　@Ri,#data	立即数送间接 Rn	×	×	×	×	2	2	76;77
MOV　DPTR,#data16	16 位常数送数据指针	×	×	×	×	3	1	90
MOV　C,bit	直接位送进位位	×	×	×	×	2	1	A2
MOV　bit,C	进位位送直接位	×	×	×	×	2	2	92
MOVC　A,@A+DPTR	A+DPTR 寻址程序存储字节送 A	√	×	×	×	3	2	93

续表

助记符	功能	对标志位的影响				字节	周期	代码
		P	OV	AC	CY			
MOVC A,@A+PC	A+PC 寻址程序存储字节送 A	√	×	×	×	1	2	83
MOVX A,@Ri	外部数据送 A（8 位地址）	√	×	×	×	1	2	E2;E3
MOVX A,@DPTR	外部数据送 A（16 位地址）	√	×	×	×	1	2	E0
MOVX @Ri,A	A 送外部数据（8 位地址）	×	×	×	×	1	2	F2;F3
MOVX @DPTR,A	A 送外部数据（16 位地址）	×	×	×	×	1	2	F0
PUSH data	直接字节进栈道，SP 加 1	×	×	×	×	2	2	C0
POP data	直接字节出栈，SP 减 1	×	×	×	×	2	2	D0
XCH A,Rn	寄存器与 A 交换	√	×	×	×	1	1	C8～CF
XCH A,data	直接字节与 A 交换	√	×	×	×	2	1	C5
XCH A,@Ri	间接 Rn 与 A 交换	√	×	×	×	1	1	C6;C7
XCHD A,@Ri	间接 Rn 与 A 低半字节交换	√	×	×	×	1	1	D6;D7

注：√表示对标志位有影响；×表示对标志位无影响。

表 A.3 算术运算类指令

助记符	功能	对标志位的影响				字节	周期	代码
		P	OV	AC	CY			
ADD A,Rn	寄存器加到 A	√	√	√	√	1	1	28～2F
ADD A,data	直接字节加到 A	√	√	√	√	2	1	25
ADD A,@Ri	间接 RAM 加到 A	√	√	√	√	1	1	26;27
ADD A,#data	立即数加到 A	√	√	√	√	2	1	24
ADDC A,Rn	寄存器带进位加到 A	√	√	√	√	1	1	38～3F
ADDC A,data	直接字节带进位加到 A	√	√	√	√	2	1	35
ADDC A,@Ri	间接 RAM 带进位加到 A	√	√	√	√	1	1	36;37
ADDC A,#data	立即数带进位加到 A	√	√	√	√	2	1	34
SUBB A,Rn	从 A 中减去寄存器和进位	√	√	√	√	1	1	98～9F
SUBB A,data	从 A 中减去直接字节和进位	√	√	√	√	2	1	95
SUBB A,@Ri	从 A 中减去间接 RAM 和进位	√	√	√	√	1	1	96;97
SUBB A,#data	从 A 中减去立即数和进位	√	√	√	√	2	1	94
INC A	A 加 1	√	×	×	×	1	1	04
INC Rn	寄存器加 1	×	×	×	×	1	1	08～0F
INC data	直接字节加 1	×	×	×	×	2	1	05
INC @Ri	间接 RAM 加 1	×	×	×	×	1	1	06;07
INC DPTR	数据指针加 1	×	×	×	×	1	2	A3
DEC A	A 减 1	√	×	×	×	1	1	14
DEC Rn	寄存器减 1	×	×	×	×	1	1	18～1F
DEC data	直接字节减 1	×	×	×	×	2	1	15
DEC @Ri	间接 RAM 减 1	×	×	×	×	1	1	16;17
MUL AB	A 乘 B	√	√	×	√	1	4	A4
DIV AB	A 被 B 除	√	√	×	√	1	4	84
DA A	A 十进制调整	√	√	√	√	1	1	D4

表A.4 8位逻辑运算类指令

助记符	功能	对标志位的影响				字节	周期	代码
		P	OV	AC	CY			
ANL A,Rn	寄存器与到A	√	×	×	×	1	1	58~5F
ANL A,data	直接字节与到A	√	×	×	×	2	1	55
ANL A,@Ri	间接RAM与到A	√	×	×	×	1	1	56;57
ANL A,#data	立即数与到A	√	×	×	×	2	1	54
ANL data,A	A与到直接字节	×	×	×	×	2	1	52
ANL data,#data	立即数与到直接字节	×	×	×	×	3	2	53
ANL C,bit	直接位与到进位位	×	×	×	×	2	2	82
ANL C,/bit	直接位的反码与到进位位	×	×	×	×	2	2	B0
ORL A,Rn	寄存器或到A	√	×	×	×	1	1	48~4F
ORL A,data	直接字节或到A	√	×	×	×	2	1	45
ORL A,@Ri	间接RAM或到A	√	×	×	×	1	1	46;47
ORL A,#data	立即数或到A	√	×	×	×	2	1	44
ORL data,A	A或到直接字节	×	×	×	×	2	1	42
ORL data,#data	立即数或到直接字节	×	×	×	×	3	2	43
ORL C,bit	直接位或到进位位	×	×	×	√	2	2	72
ORL C,/bit	直接位的反码或到进位位	×	×	×	√	2	2	A0
XRL A,Rn	寄存器异或到A	×	×	×	×	1	1	68~6F
XRL A,data	直接字节异或到A	×	×	×	×	2	1	65
XRL A,@Ri	间接RAM异或到A	√	×	×	×	1	1	66;67
XRL A,#data	立即数异或到A	√	×	×	×	2	1	64
XRL data,A	A异或到直接字节	×	×	×	×	2	1	62
XRL data,#data	立即数异或到直接字节	×	×	×	×	3	2	63
SETB C	进位位置1	×	×	×	√	1	1	D3
SETB bit	直接位置1	×	×	×	×	2	1	D2
CLR A	A清0	√	×	×	×	1	1	E4
CLR C	进位位清0	×	×	×	√	1	1	C3
CLR bit	直接位清0	×	×	×	×	2	1	C2
CPL A	A求反码	√	×	×	×	1	1	F4
CPL C	进位位取反	×	×	×	√	1	1	B3
CPL bit	直接位取反	×	×	×	×	2	1	B2
RL A	A循环左移一位	×	×	×	×	1	1	23
RLC A	A带进位左移一位	√	×	×	√	1	1	33
RR A	A右移一位	×	×	×	×	1	1	03
RRC A	A带进位右移一位	√	×	×	√	1	1	13
SWAP A	A半字节交换	×	×	×	×	1	1	C4

表 A.5 控制类转移指令

助记符	功能	对标志位的影响				字节	周期	代码
		P	OV	AC	CY			
AJMP addr11	绝对转移	×	×	×	×	2	2	*1
LJMP addr16	长转移	×	×	×	×	3	2	02
SJMP rel	短转移	×	×	×	×	2	2	80
JMP @A+DPTR	相对于 DPTR 间接转移	×	×	×	×	1	2	73
JZ rel	若 A=0 则转移	×	×	×	×	2	2	60
JNZ rel	若 A≠0 则转移	×	×	×	×	2	2	70
JC rel	若 C=1 则转移	×	×	×	×	2	2	40
JNC rel	若 C≠1 则转移	×	×	×	×	2	2	50
JB bit,rel	若直接位为 1，则转移	×	×	×	×	3	2	20
JNB bit,rel	若直接位为 0，则转移	×	×	×	×	3	2	30
JBC bit,rel	若直接位=1，则转移且清除	×	×	×	×	3	2	10
CJNE A,data,rel	直接数与 A 比较，不等转移	×	×	×	×	3	2	B5
CJNE A,#data,rel	立即数与 A 比较，不等转移	×	×	×	×	3	2	B4
CJNE @Ri,#data,rel	立即数与间接 RAM 比较，不等转移	×	×	×	×	3	2	B6;B7
CJNE Rn,#data,rel	立即数与寄存器比较不等转移	×	×	×	√	3	2	B8～BF
DJNZ Rn,rel	寄存器减 1 不为 0 转移	×	×	×	√	2	2	D8～DF
DJNZ data,rel	直接字节减 1 不为 0 转移	×	×	×	×	3	2	D5
ACALL addr 11	绝对子程序调用	×	×	×	×	2	2	*1
LCALL addr 16	子程序调用	×	×	×	×	3	2	12
RET	子程序调用返回	×	×	×	×	1	2	22
RETI	中断程序调用返回	×	×	×	×	1	2	32
NOP	空操作	×	×	×	×	1	1	00

附录B　ASCII（美国信息交换标准码）表

表 B.1　ASCII 码表

高位 / 低位		0	1	2	3	4	5	6	7
		000	001	010	011	100	101	110	111
0	0000	NUL	DLE	SP	0	@	P	`	p
1	0001	SOH	DC1	!	1	A	Q	a	q
2	0010	STX	DC2	"	2	B	R	b	r
3	0011	ETX	DC3	#	3	C	S	c	s
4	0100	EOT	DC4	$	4	D	T	d	t
5	0101	ENQ	NAK	%	5	E	U	e	u
6	0110	ACK	SYN	&	6	F	V	f	v
7	0111	BEL	ETB	'	7	G	W	g	w
8	1000	BS	CAN	(	8	H	X	h	x
9	1001	HT	EM	)	9	I	Y	i	y
A	1010	LF	SUB	*	:	J	Z	j	z
B	1011	VT	ESC	+	;	K	[	k	{
C	1100	FF	FS	,	<	L	\	l	|
D	1101	CR	GS	−	=	M	]	m	}
E	1110	SO	RS	.	>	N	^	n	~
F	1111	SI	US	/	?	O	_	o	DEL

ASCII 码表中部分符号说明如表 B.2 所示。

表 B.2　ASCII 码表中部分符号说明

符号	说明	符号	说明
NUL	空	DLE	数据链换码
SOH	标题开始	DC1	设备控制 1
STX	正文开始	DC2	设备控制 2
ETX	正文结束	DC3	设备控制 3
EOT	传输结束	DC4	设备控制 4
ENQ	询问	NAK	否定
ACK	承认	SYN	空转同步
BEL	报警符	ETB	信息组传递结束
BS	退一格	CAN	取消
HT	横向列表	EM	媒介结束
LF	换行	SUB	减
VT	垂直制表	ESC	换码
FF	走纸控制	FS	文字分隔符
CR	回车	GS	组分隔符
SO	移动输出	RS	记录分隔符
SI	移动输入	US	单元分隔符
SP	空格	DEL	作废

附录C 常用EPROM固化电压参考表

公司	型号	固化电压
AMD	2716	25V
	2732	25V
	2732A	21V
	2732B	12.5V
	2764	21V
	2764A	12.5V
	27128	21V
	27128A	12.5V
	27256	12.5V
	27C256	12.5V
	2817A	VCC
	2864A/B	VCC
Atmel	27HC64	12.5V
	27C128	12.5V
	27256	12.5V
	27C256	12.5V
	27HC256	12.5V
	27C512	12.5V
CATALYST	2764A	12.5V
	27128A	12.5V
	27256	12.5V
	27512	12.5V
FUJITSU	8516	25V
	2732	25V
	2732A	21V
	2764	21V
	27C64	21V
	27128	21V
	27C128	21V
	27256	12.5V
	27C256	21V
	27C256A	12.5V
	27C512	12.5V
MICROCHIP	27C64	12.5V
	27HC64	12.5V
	27C128	12.5V
	27256	12.5V
	27C256	12.5V
	27HC256	12.5V
	27C512	12.5V

公司	型号	固化电压
HITACHI	462716	25V
	462732	25V
	462732A	21V
	27C64	21V
	482764	21V
	4827128	21V
	27128A	12.5V
	27256	12.5V
	27C256	12.5V
	27512	12.5V
	2716	25V
Intel	2816A	VCC
	2817A	VCC
	2732	25V
	2732A	21V
	2732B	12.5V
	2764	21V
	2764A	12.5V
	27C64	12.5V
	87C64	12.5V
	P2764A	12.5V
	27128	21V
	27128A	12.5V
	27128B	12.5V
	27C128	12.5V
	P27128	12.5V
	27256	12.5V
	27C256	12.5V
	P27256	12.5V
	27512	12.5V
MITSUBISHI	2716	25V
	2732	25V
	2732A	21V
	2764	21V
	27128	21V
	27C128	21V
	27256	12.5V
	27C256	12.5V
	27512	12.5V
	27C512A	12.5V

续表

公司	型号	固化电压
NS	2716	25V
	27C16	25V
	27C16H	25V
	27C16B	12.5V
	27C32	25V
	27C32H	25V
	27C32B	12.5V
	27C64	12.5V
	27C128	12.5V
	27CP128	12.5V
	27C256B	12.5V
	27C256	12.5V
	27C512	12.5V
	27C512A	12.5V
	9816A	VCC
	9817A	VCC
	98C64	VCC
RICOH	27C32	21V
	27C64	21V
	27C512	12.5V
SEEQ	2816AH	VCC
	5516AH	VCC
	2817A(H)	VCC
	5517A(H)	VCC
	2764	21V
	27128	21V
	27C256	12.5V
SHARP	5762	12.5V
	5763	12.5V
	5764	12.5V
	57426	12.5V
	57127	12.5V
	57128	12.5V
	57256	12.5V
SGS	2716	25V
	27C16	25V
	2732	25V
	2732A	21V
	27C32	25V
	2764	21V
	2764A	12.5V
	27C64	12.5V
NEC	2716	25V
	2732	25V
	2732A	21V
	27C64	21V
	27128	21V
	27256	21V
	27256A	12.5V
	27C512	12.5V
OKI	2716	25V
	2732	25V
	2732A	21V
	2764	21V
	2764A	12.5V
	27128	21V
	27128A	12.5V
	27256	12.5V
	27512	12.5V
SIGNETICS	2816	VCC
	27C64	21V
	27C64A	12.5V
	27C64AF	12.5V
	27C256	12.5V
	27C256F	12.5V
	27512	12.5V
S-MOS	27C64H	21V
	27128A	21V
	27C256H	12.5V
VLSI	27C64	12.5V
	27C128	12.5V
	27C256	12.5V
	27C512	12.5V
	28H64	VCC
TI	2732	25V
	27(P)32A	21V
	27(P)64	21V
	27C64	12.5V
	27128	21
	27C128	12.5V
	27PC128	12.5V
	27256	12.5V
	27C256	12.5V
	27C512	12.5V

续表

公司	型号	固化电压	公司	型号	固化电压
SGS	27128A	12.5V	TOSHIBA	24256	12.5V
	27256	12.5V		24256A	12.5V
	27C256	12.5V		27256D	21V
	27512	12.5V		27256A	12.5V
TOSHIBA	2732D	25V		27256B	12.5V
	2732A	21V		54256	21V
	2464	21V		54256A	12.5V
	2464A	12.5V		57256	21V
	2764D	21V		57256A	12.5V
	2764A	12.5V		24512	12.5V
	24128	21V		27512	12.5V
	24128A	12.5V		27512A	12.5V
	27128D	21V		57512A	12.5V
	27128A	12.5V			

参 考 文 献

戴娟，2012．单片机技术与应用[M]．北京：高等教育出版社．

李传军，2006．单片机原理及应用[M]．郑州：河南科学技术出版社．

李国兴，李伟，2007．单片机开发应用技术[M]．北京：北京大学出版社．

李林功，2016．单片机原理与应用：基于实例驱动和 Proteus 仿真[M]．3 版．北京：科学出版社．

李全利，2014．单片机原理及应用技术：基于 C51 的 Proteus 仿真及实板案例[M]．4 版．北京：高等教育出版社．

刘守义，2007．单片机应用技术[M]．2 版．西安：西安电子科技大学出版社．

肖龙，屈芳升，2011．单片机应用系统设计与制作[M]．北京：机械工业出版社．

张齐，朱宁西，2013．单片机应用系统设计技术：基于 C51 的 Proteus 仿真[M]．3 版．北京：电子工业出版社．

张溪，2008．单片机电子产品设计[M]．北京：高等教育出版社．

周润景，张丽娜，刘印群，2007．PROTEUS 入门实用教程[M]．北京：机械工业出版社．